化学工业出版社“十四五”普通高等教育规划教材

# 化学实验室安全


王君雅 主编

副主编

化学工业出版社

·北京·

**内容简介**

《化学实验室安全》共分8章，主要内容包括化学实验室概述，化学物质及危险，燃烧、爆炸及危险，毒性物质及危险，化学实验室安全与防护，压力容器与机电设备，化学实验室事故分析与处理，化工生产安全。全书内容全面丰富、针对性和适用性强，通过化学实验室常见安全问题分析，结合案例全面介绍了防火、防爆、防[illegible]等安全理论和安全技术，旨在帮助学生提升安全意识，掌握实验室安全操作。

《化学实验室安全》既可作为高等院校化工、制[illegible]安全工程等相关专业本科生、研究生的课程教材，也可供化工、制药、安全、生物[illegible]关领域和行业的研究人员、工程技术人员和管理人员参考阅读。

**图书在版编目（CIP）数据**

化学实验室安全 / 王君雅主编；张秋林，温石坤副主编. -- 北京：化学工业出版社，2024. 7. -- ISBN 978-7-122-45866-7

Ⅰ. 06-37

中国国家版本馆 CIP 数据核字第 202451Z4G1 号

责任编辑：郭宇婧　　　　装帧设计：张　辉

责任校对：张茜越

出版发行：化学工业出版社

（北京市东城区青年湖南街 13 号　邮政编码 100011）

印　　刷：北京云浩印刷有限责任公司

装　　订：三河市振勇印装有限公司

787mm×1092mm　1/16　印张 11　字数 272 千字

2024 年 10 月北京第 1 版第 1 次印刷

购书咨询：010-64518888　　　　售后服务：010-64518899

网　　址：http://www.cip.com.cn

凡购买本书，如有缺损质量问题，本社销售中心负责调换。

定　　价：38.00 元

# 编写人员名单


**主　编：** 王君雅

**副主编：** 张秋林　温石坤

**参　编：** 庙荣荣　张　玉　刘港洋

陈　硕　李娇娇　李　彬

# 前言

化学实验室安全是现代社会中至关重要的议题，涉及科学实验过程中的各种化学物质、设备操作和实验条件的安全管理等。安全的实验环境有助于获得准确、可靠的实验数据；不安全的实验环境可能会导致实验结果的失真，影响科研的有效性。安全意识和措施不足可能会导致严重的事故，威胁在校师生及从业人员的生命安全。严格实行安全措施，可以有效地预防事故的发生，保护人员免于伤害，并降低安全事故对环境和财产的损害。目前很多化工及环境类的理工科学生要在学校实验室做实验，因此，学生提前了解化学实验室安全十分必要。另外，加强化学实验室安全还能够提高企业和高校实验室的竞争力，获得社会和政府的认可，保护企业和高校的声誉，提升其社会信任度。化学实验室安全不仅关乎个人和企业的利益，更是社会和谐与稳定的重要保障。随着科技的发展和实验室规模的扩大，安全事故的风险也在不断增加。因此，提高安全意识和加强化学实验室安全管理显得尤为重要。党的二十大报告指出："提高公共安全治理水平。坚持安全第一、预防为主，建立大安全大应急框架，完善公共安全体系，推动公共安全治理模式向事前预防转型。"这为化学实验室安全及管理指明了前进的方向，同时也提出了更高的要求。

鉴于此，编者结合多年的实验教学经验和国内外相关标准编写此书，旨在为广大从事化工和实验工作的研究人员、学生和实验室管理者提供一份全面而实用的安全指南，确保他们在追求科研创新和技术进步的同时，能够守护生命和安全的底线。在编写本书的过程中，我们深入研究了国内外关于实验室安全的标准和指南，并结合了实际工作经验，以确保本书的准确性和实用性。本书通过深入浅出的方式，为读者提供易于理解且实用的安全知识，使其能够在实验室中安全地进行研究工作。此外，本书还结合了具体事故案例，旨在帮助读者更好地理解和应用安全原则。无论您是初学者还是经验丰富的研究者，我们相信本书都将为您提供有价值的安全参考。

在本书编写过程中，我们团队通力合作，根据个人的专业背景和经验贡献了各自的力量，集思广益，力求为读者呈现一份全面而专业的安全指南。在编写过程中我们也得到了来自各方面的帮助和支持，衷心地感谢实验室管理人员、同行专家以及参与本书审核的专业人士，他们提出的宝贵的意见和建议对本书的完善起到了关键的作用。经过编写团队反复论证和修订，我们尽力确保每一章节都能够清晰地传递安全知识，使读者能够在实践中受益匪浅。尽管如此，这个领域依然存在许多问题需要深入探讨和解决，教材内容也需要不断更新和完善，以适应不断发展的实验室安全要求。

我们深知科研工作不仅仅是技术层面的追求，更是一种责任与担当，包含着化工行业与实验室从业人员的社会责任感和团队协作精神，秉持并传递着正确的科研道德和社会价值观。通过本书，我们希望能够引起每位实验室相关人员对安全的高度重视，共同为构建一个安全的化学实验室环境贡献力量。

祝愿您在阅读的过程中获得充实的知识和技能，为您的科研事业提供更坚实的保障，同时也期待您宝贵的意见和建议。

编者

**2024 年 6 月**

# 目录


## 第一章　化学实验室概述 1

1.1　化学实验室特点 1

1.2　化学实验室结构 2

1.3　实验室安全管理 6

1.3.1　实验室安全一般管理概述 6

1.3.2　实验室潜在的危险因素 7

1.3.3　实验室基本安全守则 11

1.3.4　实验室常用安全标识 12

1.3.5　实验室档案管理 17

1.3.6　实验室消防安全管理 19

1.3.7　实验室质量管理 23

## 第二章　化学物质及危险 40

2.1　危险化学品概述 40

2.1.1　危险化学品的分类 40

2.1.2　危险化学品的性质 59

2.2　反应物质的性质和特征 61

2.3　压力系统热力学行为与危险性 61

2.4　化学反应系统物化原理与安全 62

## 第三章　燃烧、爆炸及危险 64

3.1　燃烧及爆炸概述 64

3.1.1　燃烧要素 65

3.1.2　燃烧类别及其特征参数 66

3.2 燃烧过程和燃烧原理 67
3.2.1 燃烧的特征参数 68
3.2.2 燃烧性物质的贮存和运输 69
3.3 爆炸及其类型 70
3.3.1 爆炸性物质的分类、分级和分组 71
3.3.2 爆炸性物质的贮存和销毁 73
3.3.3 防火防爆措施 74
3.4 灭火剂与灭火设施 74
3.4.1 灭火的原理及措施 74
3.4.2 灭火剂及其应用 76
3.4.3 灭火器及灭火设施 77

第四章 毒性物质及危险 83

4.1 毒性物质概述 83
4.1.1 毒性物质类别与有效剂量 83
4.1.2 毒性物质在化工行业中的分布 84
4.2 常见物质的毒性作用 85
4.2.1 毒性物质侵入人体途径与毒理作用 85
4.2.2 职业中毒的临床表现 86
4.2.3 急性中毒的现场抢救 87
4.2.4 防治职业中毒的技术措施 89

第五章 化学实验室安全与防护 90

5.1 实验室用水、用电安全 90
5.1.1 实验室用水安全 90
5.1.2 实验室用电安全 91
5.2 实验室化学试剂的安全防护 96
5.2.1 化学试剂的分类及存贮 97
5.2.2 化学试剂的有效期和存贮条件 98
5.2.3 常见危险化学品的储存与使用 99
5.3 实验室废物的处理 102
5.3.1 实验室废气处理方法 103
5.3.2 实验室废液处理方法 104
5.3.3 实验室固体废物处理方法 105

5.4 实验室常用装置的安全防护 106
5.4.1 加热装置的使用 106
5.4.2 高压设备的使用 108
5.4.3 真空或减压设备的使用 111
5.4.4 高速设备的使用 112
5.4.5 辐射设备的使用 114

第六章 压力容器与机电设备 118

6.1 压力容器概述 118
6.1.1 压力容器的安全操作与维护 118
6.1.2 压力容器破坏形式和缺陷修复 120
6.1.3 压力容器安全状况等级评价 123
6.2 高压工艺管道的安全技术管理 124
6.2.1 高压管道的设计、制造和安装 124
6.2.2 高压管道的操作与维护 125
6.2.3 高压管道的技术检验 126

第七章 化学实验室事故分析与处理 128

7.1 事故类型与案例分析 128
7.1.1 实验室安全事故主要类型 128
7.1.2 实验室安全事故案例分析 133
7.2 实验室安全事故处理 141
7.2.1 机械性损伤的应急处理 141
7.2.2 心脏复苏和简单包扎方法 144
7.2.3 触电急救措施与方法 146
7.2.4 烧伤及冻伤的应急处理 148
7.2.5 化学品烧伤及化学中毒的应急处理 149
7.2.6 化学品泄漏的控制和处理 151

第八章 化工生产安全 155

8.1 化工生产概述 155
8.1.1 无机化学工业 155
8.1.2 有机化学工业 156
8.2 化工生产的特点与安全生产的意义 156

8.2.1 化工生产的特点 156
8.2.2 化工安全生产的意义 157
8.3 典型化工污染与安全事故 158
8.3.1 典型化工污染事件 158
8.3.2 典型化工安全事故 159
8.4 化工安全生产相关制度 162
8.4.1 安全生产方针 162
8.4.2 安全生产法规与规章制度简介 163
8.4.3 安全生产的基本要求 164
8.4.4 安全生产禁令 165
8.4.5 安全生产责任制 165
参考文献 166

# 第一章

# 化学实验室概述

化学是一门以实验为基础的学科，化学实验室是高校开展实验教学及科学研究等的重要场所，同时也是高校培养学生实践能力、创新意识、专业素养的必备场所，在实践育人和人才培养方面发挥着越来越重要的作用。在应用型人才培养的背景下，实验室的使用频率越来越高，人员流动性也很大。化学实验室因危险因素多，一直是高校安全管理的重点场所。虽然各高校都有比较完善的实验室管理规章制度，对实验室的管理也越来越严格，但近年来，高校化学实验室的安全事故仍时有发生，造成人员伤亡与财产损失，实验室安全已经成为高校的一项重点和难点工作。化学实验室只有建立完善的实验室安全保障体系，才能最大限度地降低安全风险，更好地为应用型人才培养服务。

发生实验室安全事故的原因，从主观因素上看，是实验相关人员不按流程规范操作，或者顺序混淆、操作失误。例如配制硫酸溶液时，错将水往浓硫酸里倒；配制浓 NaOH 溶液时，未等冷却就把瓶塞塞住摇动瓶身，导致发生爆炸。从客观因素上来看，设备老化、设备故障也是造成实验室安全事故不可忽视的原因，如各种电气设备在开、关和短路时往往产生火花，如果与易燃气体接触，极易发生火灾。实验后插座不拔或者不关闭电源也有可能引起火灾。显然，化学实验室比其他实验室存在更多的安全隐患。各种惨痛的教训已经表明，实验人员安全意识淡薄是导致各类安全事故的主要原因之一，如果广大师生和研究人员高度重视安全工作，加强安全知识学习，提高应急救援能力，将安全防范落实到日常工作之中，必定能够在一定程度上减少实验安全事故的发生，降低实验事故的损失，这也是本书编写的主要目的。教育部高等教育司也积极开展了高校实验室安全相关课题的研究，表明国家对高校实验室安全工作的高度重视。

## 1.1 化学实验室特点

化学实验室是进行科研实验、实训课程的场所，其工作主体是教师、研究生和本科学生等。由于化学实验的危险性，相对于其他专业的实验、实践、科研活动而言，其安全隐患更大。化学实验的特点可归纳为：

**（1）化学品种类繁多，具有危险性**

高校化学实验过程中使用的化学试剂品种类多、性质各异，大部分具有易燃易爆、有毒、有腐蚀性等特性，大多属危险化学品。一些化学试剂会自燃，比如黄磷、丁基锂，存在火灾隐患；一些化学试剂易爆，比如三硝基甲苯；一些化学试剂有毒，比如氰化钾；还有一些试剂有腐蚀性，比如各种无机强酸。教学实验室在购买试剂时，可以通过统筹调整，避免部分高危试剂的使用，比如在做安息香辅酶合成时，采用维生素 $B_1$ 替代氰化钾，虽然这会导致实验成本增加，但能大幅降低实验危险性。然而，科研实验室由于研究人员众多，在进行各种不同的研究项目和课题，实验内容多变，所使用的化学试剂类型非常多，包括一些剧毒的、少见的试剂，比如四氧化锇、三硝基铊和硫酸二甲酯等，因此具有更高的试剂危险性。

**（2）化学实验装置和设备种类多，反应时间长**

化学实验室中要使用许多装置和设备，都有安全操作要求，在设备使用过程中存在安全隐患，人员使用前需要进行专门的培训和学习。教学实验室设备类型相对简单安全，但是设备台数普遍多，可能导致电路过载。此外，学生多对设备不熟悉，指导教师需要有较高的业务能力和较强的责任心。科研实验室设备种类非常多，有很多具有危险性的设备和装置，比如反应釜、高压灭菌锅、无水试剂处理装置、酒精喷灯、气瓶等。因此，对科研实验室设备的管理和使用有很高的要求。

化学实验反应时间长，特别是药物合成实验，耗时短则几小时，长则几十小时，而且化学反应往往伴随加热和冷却工艺。

**（3）产生的废气、废液和废物多**

化学实验会产生大量的废液和废物，而且很多实验室的废液很难做到分类收集，废液成分复杂，处理难度大，容易造成环境污染问题。废液和废物处理不及时或者处理不当也极易发生安全问题。很多化学实验会产生有毒有害气体，比如使用硝酸作为氧化剂时经常会在反应过程中产生氧化氮气体，其具有强烈的刺激性，因此在实验过程中要设置吸收有毒气体的装置。此外，化学实验经常会产生大量的废旧试剂，也需要按规定进行回收和处理。

**（4）化学实验室利用率高、人员流动性大**

化学作为一门重要的基础课程，在很多专业的培养体系中都是必修课程，比如环境科学相关专业、生命科学相关专业、材料科学相关专业及农学相关专业等。现在很多高校提出按大类培养本科生，将有更多专业的学生需要学习化学类课程，包括化学实验课程。一般本科教学实验室要承担大量的实验教学内容，学生批次多，人员流动性大，科研实验室以研究生为主体，还有每年进行科研训练的本科生，人员流动性更大，这给高校化学实验室的安全管理工作带来很大挑战。

## 1.2 化学实验室结构

高等学校化学实验室与普通的化学实验室不同，不仅具有普通化学实验设备，而且还有大量复杂、精密的大型仪器。高等学校的化学实验室不是简单地在实验室内安装实验台面，摆放实验器皿，更不是将大型实验仪器直接放进实验室就可以。化学实验室要成为安全、高效的培养专业人才、提供科研服务的平台，必须要有完备的安全设施和安全制度，才能保证实验室的正常有序运行。本章将从化学实验室的安全设计、化学实验室电气设备的配置和安全、化学实验室消防安全、化学实验室安全装备及实验室安全标识等方面介绍高等学校化学实验室在建设过程中的基本规范和要求。

**(1) 结构设计**

化学实验室的建设设计需要考虑多个因素，包括建筑结构类型、实验室功能、专业方向、研究领域、规模以及各种设施和管道的布局等。化学实验室应该选择一、二级耐火建筑，禁止使用木质结构或砖木结构。实验室的开间一般在3.2～3.6m，进深约为8m。对于有潜在爆炸危险的实验室，例如使用危险试剂或氢气气瓶等，应采用钢筋混凝土框架结构，并按照防爆设计要求进行建设。在化学实验室建设设计之前，必须充分了解实验室的功能、专业方向、研究领域和规模等参数，同时考虑实验用房的平面尺寸、所处楼层、层高，通风产品和通风管道在房间中的布局位置、尺寸，墙体和窗户的位置等因素，还需要综合考虑排风管道、给排水管道、电线管路、燃气管路、空调管路和弱电管线的走向和尺寸等要求。

实验室楼面荷载要符合要求和规范。放置大型仪器的实验室的净层高应大于3m，且一般设在底层；普通实验室的净层高在3.8m左右。规模较大的实验室的门应采用双开门，门应向疏散方向开启，便于应对突发事件时人员的逃生。实验室窗户应采用大开窗，便于通风、采光和观察。化学实验室、药品室、仪器室、办公室、药品储藏室、气瓶室等必须分开，教师办公室、实验员办公室、学生自习室和休息室不得设在化学实验室内。

**(2) 采光通风**

实验室的采光应尽量合理地利用自然光线，这对增加照明度、节约能源和保护视力都有很大的好处，而且可以利用日光的紫外线起到良好的消毒作用，净化实验室空气。因此，在实验室设计施工中，要合理选择门窗的位置和大小。

在实验过程中经常会产生各种有毒有害的气体，这些有害气体如不及时排出实验室，会造成室内空气的污染，影响实验室工作人员的健康和安全，影响仪器设备的精度和使用寿命，因此良好的通风系统是实验室不可或缺的重要组成部分。通风按动力划分可分为自然通风和机械排风，化学实验室除采用良好的自然通风和采光外，常采用机械排风；通风按作用范围划分，又可分为全面通风和局部通风，下面将详细介绍这几种通风方式。

1）全面通风

为了尽可能避免实验室内产生的有害气体扩散到相邻房间或其他区域，可以在有毒气体集中产生的区域或实验室全面排风，进行全面的空气交换。当有毒有害气体排出整个实验室或区域时，同时会有一定量的新鲜空气补充进来，将有害气体的浓度控制在最低范围，直至为零。常用的全面排风设施有屋顶排风、排风扇等。

2）局部通风

有害气体产生后立即使其就近排出，这种方式能以较小的风量排走大量有害气体，效果好、速度快、耗能低，是目前实验室普遍采用的排风方式。实验室中常用的局部排风设备包括排风罩（图1-1）、通风柜和药品柜。对于有特定要求的功能实验室，如要求洁净度、温湿度和压力梯度等，应设置独立的新风、回风和排风系统。为了防止污染环境或损害风机，不论是局部通风还是全面通风，有害物质都应经过净化、除尘或回收处理后才能排放到大气中。

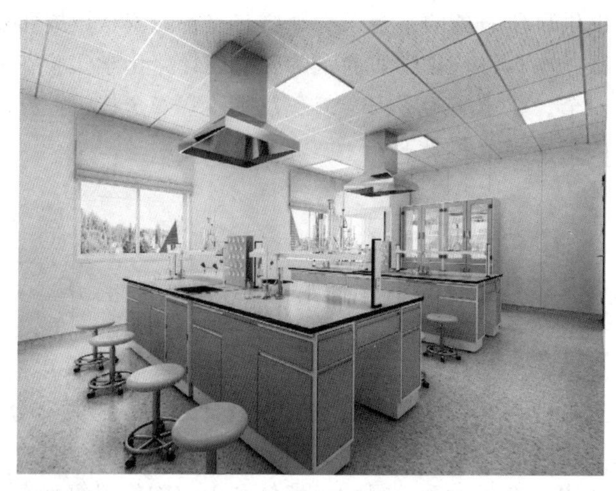

图 1-1 实验室排风罩

图 1-2 实验室通风柜

通风柜（图 1-2）是实验室中最常用的局部排风设备，具有强大的功能，使用范围广泛，在排风效果方面表现出色。通风柜通常分为台式和落地式等款型，可根据实验室的需求进行选择配备。要正确使用通风柜以提供有效的保护。通风柜可调节通风量，通常设有轻气、中气和重气通风口以及导流板。轻气通风口位于通风柜顶部，中气通风口位于导流板中部，重气通风口位于导流板下部与工作台面之间。通过移动玻璃门产生气流推动作用，有害气体被强制排入导流板内，然后在导流板内加速排放。通风柜的补气进气口设置在前挡板上，当移动门完全关闭时起到补充气流的作用。导流槽设置在背板和导流板的夹层之间，将通风柜内的有毒气体排入导流槽后，通过调整风速加速排放。通风柜的顶部、底部和导流板后方设有狭缝，用于排放污染气体。这些狭缝通道需要保持一定的屏障，以便顺利排放污染气体。在工作时应尽量关闭通风柜，移动玻璃视窗，防止柜内受污染的空气流出通风柜从而污染实验室空气。通风柜的表面风速一般应在 0.5～1.0m/s，风速过低效果不好，风速过高会导致气流紊乱，影响正常通风效果。危险物质必须通过标签清晰、准确地标识。不要在通风柜内同时放置能产生电火花的仪器和可燃化学品，电源插座等应安装在玻璃移动门的外侧。物品堆放会减少空气流通和降低通风柜的抽气效率。工作区域应保持清洁，不可将危险化学品长时间存放在通风柜内。有挥发性的试剂应该储存在有专门通风设备的储藏柜中，危险化学品只能储存在批准的安全柜内。在工作过程中，切不可将头伸进通风柜内。对于有爆炸或爆炸可能性的实验，需要在柜门内设置适当的遮挡物，实验过程中，实验人员必须始终穿戴合适的个体防护装备。通风柜的排风系统应独立设置，不应与其他风道共用，更不能使用消防风道。通风柜的安装位置还应方便连接通风管道。

**(3) 供电**

实验室的每项工作几乎都离不开电。实验室的电源分为照明用电和设备用电。因此，电力供应的稳定性是实验室工作的重要条件之一。对有可能因停电造成重大损失的重点实验室或特殊实验室，应设置用电专线或不间断电源等必需设施，以保障实验室的电力供应。同时在室内及走廊上应安置应急灯以备夜间突然停电时使用。

**(4) 供水与排水**

由于各实验室的任务、性质不同，供水与排水的要求也不一样，有的实验室必须要有供水条件，供水系统要保证必需的水压、水质和水量，应满足仪器设备正常运行的需要。室内的总阀门应设在易操作的显著位置，下水道应采用耐酸碱腐蚀的材料，地面应有地漏。

有的实验室要求对排放的废水做净化处理，净化处理的方法很多，可根据本单位的条件因地制宜。因此，在设计和施工中必须完善供、排水系统，使其通畅、安全、易于控制，确保供、排水管理合理有效和废水处理得当，不污染环境。

**(5) 供气**

高等学校的实验室中所需要的氧气、压缩空气、乙炔气等各种气体日渐增多。因此，在实验室建设中，要对供气问题统一考虑，可设置集中供气源和统一供气管道，保证各种用气的供应和安全。

**(6) 实验台**

实验台主要由台面和器皿柜组成。为方便操作，台上可设置药品架，台的两端可安装水槽。理想的台面应平整，不易碎裂，耐酸碱及溶剂腐蚀，耐热，不易碰碎玻璃仪器等。

**(7) 门禁监控系统**

实验室必须配备完善的门禁、监控系统。化学实验楼不是一般的教学单位，不能直接向所有人开放，使用智能门禁系统可以有效减少外来人员误入化学楼可能存在的各种潜在危险。使用智能门禁系统对进入化学实验楼的人员进行管理，仅对有一定化学安全基础知识背景的学生、教师等开放，对于接受过安全培训的人员限制性开放。

高等学校化学实验室不仅要具备实用性，还要具备防水、防火、防爆、防腐蚀的功能，此外还须具备良好的通风条件、消毒条件以及各种净化设施。化学实验室的整体工作环境不同于普通的实验室和办公环境，它有着更高技术层面的要求，不同研究领域实验室的需求差别也较大。根据国外高校实验室建设和管理的成功经验，结合国内高校的实际情况，高校化学实验室在规划、新建、改建或扩建时，要根据实验室工作的实际需要和安全防护的需要，合理设计、配备实验室内部的采光、遮阳、供水、供电、供气、防火、防尘、隔声等功能和设施。实验室设计范例见图 1-3。

图 1-3　实验室设计范例

# 1.3 实验室安全管理

## 1.3.1 实验室安全一般管理概述

### (1) 管理

美国著名管理学家、现代管理学理论的奠基人彼得·德鲁克认为:“管理是把事情做得正确,领导是做正确的事情”。随着生产规模的扩大、生产技术变革和生产条件的复杂化,生产事故的种类和发生的可能性也随之增加,安全管理变得越来越重要。学习安全管理知识,有助于加深对安全管理的认识,更好地掌握安全管理理论、技术和方法,提高安全管理水平。

1) 管理的定义

管理是指在特定的环境条件下,对组织所拥有的人力、物力、财力、信息等资源进行有效的决策、计划、组织、领导和控制,以期高效地达到既定组织目标的过程。

2) 管理的三大基本要素

① 系统性要素

所谓系统,就是存在联系并产生统一功能的多要素的集合。管理的对象总是一个特定的系统,管理的目的就是为了让该系统实现其功能预设。

② 人本主义要素

人是管理的主体和对象,人的积极性和创造性的充分发挥是管理活动成功的关键。管理活动必须以人为本,必须把人的能动性作为管理活动的内在动力,通过建立和谐的人际关系来提升管理绩效。

③ 动态管理要素

在管理活动中,组织的外部和内部环境都时刻在发生变化,必须把握管理对象运动、变化的情况,及时调节管理的各个环节和各种关系,才能保证管理活动不偏离预定的目标。

### (2) 安全管理

1) 安全管理的定义

安全管理是国家或企事业单位安全部门的基本职能。它运用行政、法律、经济、教育和科学技术手段等,协调社会经济发展与安全生产的关系,处理国民经济各部门、各社会集团和个人有关安全问题的相互关系,使社会经济发展在满足人们的物质和文化生活需要的同时,满足社会和个人的安全方面的要求,保证社会经济活动和生产、科研活动顺利进行和有效发展。

安全管理既指对劳动生产过程中的事故和防止事故发生的管理,又包括对生活环境中的安全问题的管理。

安全管理是管理者对安全生产进行计划、组织、指挥、协调和控制的一系列活动,以保护职工的安全与健康,保证企业(单位)生产的顺利发展,促进企业(单位)提高生产效率。安全管理是一项全面、全员、全过程、全天候的管理。安全管理是随社会生产的发展而发展的，只要有生产就会有不安全的因素。社会化大生产的发展一方面提高了生产效率，另一方面也不断地增加了新的危险。必须实行有组织、有计划的安全管理，并积极发展安全保障方法和技术，才能不断提高安全生产水平，尽可能减少事故伤害。

2）现代安全管理的特征

① 强调以人为中心的安全管理

安全管理要体现以人为本的科学的安全价值观。安全生产的管理者必须时刻牢记保障劳动者的生命安全是安全生产管理工作的首要任务。人是生产力诸要素中最活跃、起决定性作用的因素。在实践中，要把安全管理的重点放在激发和激励劳动者对安全的关注度、充分发挥其主观能动性和创造性上面来，形成让所有劳动者主动参与安全管理的局面。

② 强调系统的安全管理

要从整体出发，实行全员、全过程、全方位的安全管理，使整体的安全水平持续提高。

③ 信息技术在安全管理中广泛应用

信息技术的普及与应用加速了安全信息管理的处理和流通速度，并使安全管理逐渐由定性走向定量，使先进的安全管理经验、方法得以迅速推广。

国内外事故致因研究普遍接受了美国安全工程师 Heinrich 的研究结论，他认为存在 88∶10∶2 的规律，即 100 起事故中 88 起事故主要源于人为，10 起事故由人为和非人为的不安全因素综合造成，只有 2 起是难以预防的人为因素。我国的现状与此基本一致。可见事实上人为因素已成为事故中公认的首要关键性因素，安全管理其实变成了对人的管理，是人力资源管理的一部分。

## 1.3.2　实验室潜在的危险因素

实验室用到的有毒有害、易燃易爆的化学品是实验室固有的安全隐患，是已知的、具有预见性的，还有一些危险因素是潜在的、不定的，会随着环境、天气、人员等改变而发生变化，这些危害是未知的、不可预知的。

**（1）实验室潜在危险因素——天灾**

天灾主要是指自然灾害。自然灾害是指由于自然异常变化造成的人员伤亡、财产损失、社会失稳、资源破坏等现象或一系列事件。我国常见的自然灾害种类繁多，影响正常实验的主要自然灾害有：洪水、暴雨、高温、大风、雷电、地震、滑坡、冰冻等。

① 雷雨天要拔掉一切设备的电源插头，以免雷击起火、伤人及损坏电器；开门、开窗可能导致雷电直击室内；门窗上的铁制长条状物品，可能会成为雷电的引导者；实验室大都存有易燃易爆试剂，一旦雷击，后果难以想象。

② 飓风不仅会造成财产损失，还会对实验室样本、数据、设备，以及最重要的研究人员造成重创。2017 年 6 月到 9 月，飓风哈维致使阿兰萨斯港的美国得克萨斯大学奥斯汀分校海洋科学研究所（UTMSI）渔业和海水养殖实验室损失了约 2/3 的活鱼，还有一些其他损失，使他们的研究进度退回好几个月前，有些研究甚至可能相当于倒退好几年。

③ 地震、洪水、滑坡等自然灾害同样会对实验室造成不可挽回的灾难和损失，不仅如此，灾难中有毒试剂的泄漏，还可能造成次生灾害，威胁更多人的安全和健康。

人类不可能阻止自然灾害的发生，只能通过提前预防将危害降到最低，实验人员应定期进行实验室及其附属用房电路设施的检修、改造，增强其抵御洪水、风暴等自然灾害的能力。

**(2) 实验室潜在危险因素——不安全行为**

实验过程中水电使用不当、对实验试剂性质不了解、实验过程不规范操作、对实验结果的潜在危险没有预判、实验废物随意处置、放射物品保存不当、实验人员防护不到位等都可能引起灾害事件。这些事件是由部分实验人员的不安全行为所引发的，均为人为因素，是可以预防和避免的。

1）实验操作不谨慎、不规范

① 误操作事故

误取试剂：某实验人员在加药品时粗心大意，加上实验台药品杂乱无序、药品过多，原本欲加四氢呋喃，误将一瓶硝基甲烷当作四氢呋喃加到氢氧化钠中，导致发生爆炸，玻璃碎片将该实验人员及其同事的手臂割伤。

误连管路：2009 年 7 月 3 日，杭州某大学化学系，一位教师在实验过程中误将本应接入 307 室的一氧化碳气体接至 211 室输气管路，导致一位女博士中毒死亡。

② 吸取试剂不规范

2008 年 12 月 29 日，美国一位女研究助理在实验时全身被大面积烧伤，抢救 18 天仍不幸身亡。虽然引起此次事故的原因有很多，但直接导致起火的原因是注射器不符合要求，活塞滑出了针筒，导致易燃物泄漏起火引燃衣服，最终酿成悲剧。

③ 泄漏试剂处理不规范

1995 年 4 月 5 日，香港某大学化学系，一位研究人员打翻一瓶试剂，没有及时清理，过后忘记处理并离开了实验室，于是泄漏的试剂慢慢挥发产生毒气，致使一研究生窒息死亡。

④ 用水不当

学生用旋转蒸发仪做浓缩实验，实验结束忘记关冷凝水，导致水漫实验室。

⑤ 用火不当

往酒精灯里加酒精时，酒精洒在外壁及实验台上未清理就急于点燃，会引起着火。

⑥ 实验进行过程中随意离开

某大学气相室采用的是系列进样，某次实验过程中整个上午操作人员都不在实验室，使得载气不纯造成爆炸。实验室中也发生过烧瓶加热蒸馏，学生私自离开，致使烧瓶蒸干，温度过高温度计炸裂的事故。

进入实验室工作的人员，必须严格遵守实验室的规章制度，其他人员未经允许不得擅自进入实验区域和使用仪器。实验人员在实验进行过程中和仪器运行时不得离岗，必须离开时须委托他人看管。实验过程中，数据异常或设备故障，实验室人员要及时停止使用并报备仪器负责人。实验结束离开时需要检查实验室的水、电、空调、仪器、气瓶和门窗等是否安全，关灯并锁好门窗后方可离开。

2）仪器设备操作不当

① 违反操作规程

某实验室维修人员自行把一台 102G 型气相色谱仪的色谱柱卸下，而另一名化验员在不知情的情况下，开启氢气通路，通电后色谱仪柱箱发生爆炸，柱箱的前门飞到 2m 多远外，已变形，柱箱内的加热丝、热电偶、风机等都被损坏。化验员在开机前未检查气路，仪器维修人员对仪器进行改动后，未通知相关使用人员并挂牌，两人都没按规程操作，引发上述事故。

② 安全检查不到位

某实验室分析人员调试新购入的 3200 型原子吸收分光光度计，调试过程中发生爆炸，当场炸伤 3 人，其中 2 人轻伤，一块长约 0.5cm 的碎玻璃片飞射入 1 人眼内。分析人员在仪器使用过程中安全检查不到位，仪器内部用聚乙烯管连接易燃气乙炔，接口处漏气，导致此次事故。

③ 操作仪器疏忽大意

电热套加热过程中温度过高未发现，会使温度计炸裂；离心机忘盖内盖，会使离心管脱离，离心机被烧坏；做高压反应实验时带压操作，在动阀门和螺钉时放空管未开启，可能使人被弹飞。这些都是疏忽大意引发的事故。

④ 实验仪器老化或不合要求

某实验室实验员萃取用的分液漏斗有一个裂痕，在手中刚一摇晃，就炸开了，20%的 KOH 溶液喷了实验人员一脸，溶液顺着桌面进入插座，引起电源短路，最后引发火灾。

实验前必须充分熟悉实验内容、方法，严格按照作业指导书操作。使用设备仪器时应严格遵守相应的设备操作规程，避免违规操作引起意外发生。当从平板电炉上、烘箱或马弗炉中拿取容器时应确保戴好绝热手套，防止烫伤。加热溶液时，应保持一定的安全距离，并放置隔热装置，以免被蒸汽烫伤或烧伤。电子仪器只有在具有良好防护的情况下才可使用。电源插座应放置在适当的位置，以免溅到液体。

3）人员防护不到位

① 不穿防护用具

2011 年 9 月 2 日，上海某大学两名研究生在做化学实验时，不慎遭遇爆炸受伤，原因是在做氧化反应实验时，添加双氧水、乙醇等速度太快，未按规定要求拉下通风橱，未穿戴个体防护装备。

2016 年 9 月 21 日，上海某大学三名研究生进行氧化石墨烯实验，在明知有爆炸危险的情况下未穿防护服、未戴防护镜，因操作不规范，取样未称量，最终导致爆炸，该事故造成一人双目失明，一人有失明可能，一人轻伤。

2008 年 12 月 29 日，加州大学洛杉矶分校的化学实验室火灾事故中，某研究助理未穿实验服，同时穿了具有固体石油之称的聚酯纤维材料做成的上衣，被严重烧伤。

2008 年，上海某有机所某博士生在使用过氧乙酸时，没戴防护眼镜，结果过氧乙酸溅入眼睛，致使双眼受伤。同年，另一个博士生在使用三乙基铝时，由于没有戴防护手套，化学物品沾在手上也没有用清水冲洗，结果左手皮肤被严重腐蚀。

② 违反操作安全要求

2011 年 4 月 12 日，耶鲁大学一名女生晚上在实验室内操作机器时死亡，原因是未按要求将长发束起并戴安全帽，致使头发被木材加工机器绞住而窒息。进入实验区域或在实验区意外接触化学品时，必须穿工作服、工作鞋，佩戴防护设备（手套、眼镜、口罩或防毒面具等），不允许披发。

4）将食物带进实验室

① 在存放化学试剂的冰箱存放食物

某大学一工作人员，误将冰箱中含苯胺的试剂当酸梅汤喝了引起中毒，原因是冰箱中曾存放过工作人员饮用的酸梅汤。该实验人员违反操作规程，将食物带进实验室，从而引发中毒事故。

② 用矿泉水瓶盛放试剂

某实验人员进入分析室后，看桌上放有矿泉水，拿起就喝，结果里面是刚取回的二甲苯，导致中毒。

③ 用实验室的烘箱等加热设备加热食品

某实验人员在实验室用鼓风干燥箱烤馒头，半年后患胃癌去世了。实验室不允许饮食，不允许储存食品、饮料等。只要是将食物带入实验室，就存在着极大的安全隐患。

5）废液处理不当

① 对废液性质不了解

某实验人员把双氧水以及一些碱性溶液、有机溶液、无机溶液等混合在一个玻璃废液桶里，并拧紧了盖子，然后玻璃桶发生了爆炸。

② 不按指定标签桶存放废液

某实验人员未注意废液瓶上的标签，错将含浓硫酸的试剂倒入硝酸钠、氢氧化钠等回收液瓶内，回收瓶内瞬间发热冒出大量棕色烟雾，幸好处理及时，未造成大的伤害。处理废液一定要清楚废液性质，严格按规范分类存放，且废液要专人管理、科学处理。

### （3）实验室潜在危险因素——不安全环境

目前实验室潜在不安全因素的增加使得实验室安全管理有待加强。

主观上：实验室人员安全意识淡薄，安全教育缺失，对实验人员的安全培训易流于形式；实验操作人员专业安全知识缺乏，有时会违反操作规程，对有危险的实验不做相应防护，麻痹大意，缺乏对事故的敬畏心。

客观上：安全投入不足，实验室、药品储藏室使用面积达不到要求，尤其是高校实验室，扩招后学生人数大幅增加，较难满足实验安全空间需求；实验试剂摆放混乱拥挤，加之许多实验设备老旧、线路老化，导致安全隐患增加；防护用具、通风设备、喷淋设施等配备不齐，可能致使小事故变成大灾难；资金投入不足，大部分实验室的资金都用来买设备、试剂等，较少投入到实验室安全中。

制度上：实验室安全制度不够健全，危险化学品安全监管体制不够完善，实验室安全管理架构不明、权责不分等使得好多行为无规可依，这成为实验室的一大安全隐患。近些年，国家也出台或颁布了一些针对实验室安全的规章制度和标准，对实验人员的健康安全，化学药品、生物制品的使用、储存和运输，废物的排放都起到了很好的指导和约束作用。

管理上：许多实验室的墙壁上都会贴有“实验室管理制度”或“实验室安全管理制度”，但易流于形式，较少有人详细讲解这些制度以及发生危险时如何撤离实验室。实验室定期要进行安全检查，对不同实验室根据实际情况作出风险评估。有的实验室管理人员缺乏对设备的维护、对实验室的安全管理，甚至有的实验室只有实验人员，而没有专门的实验室管理人员。只有提高实验室的管理水平，才可有效减少实验室事故。

应急处理上：实验室安全一直强调以预防为主，但各实验室普遍缺乏应急预案，也没有应急演练，应急设备不齐全。

### （4）实验室潜在危险因素——信息风险

随着现代科技的发展，信息化、网络化、智能化的手段与技术也逐渐应用于各实验室，合理使用这些现代信息手段可以减轻实验人员的工作量，让实验操作简单易行。但一旦使用不当，就可能导致实验数据丢失、被盗，造成巨大损失。

1）实验数据被黑客攻击面临泄露危险

随着电子技术以及互联网应用的普及，互联网的安全问题也日益凸显。各类恶意程序、钓鱼、欺诈、黑客攻击和大规模信息泄露事件频发。大数据时代，如何保护实验室信息安全也成了一个新的命题。

LabCorp 是美国最大的独立医学实验室之一，拥有着数百万客户的记录。其每年为超过 1.15 亿名患者提供诊断、药物开发和技术解决方案，每周测试的患者血液样本通常都超过 250 万个，并支持大约 100 个国家的临床试验活动。2018 年 7 月 14 日，LabCorp 在自己的信息技术网络上发现了可疑活动。LabCorp 立即对部分系统进行了离线处理，但没有证据表明数据遭到了未经授权的转移以及滥用。以其实验室的信息和数据量之大，如果真的发生数据泄露，那么受影响的患者的数量可能是非常惊人的。

2）实验室人员为了利益或某些其他原因盗取实验信息

目前发生过研究生助手窃取教授研究成果的，也有为了商业利益盗取实验室研究数据或监测数据的事件。不管出于什么目的，盗取实验信息都会带来不可估量的损失，应制定严格的制度来避免此类不良事件的发生。

3）实验数据及人员的日常管理不到位加大信息泄露的风险

实验室内的实验样本、检测报告、检测数据、客户信息以及其他相关资料都应有专人、专柜、专室保管，实验室保存数据的电脑不得联网，不得随意用移动硬盘拷贝数据，与实验无关的人员不得随意进入实验室，实验室人员不得随意带外人进入实验室。近年来，就曾发生多起实验人员无意泄漏实验数据的事件，比如用 U 盘拷贝数据致使实验数据泄漏等。

## 1.3.3 实验室基本安全守则

① 进入实验室必须遵守实验室的各项规定，严格遵循操作规程，作好各类记录。

② 进入实验室应了解潜在的安全隐患和应急方式，采取适当的安全防护措施。

③ 熟悉紧急情况下的逃离路线和紧急应对措施，清楚急救箱、灭火器材、紧急洗眼装置和冲淋器的位置，牢记急救电话 119、120、110 等。

④ 实验人员应根据需求选择合适的防护用品，使用前，应确认其使用范围、有效期及完好性等，熟悉其使用、维护和保养方法。

⑤ 未经实验室管理部门允许不得将外人带进实验室，不得做与实验、研究无关的事情。不得在实验室内追逐、打闹。

⑥ 不得在实验室饮食、睡觉，禁止在实验室储存食品、饮料等个人生活物品；整个实验室区域禁止吸烟（包括室内、走廊、电梯间等）。

⑦ 实验过程中人员不得脱岗，实验期间严禁长时间离开实验现场。晚上、节假日做某些危险实验时，实验室内必须有二人及以上，以确保实验和人员安全。

⑧ 实验中碰到疑问及时请教实验室或仪器设备责任人，不得盲目操作。

⑨ 实验结束后，及时将实验台清理干净；临时离开实验室，随手锁门；最后离开实验室，要根据情况关闭水、电、气、门窗等。

⑩ 离开实验室前须洗手，不可穿实验服、戴手套进入餐厅、图书馆、会议室、办公室等公共场所。

⑪ 存放在实验室的试剂数量应遵循最小化原则，未经允许严禁储存剧毒药品。

⑫ 仪器设备一般不得开机过夜，如确有需要，必须采取相应的预防措施。特别要注意空调、电脑、饮水机等也不得开机过夜。

⑬ 保持实验室门和走道畅通，保持实验室整洁和地面干燥，及时清理废旧物品，保持消防通道通畅，便于开关电源及防护用品、消防器材等的取用。

⑭ 发现安全隐患或发生实验室事故时，应及时采取措施，并报告实验室负责人。

⑮ 特殊岗位和特种设备，相关人员须经过相应的培训，持证上岗。

## 1.3.4　实验室常用安全标识

实验室常用的安全标识，根据安全级别的不同，主要分为四类：禁止标识、警告标识、指令标识、提示标识。这四类标识的安全级别不同，因此也使用不同的颜色标识。例如，安全级别最高的是禁止标识，使用红色标识，警告标识使用黄色标识，指令标识使用蓝色标识，提示标识使用绿色标识等。此外，除了常见的安全标识外，还有消防安全警示标识等。

**（1）安全标识的设置要求**

为规范实验室安全标识设置和安装标准，特制定出安全标识使用细则。本细则明确了生产作业场所和办公场所的安全标识的设置和分类，具体内容如下。

① 生产环境中可能存在不安全因素需要安全标识提醒时，应设置相关标识。安全标识设置牢固后，不应有对人体造成任何伤害的潜在危险。

② 安全标识应设在醒目的地方，要保证标识具有足够的尺寸，并与背景有明显的对比度。

③ 应使标识的观察角尽可能接近 90°，对位于最大观察距离的观察者，观察角不应小于 75°。

④ 安全标识的正面或其邻近，不得有妨碍视线的固定障碍物，并尽量避免被其他临时性物体遮挡。

⑤ 安全标识通常不设在门、窗架等可移动的物体上，避免物体移动后人们无法看到。

⑥ 安全标识应设在光线充足的地方，以保证人们可以正常准确地辨认标识。

⑦ 布置各种功能的图形标识应按禁止、警告、指令、提示的顺序，由左到右或由上到下排列。

**（2）实验室常用禁止标识**

禁止标识是禁止人们不安全行为的图形标志，禁止标识的基本形式是带斜杠的圆边框，红底白字。化学实验室常用的禁止标识有禁止吸烟、禁止明火、禁止饮用、禁止触摸等标识，表 1-1 列出了常用的禁止标识的含义、用途和使用注意事项。

**表 1-1　常用的禁止标识的含义、用途和使用注意事项**

| 标识示图 | 含义 | 用途和使用注意事项 |
| --- | --- | --- |
|  | 禁止明火 | 实验室区域、易燃易爆物品存放处 |

续表

| 标识示图 | 含义 | 用途和使用注意事项 |
| --- | --- | --- |
|   | 禁止吸烟 | 实验室区域 |
|   | 禁止带火种 | 实验室区域 |
|   | 禁止饮用 | 用于标识不可饮用的水源、水龙头等处 |
|   | 禁止入内 | 可引起职业病危害的作业场所入口或禁止入内危险区周边；维护、检修存在生物危害的设备、设施时，根据现场实际情况设置 |
|   | 禁止通行 | 实验室进行维护、检修时，根据现场实际情况设置 |
|   | 禁止触摸 | 实验室特殊仪器和设备 |
|   | 禁止攀登 | 实验室的特殊设施入口 |
|   | 禁止穿化纤服装 | 可能产生可燃气体的实验室 |
|   | 禁止用水灭火 | 特殊化学试剂 |

### （3）实验室常用警告标识

警告标识是提醒人们对周围环境引起注意，以避免可能发生危险的标识。其基本形状为正三角形边框，大多为黄底黑字。化学实验室常用的警告标识有当心中毒、当心腐蚀、当心电离辐射等标识，表 1-2 列出了常用的警告标识的含义、用途和使用注意事项。

**表 1-2 常用的警告标识的含义、用途和使用注意事项**

| 标识示图 | 含义 | 用途和使用注意事项 |
| --- | --- | --- |
| 当心腐蚀 | 当心腐蚀 | 腐蚀性化学试剂 |
| 当心中毒 | 当心中毒 | 剧毒化学试剂 |
| 当心感染 | 当心感染 | 生物实验室 |
| 当心电离辐射 | 当心电离辐射 | 仪器的放射源 |
| 当心低温 | 当心低温 | 超低温设备，如液氮等 |
| 当心高温表面 | 当心高温表面 | 高温设备，如马弗炉等 |
| 当心激光 | 当心激光 | 有激光的仪器设备及光源 |
| 当心伤手 | 当心伤手 | 操作利器时需注意 |

**(4) 实验室常用指令标识**

指令标识是强制人们必须做出某种动作或采取防范措施的图形标识。其基本形状为圆边框，蓝底白字。化学实验室常用的指令标识有必须戴防护眼镜、必须戴防尘口罩、必须戴防护手套等，表 1-3 列出了常用的指令标识的含义、用途和使用注意事项。

**表 1-3　常用的指令标识的含义、用途和使用注意事项**

| 标识示图 | 含义 | 用途和使用注意事项 |
| --- | --- | --- |
|  必须戴防护眼镜 | 必须戴防护眼镜 | 有溶液飞溅的实验项目 |
|  必须戴防尘口罩 | 必须戴防尘口罩 | 有大量粉尘的实验项目 |
|  必须戴防护手套 | 必须戴防护手套 | 有腐蚀性的实验操作 |
|  必须戴防护面罩 | 必须戴防护面罩 | 有溶液飞溅的实验项目 |
|  必须戴防毒面具 | 必须戴防毒面具 | 有毒气体生成的实验项目 |

**(5) 实验室常用提示标识**

提示标识是向人们提供某种信息（如表明安全设施或场所）的图形标识。提示标识的基本形状为正方形边框，绿底白字。化学实验室常用的提示标识有应急避难场所、急救药箱、救援电话等，表 1-4 列出了常用的提示标识的含义、用途和使用注意事项。

**表 1-4　常用的提示标识的含义、用途和使用注意事项**

| 标识示图 | 含义 | 用途和使用注意事项 |
| --- | --- | --- |
|  应急避难场所 | 应急避难场所 | 指示应急避难场所 |

续表

| 标识示图 | 含义 | 用途和使用注意事项 |
| --- | --- | --- |
|  急救药箱 | 急救药箱 | 指示急救医药箱的放置位置 |
|   | 救援电话 | 提供电话救援服务 |
|  紧急医疗站 | 紧急医疗站 | 提供医疗服务 |

**(6) 消防安全警示标识**

化学实验室除了常规的安全标识外，还有消防相关的标识。表1-5列出了常见的消防安全警示标识的含义、用途和使用注意事项。

**表1-5 常见的消防安全警示标识的含义、用途和使用注意事项**

| 标识示图 | 含义 | 用途和使用注意事项 |
| --- | --- | --- |
|  灭火设备 | 灭火设备 | 指示灭火设备集中存放的位置 |
|  灭火器 | 灭火器 | 指示灭火器存放的位置 |
|  消防水带 | 消防水带 | 指示消防水袋、软管卷盘或消火栓箱的位置 |
|  地下消火栓 | 地下消火栓 | 指示地下消火栓的位置 |
|  地上消火栓 | 地上消火栓 | 指示地上消火栓的位置 |

续表

| 标识示图 | 含义 | 用途和使用注意事项 |
| --- | --- | --- |
| 消 防 梯 | 消防梯 | 指示消防梯的位置 |
| 疏散通道方向R | 疏散通道方向 R | 指示到紧急出口的方向 |
| 紧急出口 | 紧急出口 | 指示在发生火灾的紧急情况下，可使用的一切出口 |
| 滑动开门 | 滑动开门 | 指示装有滑动门的紧急出口，箭头指示该门的开启方向 |

## 1.3.5 实验室档案管理

### (1) 档案管理的重要性

1) 质量管理体系运行的重要保证

新版标准 ISO/IEC 17025：2017 对第三方检测实验室的质量管理体系提出了更严格规范的要求，相应的档案管理也面临更高要求。在标准 ISO/IEC 17025：2017 的指导下建立和完善实验室档案管理，可以反映出新标准下质量管理体系运行的状况，可以从中看出质量管理体系是否适合，每个工作流程是否合理有效。通过对档案资料的梳理，可以及时地发现问题、纠正问题，从而促进整个质量管理体系的完善，促进整个实验室的健康发展。档案管理是质量管理体系有效运行的重要保证。

2) 第三方检测实验室进行 CNAS 认可评审的基础

档案管理在质量管理体系运行中发挥着参与、监督、指导、促进等作用。在检测和实验室管理中形成的各类档案资料是质量管理体系运行的真实见证，是 CNAS 认可评审的重要基础依据。在现场评审中，主要通过查阅大量的档案文件来审查体系运行的情况，档案管理部门须及时准确地提供评审中需要搜集的文件类证据，因此日常档案管理质量的高低对现场评审十分重要，规范完整有序的档案材料关系到在新标准 ISO/IEC 17025：2017 下的 CNAS 认可评审顺利通过。

3) 档案资料是实验室维权的凭证

承担着社会检验检测委托任务以及国家专项监督抽查等工作的第三方检测机构，不可避免地会卷入一些官司纠纷中，在发现问题并引起质疑的时候，协议合同、检测原始记录谱图等档案资料能够客观反映整个检测事件的具体流程，是第三方检测机构维护自身合法权益的重要凭证。

### (2) 如何按照新标准的要求进行档案管理

1) 归档依据

根据实验室管理标准 ISO/IEC 17025：2017 和 CNAS 相关评审标准 CNAS-CL01：2018《检测和校准实验室能力认可准则》，一般情况下，第三方检测实验室依据上述准则，编制适用于本单位质量管理的质量管理体系文件《程序文件》和《质量手册》，并以此为依据开展档案管理工作。

2) 归档内容

新标准 ISO/IEC 17025：2017 和旧标准 ISO/IEC17025：2005 相比，关键要素由 25 个变为 29 个，除了将一些要素补充进来更加完善外，还新增了风险管理、判定规则、免责声明和 LIMS 等要求。总结 ISO/IEC 17025：2017 的 29 个关键要素如表 1-6。

**表 1-6 ISO/IEC 17025：2017 的 29 个关键要素**

| 序号 | 要素 | 序号 | 要素 | 序号 | 要素 |
|---|---|---|---|---|---|
| 1 | 通用要求——公正性 | 11 | 过程要求——方法的选择、验证和确认 | 21 | 管理体系要求——方式 |
| 2 | 通用要求——保密性 | 12 | 过程要求——抽样 | 22 | 管理体系要求——管理体系文件(方式 A) |
| 3 | 结构要求 | 13 | 过程要求——检测和校准物品的处置 | 23 | 管理体系要求——管理体系文件的控制(方式 A) |
| 4 | 资源要求——总则 | 14 | 过程要求——技术记录 | 24 | 管理体系要求——记录控制(方式 A) |
| 5 | 资源要求——人员 | 15 | 过程要求——测量不确定度的评定 | 25 | 管理体系要求——应对风险和机遇的措施(方式 A) |
| 6 | 资源要求——设施和环境条件 | 16 | 过程要求——确保结果的有效性 | 26 | 管理体系要求——改进(方式 A) |
| 7 | 资源要求——设备 | 17 | 过程要求——报告结果 | 27 | 管理体系要求——纠正措施(方式 A) |
| 8 | 资源要求——计量溯源性 | 18 | 过程要求——投诉 | 28 | 管理体系要求——内部审核(方式 A) |
| 9 | 资源要求——外部提供的产品和服务 | 19 | 过程要求——不符合工作 | 29 | 管理体系要求——管理评审(方式 A) |
| 10 | 过程要求——要求、标书和合同的评审 | 20 | 过程要求——数据控制和信息管理 | | |

根据这 29 个要素，可将档案管理分为八大类：组织结构、内外部受控文件、技术人员档案、仪器设备档案、质量控制运行档案、检测报告及原始记录、评审档案、风险控制档案。质量控制运行档案包括方法选择、质量控制、质量监督、内部审查、管理评审、不符合工作管理、样品管理、人员培训、上岗考核、客户满意度、合格供应商、文件控制记录。内外部受控文件包括国际或国家发布的实验室认可相关标准、程序文件、质量手册、各类作业

指导书、操作规程、支撑表单等。

3）收集整理和管理

根据上述要素对实验室的各类档案进行收集和分类，以便于对实验室质量管理体系资料实行集中管理。要加强归档意识，建立档案制度，对实验室全体人员进行档案知识普及，通过学习相关质量体系文件，明确归档内容。要在日常工作中作好档案材料的记录，中心各部门质量主管负责相关质量体系要素的落实工作并收集和移交相关记录，配合档案管理人员做好质量运行材料的收集和移交工作；中心质量负责人负责质量运行记录管理的监督；档案管理人员将收集到的材料进行分类整理，按新标准的要素组成卷，编上档号。为方便档案在评审中的利用，档案的编排规则可使用ISO/IEC 17025：2017标准中的要素号＋流水号，并细心编制各类目录，使档案内容一目了然，受控文件要及时替换作废文件并作好控制记录。

4）档案保存和利用

所有的档案按档号排放于档案柜，档案柜按顺序号存放于档案库房，每天对库房温湿度进行监控并做好登记工作，还须做好防盗、防火、防水、防潮、防尘、防虫、防霉工作，定期查阅，以防毁损丢失。在CNAS评审的各个环节积极配合评审工作，按ISO/IEC 17025：2017的29个要素，及时准确提供质量记录、技术记录等相关档案资料。

5）档案的销毁

根据ISO/IEC 17025：2017以及本单位的质量管理体系文件《程序文件》的要求，仪器设备档案保存至该仪器报废后10年；专业人员技术档案保存至本人调离中心后3年；检验检测原始记录至少保存6年；标准物质有关材料保存至标准物质过期后3年；有关中心实验室认可等评审以及管理体系内审、管理评审保存至一个证书有效期后3年。客户、法定管理机构对记录保存期限有明确规定的，按照其规定进行保存。对有继续保存价值的记录档案，经技术负责人和质量负责人组织甄别，报中心主管副主任批准后，可延长保存期，但要另外存放并作过期标识。超过保存期限不再需要保存的记录档案，由档案管理员登记造册，经质量负责人审核，报相关管理层批准后统一安全销毁。

档案管理的工作细致复杂烦琐，具有系统性和程序性，需要相关人员明确档案职责、档案管理范围，做好档案分类，进行科学管理，同时针对实验室本身特点进行自我完善。实验室管理人员在要求更高、更全面的新标准ISO/IEC 17025：2017的指导下，更应有档案意识，要在基础管理上下真功夫，要充分发挥档案管理的作用，不断完善质量管理体系，才能增强实验室在检测和校准市场中的竞争能力，赢得政府和社会各界的信任。

### 1.3.6　实验室消防安全管理

**(1) 通用要求**

① 学校新建、改建、扩建实验室，须依法向属地负责建设工程消防设计审查验收的行政主管部门申报审批，应依法履行相关手续，依法无须申报的，应严格校内消防安全风险评估和审核验收机制。

② 实验室四周不应违章搭建临时建筑，不应占用防火间距、消防车道、消防车回转场地或道路、消防车登高操作场地，不应遮挡消火栓、消防水泵接合器及其他消防设备设施，不应设置影响逃生、灭火救援，遮挡排烟窗、建筑防烟排烟排热设施、消防救援口的架空管线、广告牌等障碍物。

③ 实验室不应擅自改变火灾危险性定性及防火分区，不应擅自增加火灾荷载，不应擅自停用、改变防火分隔设施和消防设施，不应降低建筑装修材料的燃烧性能等级。实验室内部装修不应改变疏散门的开启方向，减少安全出口、疏散出口的数量和宽度，增加疏散距离，影响安全疏散。建筑内部装修不应影响消防设施的正常使用。

④ 实验室应在公共区域的明显位置设置疏散示意图、警示标识等，不应存在违法行为，如：使用期间锁闭疏散门；封堵、占用疏散通道或消防车道；使用期间违规进行动火作业；疏散指示标识损坏、不准确或不清楚；停用或遮挡消防设施，消防设施未保持完好有效；违规储存和使用易燃易爆危险品；其他违法行为等。

⑤ 人员结束使用后，应切断电源、气源、火源等，并经安全检查无误后方可离开。当有特殊需要，要保持24h供电供气的情况，应报实验室管理部门备案同意并在相应开关、阀门处做好区别标识。

**(2) 防火巡查、检查**

① 学校应建立实验室各级防火巡查制度，明确巡查的人员、内容、位置和频次，每日应至少开展两次巡查；特别应加强夜间、寒暑假及法定节假日的实验室防火巡查工作。巡查的内容应包括：安全疏散通道、楼梯，安全出口及其疏散指示标识、应急照明情况；消防安全标识的设置情况；灭火器材配置及完好有效情况；楼板、防火墙、防火隔墙和竖井孔洞的封堵情况；微型消防站人员值班值守情况，器材、装备等设备完备情况；用火、用电、用油、用气有无违规、违章情况。

② 防火巡查中，应及时纠正违法、违章行为，消除火灾隐患；无法消除的，应立即向上级报告，并记录存档。

③ 防火巡查时，应填写巡查记录，巡查人员及其主管领导应在记录上签名。

④ 巡查记录表应包括位置、时间、人员和存在的问题。检查记录表应包括位置、时间、人员、巡查情况、火灾隐患整改情况和存在的问题。

⑤ 防火巡查时发现火灾，应立即报警并启动单位灭火和应急疏散预案。

⑥ 学校应至少每季度、教学科研单位应至少每月、实验室应至少每周开展一次防火检查，检查的内容应包括：消防车道、消防车回转场地或道路、消防车登高操作场地，室内外消火栓、消防水源情况；建筑消防设施运行有效情况；消防控制室值班情况，消防控制设备运行情况和记录情况；二级单位（学院、系、所、实验中心等）防火巡查落实情况和记录情况；火灾隐患的整改以及防范措施的落实情况；参与实验室工作的人员消防知识的掌握情况；其他需要检查的内容。

⑦ 重要危险源及特殊实验室应严格按其特殊要求加强防火巡查、检查工作。

**(3) 消防宣传与培训**

学校实验室消防安全管理职能部门应定期（每学期至少一次）开展形式多样的消防安全宣传、教育与演练。学校实验室应将消防安全教育培训考核纳入实验室准入环节，确保进入实验室的人员具备必要的消防安全知识和应急能力。与实验室有隶属关系的二级单位（院、系）应建立实验室准入制度并严格执行，每学期应组织参与实验室工作的人员的消防安全培训，年终考核，并留存培训和考核记录，确保参与实验室工作的人员具备必要的消防安全知识和应急处置能力。

消防安全培训应包括下列内容：

① 有关消防法律、法规及相关规范，实验室消防安全管理制度、消防安全操作规程和

流程等；

② 实验室的火灾类型、性质，火灾风险点和防火措施，实验室内安全用火、用电、用气的常识等；

③ 建筑消防设施、灭火器材的性能、使用方法和操作规程；

④ 火灾报警的方法、内容和要求，扑救初起火灾、应急疏散和自救逃生的知识、技能；

⑤ 实验室的安全疏散路线、消防安全标识、引导人员疏散的程序和方法等；

⑥ 各级各类实验室火灾隐患的查找和整改方法；

⑦ 实验室灭火和应急疏散预案的内容、操作程序；

⑧ 典型案例分析，了解实验室火灾发生的原因及应该吸取的教训；

⑨ 其他消防安全宣传教育内容。

**(4) 安全疏散设施管理**

学校应建立实验室安全疏散设施管理制度，明确安全疏散设施管理的责任部门、责任人和安全疏散设施的检查内容、要求。实验室安全疏散设施管理应符合下列要求：

① 确保疏散通道、安全出口通畅，防火门达标且安装合规，禁止占用、堵塞、封闭疏散通道和楼梯间。

② 实验室在使用期间，不应锁闭疏散出口、安全出口的门，可采用火灾时不需使用钥匙等任何工具即能从内部易于打开的措施，并应在明显位置设置含有使用提示的标识。

③ 应保持常闭式防火门处于关闭状态，常开防火门应能在火灾时自行关闭，并应具有信号反馈的功能。

④ 疏散应急照明、疏散指示标识应完好、有效，其发生损坏时，应及时维修、更换。

⑤ 消防安全标识应完好、清晰，不应被遮挡。

⑥ 安全出口、公共疏散通道上不应安装栅栏或采取技术措施保证火灾发生时内部所有人员能随时打开。

⑦ 建筑每层外墙的窗口、阳台等部位不应设置影响逃生和灭火救援的栅栏，确需设置时，应能从内部易于开启。

⑧ 在各楼层的明显位置应设置安全疏散指示图，疏散指示图上应标明疏散路线、安全出口、疏散门、人员所在位置和必要的文字说明。

**(5) 消防设施管理**

① 学校应建立实验室消防设施管理制度，其内容应明确消防设施管理的责任部门和责任人、消防设施的检查内容和要求、消防设施定期维护保养的要求等。

② 学校应使用符合国家及行业标准的消防产品，建立消防设施、器材的档案资料，记明配置类型、配置数量、配置位置、检查及维修单位（人员）、更换药剂时间等有关情况。

③ 学校相关职能部门应定期委托专业机构对学校实验室所在建筑进行建筑消防安全评估，并根据评估要求进行消防安全隐患整改。

④ 实验室消防设施投入使用后，应保证其处于正常运行或有效工作状态，不得擅自断电停运或长期带故障运行。需要维修时，应采取相应的防范措施；维修完成后，应立即恢复到正常运行状态。

⑤ 学校应定期对实验室消防设施、器材进行巡查、维护和保养，定期委托第三方消防技术服务机构进行检测和消防安全评估。

⑥ 学校应建立实验室消防设施、器材故障报告和故障消除的登记制度。发生故障后，

应及时组织修复。因故障、维修等原因，需要暂时停用系统的，应当严格履行内部审批程序，采取确保安全的有效措施，并在实验室入口等明显位置公告。

⑦ 实验室消防设施的维护、管理还应符合下列要求：

a. 消火栓应有明显标识，消火栓压力应符合国家消防管理规范。

b. 室内消火栓箱不应上锁，箱内设备应齐全、完好，其正面至疏散通道处，不得设置影响消火栓正常使用的障碍物。

c. 室外消火栓不应埋压、圈占；距室外消火栓、水泵接合器 2.0m 范围内不得设置影响其正常使用的障碍物。

⑧ 实验室内应配备合适的灭火设备和器材，定期开展使用训练，主要包括下列内容：

a. 烟感报警器、灭火器、灭火毯、消防砂、消防喷淋等应完好有效。

b. 灭火器种类配置正确，且在有效期内，压力正常，瓶身无破损、腐蚀。

c. 在显著位置张贴紧急逃生疏散路线图，疏散路线图的逃生路线应有两条（含）以上，疏散路线与现场实际情况一致。

d. 主要逃生路径（室内、楼梯、通道和出口处）有足够的紧急照明灯，功能正常，并设置有效标识指示逃生方向。

e. 人员应熟悉紧急疏散路线及火场逃生注意事项。

**（6）用电防火安全管理**

① 学校应建立实验室用电防火安全管理制度。应包括：电气设备的采购要求、电气设备的安全使用要求、电气设备的检查内容和要求、电气设备操作人员的资格要求。

② 实验室用电防火安全管理应符合下列要求：

a. 采购电气、电热设备，应选用合格产品，并应符合有关安全标准的要求。

b. 更换或新增电气设备时，应根据实际负荷重新校核、布置电气线路并设置保护措施；所有的电气设备应该定期进行绝缘检测，并达到说明书里面的绝缘电阻要求。

c. 电气线路敷设、电气设备安装和检修应由具备职业资格的电工进行，并符合 GB 55024—2022 等规定，留存施工图纸或线路改造记录；电气设备的外壳应该良好接地，接地线应该与建筑物的地线可靠连接。

d. 不应随意乱接电线、擅自增加超负荷用电设备。

e. 实验室应根据需要安装具备防静电功能的导电金属地板，实验桌上应铺设防静电的敷设垫。

f. 靠近可燃物的电器，应采取隔热、散热等防火保护措施；加热或蒸馏可燃液体时应采用水浴或蒸汽浴，禁止直接用明火加热。

g. 易发生重大电气火灾事故的实验室的电源进线箱应安装电气火灾监控装置，电气火灾监控装置应具有防止人员触电的漏电控制功能、过电流保护功能、导线温度保护功能、故障电弧保护功能等。电气火灾监控装置还应具有通信功能，与监控中心的电气火灾监控主机进行通信。

h. 实验室内严禁电动自行车停放、充电。

i. 实验室应定期进行防雷检测。

j. 实验室应定期检查、检测电气线路、设备，严防线路老化和长时间超负荷运行。

k. 实验室应配备专用的灭火器材，有专人管理并定期检查，保持灭火器材的有效性。

l. 实验室电气线路发生故障时，应及时检查维修，排除故障后方可继续使用，有专人负责检查并记录。

m. 应当用符合国家标准的阻燃插线板，长度不宜超过 3m，且不能直接敷设在木质板材等可燃易燃材料上。当需要敷设插线板时，须进行防火隔热处理。一个固定插座（须符合国家标准）不得连接一个以上的插线板，不得接力串联插座或插线板。

**(7) 重要危险源的消防安全管理**

对于有毒有害化学品、危险气体、放射性物质、生化病毒样本等重要危险源，实验室应根据危险源类型实行更严格的消防安全管理。实验室需要使用以上重要危险源时，应从学校相关专业物品库房或专业正规有资质的机构获得，应有专人按管理要求登记、安全存放或移交，须制定专门的灭火和应急疏散预案。

## 1.3.7 实验室质量管理

实验室质量管理是实验室为相关领域提供真实、可靠、准确的检测数据和结果的重要保障。它包括质量管理体系、质量控制与评价、实验方法的选择与评价等内容。建立完善的质量管理体系并保持其有效运行，是实验室质量管理的核心。质量控制与评价是检测或校准全过程质量管理的重要环节，关系到检验结果是否准确可靠。实验方法的选择与评价是检验过程质量保证的重要内容，也是检验结果准确可靠的前提。

**(1) 实验室质量管理体系**

建立实验室的目的就是为相关领域提供准确的检测数据或校准结果，而实验室质量管理体系的构建正是为了更好地完成实验室工作。实验室应建立、实施和保持与其活动范围相适应的管理体系。实验室应将其政策、制度、计划、程序和指导书形成文件。文件化的程度应保证实验室检测或校准结果的质量。体系文件应传达至有关人员，并被其理解、获取和执行。要对影响实验室检测或校准结果的各类因素进行有效、全面的控制，使实验室持续发展，长期蓬勃生存。

1）实验室质量管理体系的概念

质量是一组固有特性满足要求的程度，而要求是指明示的、通常隐含的或必须履行的需求或期望。

质量控制（QC）是为满足质量要求所采取的作业技术和活动。质量控制是所有质量理论的基础，优点是对分析过程的质量有了较明确的执行方法和判定标准，并且用客观的统计学方法进行评价。质量控制包括以下活动：通过室内质控评价检测系统是否稳定；对新的检测方法进行比对实验；室间质量评价，通过使用未知样本将本实验室的结果与同组其他实验室结果和参考实验室结果进行比对；仪器维护、校准和功能检查；技术文件、标准的应用。

质量保证（QA）是质量管理的一部分，致力于提供质量要求会得到满足的信任。质量保证要求实验室评价整个实验的效率和实效性，实验室可以通过实验时间、检测结果差错率、室间质评等明确质量指标监测实验全过程。

质量体系（QS）是将必要的质量活动结合在一起，以符合实验室认可的要求。研究体系就是研究要素之间的关联性和相互作用。质量体系就是为达到质量目的对各要素进行全面协调的工作。对于实验室来说，检测报告或校准证书是其最终产品，而影响报告或证书质量的要素很多，例如操作人员、仪器设备、样品处置、检测方法、环境条件、量值溯源等，这些要素构成了一个体系。为了保证报告或证书的质量，实验室需要以整体优化的要求处理好检测或校准，实现检测和处理过程中各项要素间的协调与配合。

实验室质量管理（QM）主要是指实验室内关于质量方面的控制、指挥以及组织协调等工作，包括质量体系、质量保证和质量控制，也包括经济方面的质量成本。质量管理的目的是确保实验室检测或校准结果达到质量所需的程度，履行为顾客提供检测或校准服务质量的承诺，实现实验室的质量方针和质量目标。质量管理的意义在于能帮助实验室提高顾客满意度；能提供持续改进的框架，以增加顾客和其他相关方演绎的机会；使实验室能够提供持续满足要求的产品，向实验室及其顾客提供信任。

全面质量管理（TQM）是以质量为中心，通过让顾客满意达到长期成功的管理途径。全面质量管理是在最经济且充分满足顾客要求的前提下进行检测和提供服务，并能把维持质量和提高质量的活动组成为一体的有效体系。体系是指相互关联或相互作用的一组要素，体系由要素组成，要素是体系的基本成分，是体系形成和存在的基础，没有要素就没有体系。

实验室质量管理体系（QMS）是实施质量管理所需要的组织结构、程序、过程和资源。通常主要包括制定组织的质量方针、质量目标，进行质量策划、质量控制、质量保证和质量改进等活动。质量管理体系应整合所有必需过程，以符合质量方针和目标要求，并满足用户的需求和要求。

2）实验室质量管理体系的组成

① 组织结构。组织结构是指一个组织为行使其职能，按某种方式建立的职责权限及其相互关系。实验室或其所在组织应是一个能够承担法律责任的实体，并有明确的组织分工。组织结构的本质是实验室职工的分工协作及其关系，目的是为实现质量方针、目标。在实验室质量手册或项目的质量计划中要提供实验室组织结构，明确实验室所有对质量有影响的人员的职责和权限。

② 过程。一组将输入转化为输出的相互关联或相互作用的资源和活动即过程，其输入和输出是相对的。实验室通常对过程进行策划并使其在受控状态下运行以达到增值的目的。检测过程的输入是被测样品，在一个检测过程中，通常由检测人员根据选定的方法、校准的仪器、经过溯源的标准进行分析，检测过程的输出为测量结果。

③ 程序。程序是为进行某项活动或过程所规定的途径。程序是用书面文字规定过程及相关资源和方法，以确保过程的规范性。含有程序的文件被称为程序文件，虽然不要求所有程序都必须形成文件，但质量管理体系程序通常都要形成文件。程序分为管理性和技术性两种。一般程序性文件都是指管理性的，是实验室工作人员工作的行为规范和准则。技术性程序一般以作业文件（或称操作规程）规定。

④ 资源。资源是满足产品和质量管理体系要求的重要组成部分，包括人员、设施、工作环境、信息、资金、技术等。

组织结构、过程、程序和资源是实验室质量管理体系的四个基本要素，彼此既相对独立，又相互依存。组织结构是实验室人员在职、责、权方面的结构体系，明确了管理层次和管理幅度。程序是组织结构的继续和细化，也是职权的进一步补充，比如：实验室各级人员职责的规定，可使组织结构更加规范化，起到巩固和稳定组织结构的作用。程序和过程是密切相关的，有了质量保证的各种程序性文件，有了规范的实验操作手册，才能保证检验过程的质量。

实验室质量管理是通过对过程的管理来实现的，过程质量又取决于所投入的资源与活动，而活动的质量则是通过实施该项活动所采用的方法（或途径）予以保证的，控制活动的有效途径和方法制订在书面或文件的程序之中。

3）实验室质量管理体系的要求

实验室应按有关标准或准则的要求建立质量管理体系，形成文件，加以实施和保持，并持续改进其有效性，使其达到确保检测或校准结果质量可靠的目的。这是所有检测或校准实验室管理体系的共同目的。在P（plan）、D（do）、C（check）、A（action）循环的过程方法工作原则下，实验室质量管理体系应符合以下总体要求：

① 确定质量方针和质量目标，并遵循有关标准或准则的要求，识别质量管理体系所需的过程，同时应充分考虑实验室自身的实际情况。

② 确定达到质量目标的各过程的顺序和相互作用。实验室应确定每个过程中开展的活动及其需投入的资源、过程的输入和输出、过程的顺序和相互作用，识别关键的、特殊的过程和需特别控制的活动。同时应将识别出来的过程、过程顺序和相互作用在质量手册里表述清楚。

③ 确保过程有效运行和控制所需的准则和方法。为了实施、保持并持续改进质量管理体系的有效性和效率，实验室应运用系统的管理方法，按照标准或准则的要求管理相关过程，即实现对过程管理的规划（P）。

④ 确保可以获得必要的资源和信息，以支持过程的运行和对这些过程的监视，即策划的实施过程（D）。同时，对过程运行进行测量、分析和检查（C）。

⑤ 实施必要的措施，以实现对这些过程策划的结果和对这些过程的持续改进（A）。

⑥ 接受顾客对过程的监督，保持产品（检测报告等）的可溯源性。

⑦ 确保对所选择的分包过程实施控制。

4）建立实验室质量管理体系的意义

建立完善的质量管理体系并保持其有效运行是实验室质量管理的核心。实验室应重视检测或校准工作，将检测或校准工作的全过程以及涉及的其他方面（如影响检测数据的诸多因素）作为一个有机整体加以有效控制，满足社会对检验数据的质量要求。

质量管理体系是实验室管理的重要组成部分，是实施质量管理的必备条件。实验室建立管理体系是为了实施质量的全过程管理，并使其实现和达到质量方针和质量目标，以便能以最好、最实际的方式来指导实验室和检验机构的工作人员、设备及信息的协调活动，从而保证顾客对质量的满意和降低成本。

有利于提高实验室管理水平和工作质量，有利于实验室保证检测或校准报告的质量。质量管理体系能够对所有影响实验室质量的活动进行有效和连续的控制，注重并且能够采取有效的预防措施，减少或避免问题的发生。如果一旦发现问题，能够及时作出反应并加以纠正。

可增加用户的信任和安全感，是拓展市场的基础，有利于提高实验室业绩和经济效益。拥有健全和有效运行的质量管理体系是实验室具有较好的检测或校准管理能力的重要体现，也可作为向顾客、相关方等提供质量满足要求的有力证据。实验室质量管理体系围绕实现质量方针和质量目标，从领导重视到全员参与、从内部监督到外部审查、从预防程序到纠正措施等实施文件化、全方位质量监控，能最大限度地满足顾客需求，增加其信任度，利于开拓市场，提高业务数量。

**（2）实验室质量管理体系的建立**

1）实验室质量管理体系建立的理论基础

质量管理八项原则是质量管理的基础，同时也可帮助实验室建立质量管理体系，改进过程，完善质量管理体系，提高实验室技术能力和业绩，使实验室和其他相关方均能受益。

① 以顾客为关注焦点

顾客是指接受产品的组织或个人。实验室应理解顾客当前和将来的需求，满足顾客要求并争取努力超越顾客的期望。以顾客为关注焦点是质量管理的核心思想。顾客是一个大概念，主要是被测样品的供方和需方。对于实验室来说，顾客就是检测或校准服务的需求者，包括政府、司法、保险业、认证机构、企业、消费者、采购方等。顾客可以是外部的，也可以是内部的。实验室应认识到检测市场是变化的，顾客也是动态的，顾客的需求和期望是不断变化的。实验室必须时刻关注顾客的动向、潜在需求和期望，以及顾客对现有检测或校准服务的满意程度，及时调整自己的策略并采取必要的措施，根据顾客的要求和期望作出改进，以取得顾客的信任。实施以顾客为关注焦点应该做到以下几点：

a. 全面了解顾客的需求和期望，如对报告或证书的准确可靠性、交付期、收费等方面的要求。

b. 确保实验室的各项目标，包括质量目标能体现顾客的需求和期望。

c. 确保顾客的需求和期望在整个实验过程中得到沟通，使有关领导和员工都能了解顾客需求的内容、细节和变化，并采取措施来满足顾客的要求。

d. 有计划地了解顾客的满意程度，处理好与顾客的关系，力争使顾客满意。

e. 在重点关注顾客的前提下，兼顾其他相关方的利益，使实验室得到全面、持续的发展。

f. 保护顾客机密和所有权，保持与顾客的良好关系。

② 领导作用

管理者通过其领导活动，可以创造每个员工充分参与的环境，质量管理体系能够在这种环境中有效运行。实验室最高管理者在质量管理体系中的作用包括：制定并保持实验室的质量方针和质量目标；在整个实验室内促进质量方针和质量目标的实现，以增强员工的意识、积极性和参与程度；确保整个实验室关注顾客要求；确保实施适宜的过程以满足顾客和其他相关方要求并实现质量目标；确保建立、实施和保持一个有效的质量管理体系以实现这些质量目标；确保获得必要的资源；定期评价质量管理体系；决定有关质量方针和质量目标的活动；决定质量管理体系的改进活动等。实施领导作用一般应采取以下措施：

a. 满足所有相关方的需求和期望是领导者首要考虑的，能否满足顾客现在和潜在期望是实验室成功与否的关键所在。

b. 领导者应做好发展规划，明确远景，为整个实验室及有关部门设定奋斗目标。

c. 创建一种共同的价值观，树立职业道德榜样，使员工活动方向统一到实验室的方针目标上。

d. 使全体员工在一个比较宽松、和谐的环境之中工作，激励员工主动理解和自觉实现实验室目标。

e. 为员工提供所需的资源，培训并赋予员工在职权范围内的自主权。

③ 全员参与

全体员工是每个实验室的基础。实验室的质量管理不仅需要最高管理者的正确领导，还依赖于全员的参与。各级人员是实验室之本，只有他们充分参与，才能使他们的才干为实验室带来最大收益。产品质量取决于过程质量，过程的有效性取决于各类参与人员的意识、能力和主动精神。

全员参与的原则首先要求员工要了解他们在实验室中的作用及工作的重要性，给予机会提高他们的知识、能力和经验，使他们对实验室的成功负有使命感。他们应熟悉本职岗位的目标，知道该如何去完成，能全身心地投入。实现全员参与，应采取以下措施：

a. 明确员工承担的责任和规定的目标，使他们认识到自己工作的相关性和重要性，树立工作的责任心。

b. 让员工积极参与管理决策和过程控制，在规定的职责范围内，员工有一定的自主权。

c. 鼓励员工主动、积极、创造性地参与和改进工作，鼓励员工积极地为实现目标寻找机会，提高自己的技能，丰富自己的知识和经验。在实验室内部提倡自由地分享知识和经验，使先进的知识和经验成为共同的财富。

d. 尊重员工的努力工作和奉献，正确评价员工的业绩，从精神和物质上给予激励。动员全体员工积极参与，实现承诺，为实现实验室质量方针和目标作出贡献。

④ 过程方法

将活动和相关的资源作为过程进行管理，会更有效地实现预期的结果。如前所述，任何利用资源并通过管理将输入转化为输出的相互关联、相互作用的活动或一组活动，都可视为过程。系统地识别和管理实验室所有的过程，特别是这些过程之间的相互作用，称为过程方法（图 1-4）。

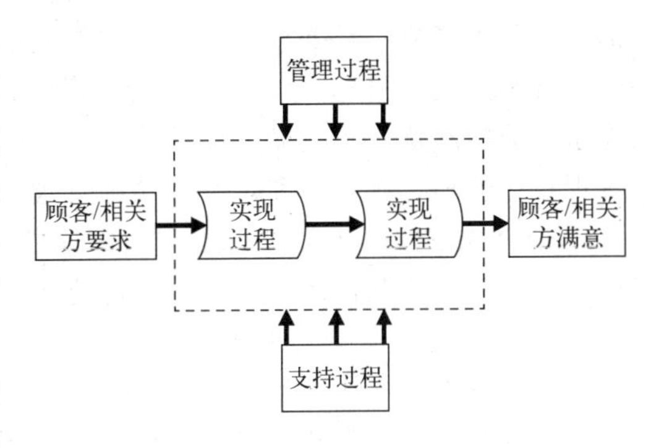


图 1-4 过程方法

以过程为基本单元是质量管理考虑问题的一种基本思路。过程方法的优点就是对系统中单个过程之间的联系以及过程的组合和相互作用进行优化。质量管理体系是通过一系列过程来实现的。质量策划就是要通过识别过程，确定输入和输出，确定将输入转化为输出所需的各项活动、职责和义务、所需的资源、活动间的接口等，以实现过程的增值，获得预期的结果。过程方法鼓励实验室人员要对其所有过程有一个清晰的理解，明确这些过程间的联系和影响，从而能更有效地利用资源、降低成本、缩短周期、提高有效性和效率。在应用过程方法时，必须对每个过程，特别是关键过程的要素进行识别和管理，这些要素包括：输入、输出、活动、资源、管理和支持性过程。过程方法着眼于具体过程，对其输入、输出，相互关联和相互作用的活动进行连续的控制，以实现每个过程的预期结果。实施过程方法一般采取以下措施：

a. 识别质量管理体系所需的过程，包括管理职责、资源配置、检测或校准的实现和分析改进有关的过程，确定过程的顺序和相互作用。

b. 确定每个过程为取得预期结果所必需的关键活动，并明确管理好关键过程的职责和权限。

c. 确定对过程的运行实施有效控制的原则和方法，并实施对过程的监控以及对监控结果的数据分析，发现问题，采取改进措施的途径，包括提供必要的资源、实现持续的改进等，以提高过程的有效性。

d. 评价过程结果，通过分析监控结果，发现问题并采取改进措施，实现持续改进，提高过程的有效性。

以一个疾病预防控制中心实验室《质量检测报告书》的形成为例，包括样品受理（合同评审、样品信息的输入和编号、样品分发和留样入库），样品检测（人员、设备、试剂、质量监督），检测报告的形成、发放及归档等若干过程，涉及现场科室、业务科、质管科、检验科、授权签字人、档案科等多个部门。每个过程或科室的输入或输出都可能会影响相关过程或科室的工作。

⑤ 管理的系统方法

将相互关联的过程作为系统加以识别、理解和管理，有助于实验室提高实现目标的有效性和效率。系统即体系，系统的特点之一就是通过各分系统（要素）的协同作用，互相促进，使总体的作用大于各分系统作用之和。系统方法包括系统分析、系统工程和系统管理三大环节。它从系统地分析有关数据、资料或客观事实开始，确定要达到的目标，然后通过系统工程，设计或策划为达到目标而应采取的各项措施、步骤以及应配置的资源，形成一个完整的方案，最后在实施中通过系统管理取得有效性和高效率。在质量管理体系中采用系统方法，就是要把质量管理体系作为一个大系统，对组成质量管理体系的各个过程加以识别、理解和管理，以达到实现质量方针和质量目标的目的。系统方法和过程方法关系非常密切。它们都以过程为基础，都要求对各个过程之间的相互作用进行识别和管理。但系统方法着眼于整个系统和实现总目标，使得实验室所策划的过程之间相互协调和相容，是基于对过程网络实施系统分析和优化，遵循整体性原则、相关性原则、动态性原则和有序性原则，以提高系统实现目标的整体有效性和效率。实施管理的系统方法应采取以下措施：

a. 应首先建立一个以过程方法为主体的质量管理体系，确定系统的目标。明确质量管理过程的顺序和相互作用，进行系统优化决策，使这些过程相互协调。

b. 控制并协调质量管理体系各过程的运行，应特别关注体系内某些关键或特定的过程，并应规定其运作的方法和程序，实施重点控制。制订全面完成任务的富有挑战性的规划，规定各个过程职责、权限和接口，并对过程进行监视和控制。

c. 通过对质量管理体系的分析和评审，采取措施以持续改进体系，提高实验室的业绩。同时预防不合格和降低风险。

⑥ 持续改进

持续改进整体业绩应当是组织的一个永恒目标。持续改进是增强满足要求的能力的循环活动。为了改进实验室整体业绩，应不断改进其报告或证书的质量，提高质量管理体系及过程的有效性和效率，以满足顾客或相关方日益增长和不断变化的需求和期望。持续改进是永无止境的，因此，持续改进应成为每一个实验室永恒的目标。实验室应将持续改进纳入自身的质量方针和目标。

持续改进有两个途径：渐进式持续改进和突破性项目。渐进式持续改进即由实验室内在岗人员对现有过程进行步幅较小的持续改进活动，包括：分析和评价现状，以识别改进区域；确定改进目标；寻找可能的解决办法，以实现这些目标；评价这些解决办法并作出选择；实施选定的解决办法；测量、验证、分析和评价实施的结果，以确定这些目标已经实现；正式采纳更改等。所有这些活动是对 PDCA 工作原理的具体应用。突破性项目通常由日常运作之外的专门小组来实施，实验室应配备足够的资源，有计划地指派一些有资格的人员，对现有标准方法实施改进，自己研制新的检测或校准方法，以超越顾客的需求和期望。

不论哪条改进途径，实验室都应为员工提供持续改进的各种工具，鼓励其使用统计技术和先进控制方法，承认改进结果，对改进有功人员进行表扬和奖励。

⑦ 基于事实的决策方法

决策是实验室各级领导的职责，有效决策建立在对数据和信息分析的基础之上。所谓决策就是针对预定目标，在一定的约束条件下，从诸多方案中选出最佳的一个付诸实施。基于事实的决策方法就是指实验室的各级领导在作出决策时要有事实根据，这是减少决策不当和避免决策失误的重要原则。数据是事实的表现形式，信息是有用的数据，实验室要确定所需的信息及其来源、传输途径和用途，确保数据是真实的，实验室领导应及时得到适用的信息。分析是有效决策的基础，应对数据和信息进行认真的整理和分析。以上这些都是做好为基于事实的决策方法服务的基础性工作。实施基于事实的决策方法，要求实验室质量方针和战略应建立在数据和信息分析基础之上，制定出既现实又富有挑战性的目标，采取的主要措施有：

a. 通过测量积累或有意识地收集与目标有关的各种数据和信息，并明确规定收集信息的种类、渠道和职责。

b. 通过鉴别，确保数据和信息的准确和可靠。

c. 采取各种有效方法，对数据和信息进行有效分析，包括采用适当的统计技术。

d. 应确保数据和信息能被使用者得到和利用。

e. 根据对事实的分析、过去的经验和直觉的判断作出相应决策，采取改进措施。

⑧ 与供方的互利关系

组织和供方的互利关系可提高双方创造价值的能力。对实验室来说，虽然其与企业不同，但实验室的活动也不是孤立的。实验室的供方可以理解为相关方，如供应商、服务方、承包方等。实验室在与他们建立关系时，应考虑到短期和长远利益的平衡，建立良好的合作交流关系，与他们共同优化成本，共享必要的信息和资源，确定联合的改进活动。这种双赢的思想，可使成本和资源进一步优化，能对变化的市场作出更灵活和快速一致的反应。实现与供方的互利关系，主要采取以下措施：

a. 让供方及早参与制定更富有挑战性的目标。

b. 选择供方并建立与供方的关系时，既要考虑当前的需要，还要考虑长远的利益。

c. 与相关的供方共享专门的技术、信息和资源。

d. 创造一个畅通和公开的沟通渠道，及时解决问题，确保供方适时提供更为可靠和无缺陷的产品。

e. 确立联合的改进活动。

f. 承认和鼓励供方的改进活动和成果。

g. 通过对供方提供资料、培训和双方的合作改进，及早了解顾客的需求，发展和提高供方的能力。

2）实验室质量管理体系的主要功能

a. 能够对所有影响实验室质量的活动进行有效的和连续的控制。

b. 注重并且能够采取预防措施，减少或避免问题的发生。能有效地防止不合格项的发生，包括防止已发现的不合格项和潜在的不合格项。

c. 具有一旦发现问题能够及时作出反应并加以纠正的功能。对不合格不仅要纠正，更重要的是要针对不合格产生的原因进行分析，确定应采取的措施，这些措施通常是指纠正措施和预防措施。

实验室只有充分发挥质量管理体系的功能，才能不断完善健全和有效运行质量管理体系，才能更好地实施质量管理，达到质量目标的要求，可以说体系就是实施质量管理的核心。

3）实验室质量管理体系的建立方法

不同的标准或准则对实验室所建立的体系有不同的要求。例如，《实验室资质认定评审准则》（国认实函［2006］141号）、《检测和校准实验室能力的通用要求》（GB/T 27025—2019/ISO/IEC 17025：2017）、《医学实验室质量和能力认可准则》（CNAS-CL02：2023）以及相关法律法规等。这些标准或准则为实验室建立质量管理体系提供了参照依据。实验室应根据本身的类型和工作性质等的不同，依据不同的标准或准则构建符合自身实际的质量管理体系。

① 建立质量管理体系的要点

a. 注重质量策划。策划是一个组织对今后工作的构思和安排。一个好的实验室策划应是先了解实验室所要达到的目的，再根据目的设定重要的过程，配置相应的资源，确定职责、明确分工，制订详细的计划，并落实对计划实施情况的检查，待进行周密准备之后再实施。质量管理体系各项活动的成功完成离不开好的策划。

b. 注重整体优化。质量管理体系是相互关联或相互作用的一组要素组成的一个系统，对系统研究的核心就是整体优化。实验室在建立、运行和改进质量管理体系的各个阶段都要注意树立系统优化的思想。

c. 强调预防为主。预防为主，就是恰当地使用来自各方面的信息，分析潜在的影响质量的因素，在过程中避免这种因素。强化预防措施，可以有效地降低工作失误带来的风险和损失。

d. 以满足顾客的需求为中心。在标准中的许多条款中都规定了服务的要求。建立的质量管理体系是否有效体现在能否满足顾客和相关方的要求。

e. 强调过程。将活动和相关资源作为过程进行管理，可以高效地得到期望的结果。质量管理体系是通过一系列过程实现的，控制每一过程的质量是达到质量目标的基石。

f. 重视质量和效益的统一。质量是实验室生存的保证，效益是实验室生存的基础。

g. 强调持续的质量改进。持续改进是科学进步的必然，是实验室生存和发展的内在要求。

h. 强调全员参与。全体员工是实验室工作的基础。质量管理既需要正确决策的管理者，也需要全员参与。

② 质量体系建立与运行的基本框架

一个质量体系的建立和有效运行，通常经过八个环节，而报告或证书是运行的结果，是实验室的产品，即各环节的共同目的是保证高质量的报告或证书。

建立、实施、保持和改进质量管理体系，首先要确定顾客和其他相关方的需求和期望。对一个实验室而言，识别和确定顾客（市场）需求，实质是树立一个正确的营销观念。实验室出具的报告或证书能否长期满足顾客和市场的需求，在很大程度上取决于营销质量。营销是一种以顾客和市场为中心的经营思想，其特征是实验室所关心的不仅是出具的报告或证书是否满足顾客的当前需求，还要着眼于通过对顾客和市场的调查分析和预测，不断引入现代技术，提高产品质量，满足顾客和市场的未来需求。

建立和实施质量管理体系的方法总体上包括以下步骤：确定顾客和其他相关方的需求和期望；建立组织的质量方针和质量目标；确定实现质量目标必需的过程和职责；确定和提供实现质量目标必需的资源和程序；规定衡量每个过程的有效性和效率的方法；质量控制和质量监督；确定防止不合格并消除产生原因的措施；持续改进质量管理体系。上述方法也适用于保持和改进现有的质量管理体系。

③ 质量方针和质量目标的制订

质量方针是由实验室最高领导者正式发布的质量宗旨和质量方向。质量目标是质量方针的重要组成部分。同时，质量方针又是实验室各部门和全体人员检验工作中遵循的准则。所以，实验室的领导要结合本实验室的工作内容、性质和要求，主持制订符合自身实际情况的质量方针、质量目标，以便指导质量管理体系的设计建设工作。一个好的质量方针必须有好的质量目标的支持。

质量方针。质量方针是指引实验室开展质量管理的纲，是建立质量体系的出发点。实验室质量方针对内明确质量宗旨和方向，激励员工质量责任感；对外表示实验室高层管理者的决心和承诺，使顾客能了解可以得到什么样的服务。由于实验室业务领域不同、规模各异，其质量方针也会各有不同，但应都能反映通过提供满足顾客要求的检测或校准结果，达到使顾客满意的目的。质量方针的表述应力求简明扼要，包括以下内容：

a. 实验室的工作内容。

b. 实验室管理层对实验室工作标准的声明。

c. 质量管理体系的目标。

d. 要求所有与检验活动相关的人员在任何时候都要熟悉并执行方针和程序。

e. 实验室对良好的专业规则、检验质量和符合质量管理体系要求的承诺。

f. 实验室管理层对符合本国际标准的承诺。

质量目标。质量目标应在方针给定的框架内制订并展开，也是实验室在职能和层次上所追求并加以实现的主要任务。目标是实验室实现满足客户要求、增强顾客满意度的具体落实，也是评价质量体系有效性的重要判定指标。目标既要先进又要可行、便于检查。对质量目标的主要要求如下：

a. 适应性：质量方针是制订质量目标的框架，质量目标必须能全面反映质量方针的要求和组织特点。

b. 可测量：方针可以原则性强一些，但目标必须具体。所谓可测量不仅指对事物大小或质量参数的测定，也包括可感知的评价。所有制订的质量目标都应该是可以衡量的。

c. 分层次：最高管理者应确保在实验室的相关职能和层次上建立质量目标。质量方针和质量目标实质上是一个目标体系，实验室质量方针应有质量目标支持，质量目标应有每个部门的具体目标或举措支持。

d. 可实现：质量目标是在质量方面所追求的目的。一方面，对于现在已经做到或轻而易举就能做到的不能称为目标；另一方面，根本做不到的也不能称为目标。一个科学合理的质量目标，应该是在某个时间段内经过努力能达到的要求。

e. 全方位：在目标的设定上应能全方位地体现质量方针，应包括组织上、技术上、资源方面的以及为满足检验或校准报告要求所需的内容。

制订质量方针和质量目标应注意的问题如下：

a. 明确质量方针和质量目标的关系。质量方针为建立和评审质量目标提供了一个框架，指出了实验室满足客户要求的意图和策略，质量目标在此框架内确立、展开和细化。即方针指出了实验室的质量方向，而目标是对这一方向的落实、展开。目标应与方针保持一致，不能脱节或偏离。方针和目标也是质量管理体系有效性的评价依据。目标应适当展开，除总目标外，有关部门和岗位还应根据总目标确定各自的分目标。

b. 必须考虑实验室的具体情况。每个实验室的具体情况不同，质量方针和目标也不同，质量方针和目标的制订必须实事求是。例如：实验室的具体服务对象和任务，人力资源、物质资源及资源供应方情况，各个实验室成员能否理解和坚决执行，检测结果要达到何种要求等。

c. 要与上级组织保持一致。实验室的质量方针和目标应是上级组织有关质量方针和目标的细化和补充，绝不能偏离。

④ 确定过程和要素

实验室的最终目标是提供合格的检测或校准报告，这是由各个检验过程来完成的。因此，必须将各质量管理体系要素看作一个整体去考虑，了解和掌握各要素达到的目的，按照认可标准的要求，结合自身的检验工作及实施要素的能力进行分析比较，确定检测或校准报告形成过程中的质量环，加以控制。质量管理是通过过程管理来实现的。方针、目标确定之后，就要根据实验室自身的特点，确定实现质量目标必需的过程和职责，系统识别并确定为实现质量目标所需的过程，包括一个过程应包含哪些子过程和活动。在此基础上，明确每一过程的输入和输出的要求，用网络图、流程图或文字，科学而合理地描述这些过程或子过程的逻辑顺序、接口和相互关系；明确这些过程的责任部门和责任人，并规定其职责；明确本实验室的检测或校准流程（质量环），识别报告或证书质量形成的全过程，尤其是关键过程，这是质量体系设计构思及运行的基本依据。

根据过程的不同，一个过程可以包含多个纵向（直接）过程，还可能涉及多个横向（间接、支持）过程，当逐个或同时完成这些过程后，才能完成一个全过程。以检测或校准的实现过程为例，其纵向过程包括检测前过程（合同评审、抽样及样品处置）、检测过程（程序和方法、量值溯源、结果质量保证等）、检测后过程（结果报告、结果的更改和纠正等多个子过程）；横向过程包括管理过程（组织结构、文件控制、宣传、审核、管理评审等）和支持过程（资源配置、分包、外购、培训等）。

以过程为基础的质量管理体系模式包括四大过程，即管理职责、资源管理、产品实现、测量分析和改进。它们彼此相连，最后通过体系的持续改进进入更高阶段。确定要素和控制程序时要注意：是否符合有关质量体系的国际标准，是否适合本实验室检测或校准的特点，是否适合本实验室实施要素的能力，是否符合相关法规的规定。

4）组织结构及资源配置

组织结构。如前所述，体系的性质取决于要素的结构。所谓结构是指各要素在质量体系范围内相互联系、相互作用的方式。它表示为系统内的组织机构、质量职责和权限。因此，在建立质量体系时，要合理设计本实验室的组织机构，落实岗位责任制，明确技术、管理、支持服务工作与质量体系的关系。如能画出质量体系要素职能分配表，就更加醒目。这样，就能将检测或校准实现过程各阶段的质量功能落实到相关领导、部门和人员身上，做到各项与质量有关的工作都能事事有人管，项项有部门负责。

资源配置。资源是实验室建立质量体系的必要条件，实验室应根据自身检测或校准的特点和规模，确定和提供实现质量目标必需的资源。资源包括以下内容：

① 人力资源

人力资源是资源提供中首先要考虑的。实验室管理层应确保所有操作专门设备、从事检测或校准、评价结果和授权签字人等人员的能力。所谓员工的能力是经证实的应用知识和技能的本领。实验室管理层应根据质量体系各工作岗位、质量活动及规定的职责要求，选择能够胜任的人员从事该项工作，即应按要求根据相应原教育、培训、经验和（或）可证明的技能进行资格确认。

② 基础设施

实验室应规定过程实施所必需的基础设施。基础设施包括工作场所、过程、设备（硬件和软件）以及通信、运输等支持性服务。为确保提供的报告或证书能满足标准或规范的要求，应确定为实现检测或校准所需要的基础设施、仪器设备，同时还要对它们给予维护和保养。具体包括如下内容：

a. 建筑物、工作场所和相关设施。例如：固定设施、离开其固定设施的场所、临时或可移动的设施；相关设施指能源、照明、水、电、气等供应设施。

b. 检测或校准设备（软、硬件）。包括抽样、样品制备、数据处理和分析所要求的所有设备。

c. 支持性服务设施。如采暖、通风、运输、通信服务等。

③ 工作环境

管理者应关注工作环境对人员能动性和提高组织业绩的影响，营造一个适宜且良好的工作环境，既要考虑物的因素，也要考虑人的因素，或考虑两种因素的组合。

必要的工作环境是实验室实现检测或校准的支持条件。有关人的环境是指管理层应创造一个稳定、有安全感和积极向上的环境；物的环境包括温度、湿度、洁净度、无菌、电磁干扰、辐射、噪声、振动等。实验室必须对所需工作环境加以确定，并对影响报告或证书质量的环境实施监控管理。

④ 信息

信息是实验室的重要资源。信息可用来分析问题、传授知识、实现沟通、统一认识、促进实验室持续发展。信息对于实现以事实为基础的决策以及组织的质量方针和质量目标都是必不可少的资源。

此外，资源还包括财务资源、自然资源和供方及合作者提供的资源等。

5）质量管理体系文件化

实验室需要建立文件化的质量体系，而不只是编制质量体系文件。建立质量管理体系文件的作用是沟通意图、统一行动，有利于质量体系的实施、保持和改进。文件的形成有助于符合顾客要求、进行质量改进、提供适宜的培训，有助于实验的可重复性和数据的可追溯性，有助于提供客观证据，评价质量管理体系的持续适宜性和有效性。编制质量管理体系文件不是目的，而是手段，是质量管理体系的一种资源。因此，实验室质量管理体系文件化的方式和程度必须结合实验室的类型、范围、规模、检测或校准的难易程度和员工的素质等方面综合考虑，不能照抄硬搬某个模式，也不必照抄认可准则的条款。

文件是对体系的描述，必须与体系的需要一致。在策划质量管理体系时，应结合实验室的实际需要，策划文件的结构（层次和数量）、形式（媒体）、表达方式（文字、图表）和详略程度。如果是一个较小的实验室，过程也比较简单，就可以在手册中对过程和要素作出描述，并不一定需要其他文件指导操作。对于一个大型实验室，检测或校准类型复杂、领域宽、管理层次多，体系文件必须层次分明，还需要增加一些指导操作的文件。实验室不论是初次编制质量管理体系文件，还是因为标准更新对体系文件进行转换改版，都应以原有的各类文件为基础，以实施质量体系和符合认可准则的要求为依据，进行调整、补充和删减后，将其纳入质量管理体系受控范围。质量管理体系文件一般包括四方面的层次，也就是体系文件的架构：质量手册；程序文件；作业指导书；记录、表格、文件、报告等。它是描述质量管理体系的完整文件，是质量管理体系的具体表现，是质量管理体系审核的依据。

质量手册是第一层次的文件，是阐明一个实验室的质量方针，并描述其质量管理体系的文件。因为认可准则是通用要求，要照顾到各行业的需求，而各实验室有自己的业务领域和自身的特点，所以必须进行转化。手册的精髓就在于其有自身的特点，它是为实验室管理层指挥和控制实验室用的。第二层次为程序性文件，是为实施质量管理和技术活动的文件，主要为相关部门使用。第三层次是作业指导书，属于技术性程序，它是指导开展检测或校准的更详细的文件，是为第一线业务使用的。第四层次是各类质量记录、表格、报告等，是质量体系有效运行的证实性文件。显然，不同层次文件的作用各不相同，要求上下层次间相互衔接、不能矛盾；上层次文件应附有下层次支持文件的目录，下层次文件应比上层次文件更具体、更可操作。

每个实验室确定其所需文件的详略程度和所使用的媒体，取决于其类型和规模、过程的复杂性和相互作用、产品的复杂性、顾客要求、适用的法规要求、经证实的人员能力以及满足质量管理体系要求所需证实的程度等因素。实验室质量管理体系文件编制应注意其系统性、法规性、增值效用性、见证性和适应性。

① 质量手册

质量手册包括支持性操作规程（包括技术操作规程）或提供相关的参考文献，概述质量管理体系的文件结构。质量手册是对实验室的质量管理系统概括而又纲领性的阐述，能反映出实验室质量管理体系的总貌。质量手册描述质量管理体系和在质量管理体系中使用的文件结构，描述技术管理层和质量管理人员的任务和责任。指导所有人员使用和应用质量手册和所有相关的参考文献，以及所有需要他们执行的要求。由实验室管理层授权的、指定对质量负责的人员要保持质量手册的最新状态。

质量手册的编写原则：应符合认可准则及有关法律法规的要求；有利于向客户认证机构、相关方提供质量满足要求的证据；符合实验室的实际情况，质量手册是规定实验室质量管理体系的文件，应结合自身的特点画出本实验室的模式图，要把顾客的要求转化为报告或证书的质量特性，确定自己的特色；内容全面、结构层次清楚、语言通俗易懂、名词术语标准规范。

对于一本内外兼用、完整的质量手册来说，应具备指令性、系统性、协调性、可行性和规范性，且有利于对其本身的保管、查询、更改、换版等方面的管理与控制。

质量手册的编写方法如下：

a. 成立组织。一旦实验室最高管理者作出编写质量手册的决定后，一般应成立质量手册编写领导小组和质量手册编写办公室。质量手册编写领导小组由本组织的最高管理者代表、各有关业务部门主管领导、手册编写办公室负责人参加，负责确定质量手册编写的指导思想、质量方针和目标、手册整体框架的编写进度，以及手册编写中重大事项的确定和协调等。质量手册编写办公室一般以质量管理部门为基础，吸收各有关职能部门的适当人员，负责手册的具体编写工作。

b. 明确或制订质量方针。质量手册的一个基本任务就是阐述质量方针及其贯彻。所以，编制质量手册的前提就是明确（对于已有质量方针且经质量手册编写领导小组审议认为适合明确写入手册）或制订（原来没有质量方针或虽有质量方针但经审议需重新制订）本组织的质量方针。

c. 充分学习、深入理解有关标准或准则条文。实验室管理者、质量手册编写领导小组、质量手册编写办公室的人员要深入学习，较系统、全面地掌握有关标准或准则。

d. 对实验室的现状作深入研究，识别过程，规定控制范围。可对照有关准则条款，并总结实验室自身的质量管理经验，结合具体情况进行，同时要注意让职工积极参与。

e. 用通俗易懂的语言描述质量体系要素。编制手册应在深刻理解有关标准的基础上，使用符合本国文化传统的语言，以有利于质量手册的贯彻实施。

f. 质量手册的编写与程序文件可有重复，但手册对过程的描述应简明扼要。可参考范本编写，但不可照搬照抄。

g. 质量手册的审定、批准。质量手册全部内容编写完成后，应经编写办公室人员内部校对并签字后，提交本组织质量手册编写领导小组审定，最后由本组织最高管理者批准。在质量手册的审定和批准时应着重考虑以下内容：质量手册对采用的国家标准和相应国际标准的符合程度；质量手册对有关政策法令的符合程度；质量手册对实现既定的质量方针、质量目标和顾客的质量要求的保证水平；质量手册的系统性、协调性、可行性及规范性。

h. 质量手册的颁发。质量手册的发布通常是采取由实验室最高管理者签署发布令的方式。实验室的最高管理者签署质量手册的发布令，一方面表示手册是整个实验室的法规性文件，全体人员应该严格遵照执行，另一方面也表明了实验室最高管理者对质量责任的承诺。

一个完整的质量手册一般包括以下内容：

a. 前置部分：包括封面、授权书、批准页、修订页、法人公正性声明、实验室主任公正性声明、工作人员职业道德规范、引用文件及缩略语等。

b. 主要内容：包括实验室概况、质量方针和质量目标、质量手册管理、管理要求、技术要求。

c. 附录：包括组织机构框图、人员一览表、授权签字人一览表、质量职责分配表、质量体系框图、检测项目一览表、实验室平面图、仪器设备一览表、检测工作流程图、程序文件目录、实验室行为准则。

质量手册的基本格式要求分章排序（页号）、活页装订、每页有页眉和页脚。

② 程序文件

从活动（或过程）的内涵来看，大到检测或校准的全过程，小至一个具体的作业都可称为一项活动，而活动所规定的方法（或途径）都可称为程序。对质量体系来说，不管是管理性程序，还是技术性程序，都要求形成文件，即所谓程序文件。实验室质量管理体系应将其政策、制度、计划、程序和指导书制订成文件，并达到确保实验室检测或校准结果质量所需的程度。程序不仅仅是实施一项活动的步骤和顺序，还包括对活动产生影响的各种因素。内容包括活动（或过程）的目的、范围、由谁做、在什么时间和地点做、怎样做以及其他相关的物质条件保障等。一个程序文件对以上诸因素作出明确规定，也就是规定了活动（或过程）的方法。因此，在质量管理体系的建立和运行过程中，要通过程序文件的制定和实施，对质量体系的直接和间接活动质量进行连续恰当的控制，以此手段保证质量管理体系能持续有效地运行，最终达到实现实验室的质量方针和质量目标的目的。

程序文件是质量手册的技术性文件，是手册中原则性要求的展开和落实。因此，编写程序文件时，必须以手册为依据，要符合手册的规定与要求。程序文件应具有承上启下的功能，上承质量手册，下接作业文件，这样就能控制作业文件，并将手册纲领性的规定具体落实到作业文件中去，从而为实现为报告或证书质量的有效控制创造条件。

在质量体系文件中，程序文件是重要组成部分。根据 ISO/IEC 17025：2017 标准的要求，实验室需要编写的程序文件类型一般包括：保密和保护所有权的程序；保证公正性和诚实性的程序；文件控制和维护程序；要求、标书与合同评审程序；分包管理程序；服务与供应品采购程序；申诉（抱怨）处理程序；不符合项控制程序；纠正措施程序；预防措施程序；记录控制程序；内部审核程序；管理评审程序；人员培训和考核程序；安全与内务管理程序（必要时）；检测或校准程序；开展新方法（新工作）的评审程序（适用时）；测量不确定度评定与表示程序；检测或校准方法的确认程序；自动化检测的质量控制程序；设备维护管理程序；期间核查程序；量值溯源（包括参考标准和标准物质的使用）程序；抽样管理程序；被测物品的处置程序；结果质量的保证控制程序；现场检测或校准的质量控制程序；报告或证书管理程序。

上述所列 28 个程序也可根据实际情况加以删减，也可将几个程序合并，例如将纠正措施程序和预防措施程序合二为一等。只要覆盖了标准的要求，都是可以接受的。

程序文件的编写原则：符合评审准则要求以及行业管理要求；保证实际能做到，既不要太简单也不要过于复杂，做到详略适当，在实施过程中逐步细化；注意与质量手册以及其他文件的一致性；写清职责权限；程序文件应简明、易懂。

程序文件的结构和内容包括：目的，即为什么要开展这项活动（或过程）；适用范围，开展此项活动（或过程）所涉及的范围和对象；定义，对那些不同于所引用标准的定义的简称符号需进行说明；职责，由哪个部门或人员实施此项程序，明确其职责和权限；工作流程（步骤和要求），列出活动（或过程）顺序和细节，明确各环节的输入-转换-输出，即应明确活动（或过程）中资源、人员、住处和环节等方面应具备的条件，与其他活动（或过程）接口处的协调措施，明确每个环节的转换过程中各项因素由谁做，什么时间做，什么场合做，做什么，为什么做，怎样做，如何控制其所要达到的要求，所需形成的记录、报告及相应签发手续等，注明需要注意的任何例外或特殊情况，必要时辅以流程图；引用文件和记录格式，开展此项活动（或过程）涉及的文件，引用标准、规程（规范）以及使用的表格等。

③ 作业指导书

作业指导书是用以指导某个具体过程、事物形成的技术性细节描述的可操作性文件。指导书要求合理、详细、明了、可操作。

编写作业指导书的必要性：作业指导书是技术性文件，并不要求必须编写。如果国际的、区域的、国家的标准或其他公认的规范已包含了如何进行检测或校准的管理和足够信息，并且这些标准是可以被实验室操作规程人员作为公开文件使用时，不需再进行补充或将其改写为内部程序。如果缺少指导书，可能影响检验或校准结果，实验室应制定相应的作业指导书。例如：当标准规定不详细、不充分、可操作性不强时；没有标准可参照、选用或制定非标方法时。

实验室常用作业指导书的分类如下：

a. 方法类：用以指导检测或校准的过程。例如，标准或规程（规范）的实施细则、化学试剂配制方法、比对试验方法等。

b. 设备类：设备的使用、操作规范（如设备商提供的技术说明书等）、仪器设备自校方法、期间核查方法等。

c. 样品类：包括样品的准备方法、样品处置和制备规则、消耗品验收方法等。

d. 数据类：包括数据的有效位数、修约、异常数字的剔除以及结果测量不确定度的评定表征规范等。如：数据处理方法、测量不确定度评定方法、修正值（曲线）、对照图表、常用参数、计算机软件等。

作业指导书一般包括以下几个方面的内容：依据；适用范围；技术要求；步骤和方法；数据处理方法；结果表示方法；出现意外、差异、偏离时的处理方法；相关文件和记录。

④ 记录

记录是文件的一种，它更多用于提供检测或校准是否符合要求和体系有效运行的证据。凡是有程序要求的都要有记录，实验室全体员工就应养成凡是执行过的工作必须有记录的良好习惯。记录可分为质量记录和技术记录。质量记录：包括人员培训记录、承包方的质量记录、服务与供应的采购记录、纠正和预防措施记录、内部审核与管理评审记录、质量控制和质量监督记录等。技术记录包括环境控制记录，合作协议、使用参考标准的控制记录，设备使用维护记录，样品的抽取、接收、制备、传递、留样记录，原始观测记录，检测或校准的报告或证书，结果验证活动记录，客户反馈意见等。

实验室所有文件和记录应受控管理。实验室文件的借阅需要登记，注明文件名称、借阅日期、借阅人、预定归还日期和归还日期等信息。实验室所有记录应按需发放、按时收回，专人保管。实验室记录的保存期限没有统一的要求，根据各自实验室的性质决定，在程序文件中予以界定就行，一般为便于追溯，至少要保存 2 年，重要的文件记录一般都要保存 5 年。

纠正预防措施。实验室质量管理体系的主要功能之一是有效地防止不合格项的发生。防止不合格包括防止已发现的不合格和潜在的不合格。质量管理体系的重点是防止。对不合格不仅要纠正，更重要的是要针对不合格产生的原因进行分析，确定应采取的措施，这些措施通常是指纠正措施和预防措施。

持续改进质量管理体系。一个完善建立的质量管理体系不仅能有效运行，还应得到持续改进，使实验室满足质量要求的能力得到加强。实验室质量管理体系应根据有关准则要求、顾客需求变化、实验室自身条件的改变等而发生变化，做到持续改进。持续改进质量管理体系的目的在于增加顾客和其他相关方满意的机会，而这种改进是一种持续和永无止境的活动。

**(3) 实验室质量管理体系的运行与监控**

实验室质量管理体系文件编制完成后，管理体系即进入运行与监控阶段，包括培训和宣贯、试运行、内部审核和管理评审、正式运行及运行有效性的识别等。实验室质量管理体系的运行实际上是执行管理体系文件、贯彻质量方针、实现质量目标、保持管理体系持续有效和不断完善的过程。一个行之有效的质量管理体系应该是实验室的服务对象、实验室自身和实验室供应方三方满意的三赢局面。

1) 运行的依据

实验室结合本单位的实际情况，根据有关标准或准则的要求，并将有关要求转化为确保检测或校准服务质量的程序，建立了质量管理体系。所以，质量管理体系文件或程序就是质量管理体系运行的主要依据。

质量管理体系文件包括实验室内部制定的和来自外部的一系列文件，这些文件以不同的形式、不同的层次表达出来。质量管理体系文件既是质量体系存在的见证，又是质量体系运行的依据。

2) 运行的各个阶段

① 培训和宣贯

质量管理体系文件化主要是便于贯彻执行，确保检测或校准服务的质量，使客户满意，实现实验室的质量目标。培训和宣贯主要包括：实验室质量管理体系文件介绍、运行时应注意的问题、运行记录、表格准备以及质量手册、程序文件、作业文件要点等。

体系文件应传达至有关人员，并被其理解、贯彻和执行。为此，实验室的管理层必须组织质量管理体系文件的宣贯。一般来讲，这种宣贯可根据实验室的具体情况，分层次地进行。

质量手册的宣贯应针对全体人员。对于手册的主要精神、构成的基本要素，尤其是质量方针和目标，每个人都应清楚，以便贯彻执行。

程序文件的宣贯，可根据质量管理体系要素的职能分配，针对有关部门和人员分别进行，因为程序文件是为进行某项活动或过程所规定的途径，只要涉及的部门和人员明确即可。

② 试运行

尽管实验室质量管理体系建立过程中已充分吸纳了过去的实践经验，但毕竟是一个新的管理模式，能否满足实际需要、是否能达到预期的效果，必须通过实践的考核验证，这就是所谓的质量管理体系的试运行。根据实验室认可的实际情况，实验室质量管理体系试运行的期限为半年。通过试运行，考验质量管理体系文件的有效性和协调性，并对暴露出的问题，采取改进和纠正措施，以达到进一步完善质量管理体系文件的目的。在经过系列修改后，发布第二版质量手册、程序文件正式运行。

实验室质量管理体系试运行时，首先应编制试运行计划，所有文件均要按文件控制程序的要求进行审批发放，并按上述要求进行培训。试运行期间，至少进行一次内部审核和管理评审，并注意保存内部审核和管理评审活动记录，以便认证检查。

③ 内部审核和管理评审

质量管理体系的审核在体系建立的初始阶段往往更加重要。在这一阶段，质量体系审核的重点，主要是验证和确认体系文件的适用性和有效性。质量管理体系试运行之后，就应进行一次集中的内部审核与管理评审，对质量管理体系的符合性、适应性和有效性作出客观的自我评价。

审核与评审的主要内容一般包括：规定的质量方针和质量目标是否可行；体系文件是否覆盖了所有主要质量活动；各文件之间的接口是否清楚；组织结构能否满足质量体系运行的需要；各部门、各岗位的质量职责是否明确；质量管理体系要素的选择是否合理；规定的质量记录是否能起到见证作用；所有员工是否养成了按体系文件操作或工作的习惯，执行情况如何。

④ 正式运行

经过上述各阶段之后，实验室的质量管理体系便可正式运行。若想通过实验室认可，此时可向中国合格评定国家认可委员会（CNAS）正式提交申报材料，并在3个月内接受CNAS的现场评审。质量管理体系的正式运行，是实验室质量管理和技术运作的新起点，后续可在实践中持续改进和完善，以满足客户的需求以及法定管理机构、认可准则和认可机构的要求，实现实验室的质量目标。

3）运行验证和有效运行的标志

建立健全的、适合本单位实际情况的质量管理体系是其有效运行的重要前提。判断质量管理体系是否有效运行的标志如下：

a. 实验室能否依靠管理体系的组织机构进行组织协调并得到领导重视？

b. 实验室质量管理体系的运行是否做到了全员参与？

c. 实验室所有的质量活动是否能严格遵守文件要求并有完整的记录？

d. 所有影响质量的因素（过程）是否处于受控状态？

e. 是否建立快捷、高效的反馈机制？

f. 是否适时开展实验室内部审核与管理评审以便持续改进质量管理体系？

4）质量管理体系审核和评价

实验室应策划并实施所需的评估和内部审核过程，用以证实检测或校准前、检测或校准中、检测或校准后以及支持性过程按照满足用户需求和要求的方式实施；确保符合质量管理体系要求；持续改进质量管理体系的有效性。评估和改进活动的结果应输入到管理评审中。

① 质量管理体系过程的评价

评价质量管理体系时，应对每一个被评价的过程，提出如下四个基本问题：过程是否予以识别和适当确定？职责是否予以分配？程序是否被实施和保持？在实现所要求的结果方面，过程是否有效？

综合回答上述问题可以确定评价结果。质量管理体系评价在涉及的范围内可以有所不同，也可以包括很多活动，如：质量管理体系审核、质量管理体系评审以及自我评定等。

② 质量管理体系审核

审核用于确定符合质量管理体系要求的程度。审核发现用于评价质量管理体系的有效性和识别改进的机会。

③ 质量管理体系评审

实验室最高管理者的一项任务是对质量管理体系关于质量方针和质量目标的适宜性、充分性、有效性和效率进行定期评价。这种评审可包括考虑修改质量方针和目标的需求，以响应相关方需求的变化，还包括确定采取措施的需求。审核报告与其他信息源一起用于质量管理体系的评审。

# 第二章

# 化学物质及危险

## 2.1 危险化学品概述

化学物质是指各种元素组成的单质、化合物和混合物，不管是天然的还是人造的都属于化学物质的范畴。《危险化学品安全管理条例》（2011年修订）中规定，具有毒害、腐蚀、爆炸、燃烧、助燃等性质，对人体、设施、环境具有危害的剧毒化学品和其他化学品统称为危险化学品。

### 2.1.1 危险化学品的分类

目前，国际通用的危险化学品分类标准有两个：一是联合国《关于危险货物运输的建议书 规章范本》（TDG）规定了9类危险化学品的鉴别指标；二是《全球化学品统一分类和标签制度》（GHS）。GHS包括两方面内容：对化学品危害性的统一分类和对化学品危害信息的统一公示。它规定了28类危险化学品的鉴别指标和测定方法。我国有很多种危险化学品的分类标准：在2010年5月1日实施的《化学品分类和危险性公示 通则》（GB 13690—2009）中，理化危险类条目下分为16类，健康危险类条目下分为10类，环境危险类条目下分为7类；在2012年12月实施的《危险货物分类和品名编号》（GB 6944—2012）中危险货物分为9类；在2014年11月实施的《化学品分类和标签规范》（GB 30000—2013系列国家标准）中，化学品危险性条目下分为28类。根据化学品危险特性的鉴别和分类标准。2015年2月27日，国家安全监管总局等10个单位联合制定了《危险化学品目录（2015版）》，目录收录了2828种（类）危险化学品，除目录中列明的条目外，符合相应条件的，也属于危险化学品。目录中“备注”是对剧毒化学品的特别注明。本章危险化学品分类方法参考《危险货物分类和品名编号》（GB 6944—2012），主要分为以下9类。

第1类：爆炸品；

第2类：气体；

第 3 类：易燃液体；

第 4 类：易燃固体、易于自燃的物质、遇水放出易燃气体的物质；

第 5 类：氧化性物质和有机过氧化物；

第 6 类：毒性物质和感染性物质；

第 7 类：放射性物质；

第 8 类：腐蚀性物质；

第 9 类：杂项危险物质和物品（包括危害环境物质）。

**(1) 爆炸品**

爆炸品是指在外界作用下（如受热、受压、撞击等），能发生剧烈的化学反应，瞬间产生大量的气体和热量，使周围压力急剧上升，发生爆炸，对周围环境造成破坏的物品，也包括无整体爆炸危险，但具有着火、迸射及较小爆炸危险，或仅产生热、光、声响或烟雾等一种或几种作用的烟火物品。爆炸品不包括与空气混合才能形成爆炸的气体、蒸气和粉尘物质。

1）爆炸品的分类

《危险货物分类和品名编号》(GB 6944—2012）按爆炸危险性大小把爆炸品分为 6 项。

a. 有整体爆炸危险的物质和物品。整体爆炸是指瞬间即迅速传播到几乎全部装入药量的爆炸，如二硝基重氮酚、雷汞、雷银等起爆药，TNT、黑索金、苦味酸、硝化甘油等猛炸药，硝化棉、无烟火药、浆状火药等火药，黑火药及其制品等。

b. 有迸射危险，但无整体爆炸危险的物质和物品。如带有炸药或抛射药的火箭弹头，装有炸药的炸弹、弹丸、穿甲弹，非水活化的带有或不带有爆炸管、抛射药或发射药的照明弹、燃烧弹、催泪弹、毒气弹，以及摄影闪光弹、闪光粉、地面或空中照明弹，不带雷管的民用炸药、民用火箭等。

c. 有燃烧危险并有局部爆炸危险或局部迸射危险，或这两种危险都有，但无整体爆炸危险的物质和物品。如速燃点火索、点火管、点火引信、二硝基苯等。

d. 不呈现重大爆炸危险的物质和物品。爆炸危险性较小，万一被点燃或引爆，其危险作用大部分局限在包装件内部，而对包装件外部无重大危险的物质和物品，如导火索、手持信号器、电缆爆炸切割器、爆炸性铁路轨道信号器、火柜信号、烟花爆竹等。

e. 有整体爆炸危险的非常不敏感物质。爆炸性质比较稳定，在燃烧试验中不会爆炸的物质，如 B 型爆破用炸药、E 型爆破用炸药、铵油炸药等。

f. 无整体爆炸危险的极端不敏感物品。爆炸危险性仅限于单个物品爆炸的物品。

2）爆炸品的化学结构

分析各种爆炸事故发生的原因可知，任何一起爆炸事故的发生，都是内因和外因两方面相互作用的结果。外因是摩擦、撞击、挤压、震动、高温、冰冻、潮湿等诸多环境因素，内因则由发生爆炸的危险化合物分子结构，特别是其分子中含有的特种基团的性质决定。

① 带有爆炸性基团的化学结构

化合物性质由其分子结构决定。对不同结构类别的化合物进行分析发现，具有某些特定基团的化合物易发生爆炸，这些特定基团被称为爆炸性基团。具有爆炸性基团的化学结构如表 2-1 所示。

**表 2-1 具有爆炸性基团的化学结构**

| 爆炸性基团 | 类别 | 爆炸性化合物 |
|---|---|---|
| C≡C | 乙炔类化合物 | 乙炔银、乙炔汞 |
| N≡N | 叠氮化合物 | 叠氮化铅、叠氮化钠 |
| N≡C | 雷酸盐化合物 | 雷酸汞、雷酸银 |
| O—Cl | 氯酸或过氯酸化合物 | 氯酸钾、高氯酸铵 |
| R—$NO_2$ | 硝基化合物 | 三硝基甲苯、三硝基苯酚 |
| C—N═O | 亚硝基化合物 | 亚硝基酚、亚硝基乙醚 |
| R—$ONO_2$ | 硝酸酯类化合物 | 硝化甘油、硝化棉 |
| O—O | 臭氧、过氧化物 | 臭氧、过氧化钠 |
| N—X | 氮的卤化物 | 氯化氮、溴化氮 |

② 形成过氧化物的化学结构

置于空气中能与氧发生反应，形成不稳定或爆炸性的有机过氧化合物，其结构特点主要是具有弱的 C—H 键和易引起附加聚合的双键。

3）爆炸品的危险特性

① 爆炸性强

爆炸品都具有化学不稳定性，在一定的外因作用下，能以极快的速度发生猛烈的化学反应，产生的大量气体和热量在短时间内无法散去，致使周围的温度迅速升高并产生巨大的压力，从而引起爆炸。

② 敏感度高

不同的爆炸品所需的起爆能不同，某一爆炸品所需的最小起爆能，即该爆炸物的敏感度。起爆能与敏感度成反比，起爆能越小，敏感度越高。

③ 破坏性强

爆炸品一旦发生爆炸，爆炸中心的高温、高压气体产物会迅速向外膨胀，剧烈地冲击、压缩周围的空气，使其压力、密度、温度突然升高，形成很强的空气冲击波并迅速向外传播。冲击波在传播的过程中有很大的破坏力，会使周围建筑物遭到破坏、人员受到伤害。

④ 自燃危险性

一些爆炸品在一定温度下不需要火源的作用就会自行着火或爆炸，如双基火药长时间堆放在一起时，由于火药缓慢热分解放出的热量及产生的二氧化氮气体不能及时散发出去，火药内部产生热积累，当达到其自燃点时就会自行着火或爆炸。

⑤ 着火危险性

大多数爆炸品是易燃物质。

⑥ 毒害性

很多爆炸品爆炸时能产生一氧化碳、二氧化碳、一氧化氮等有毒或窒息性气体，可从呼吸道、食管甚至皮肤等进入人体内，导致中毒。

4）典型易爆化合物及其性质

① 硝化甘油

黄色油状黏稠液体，可因震动而爆炸；不溶于水，易溶于乙醚、丙酮等；受暴冷、暴热、撞击、摩擦，遇明火、高热时均有引起爆炸的危险；与强酸接触能发生强烈反应，引起燃烧或爆炸；少量吸入会引起剧烈的搏动性头痛，大量吸入会导致低血压、抑郁、精神错乱等。对于硝化甘油的安全要求包括：储存于阴凉、干燥、通风的专用爆炸品库房；远离火种、热源；与氧化剂、活性金属粉末、酸类、食用化学品分开存放，切忌混储。灭火时必须戴好防毒面具，在安全距离以外，在上风向灭火；灭火剂可选雾状水、泡沫等，禁止用沙土压盖。

② 三硝基甲苯

白色或苋色淡黄色针状结晶，无臭，有吸湿性，是炸药的常用成分；较为安全，耐受撞击和摩擦，但任何量的突然受热都能引起爆炸；中等毒性，主要危害是慢性中毒，表现为中毒性胃炎、肝炎、贫血、白内障。对于三硝基甲苯的安全要求包括：作业时穿紧袖工作服，完工后彻底洗手并淋浴，可用含10%亚硫酸钾的肥皂清洗；空气中浓度较高时，佩戴防毒面具；紧急事态抢救或逃生时，戴自给式呼吸器；灭火剂需用雾状水，禁止用沙土压盖。

**(2) 气体**

高校实验室所用的实验气体，一般多为由专业生产商提供的商品化的通常保存在钢瓶中的压缩气体，也有少量液化气体。实验气体根据种类的不同，存在易燃、有毒、腐蚀、氧化、窒息、低温等特性中的一种或多种。实验气体安全事故一旦发生，造成的事故后果往往非常严重。

1) 列入危险品管理的气体

列入危险品管理的气体主要包括压缩气体、液化气体、溶解气体和冷冻液化气体，也包括一种或多种气体与一种或多种其他类别物质的蒸气混合物、充有气体的物品和气雾剂。

① 压缩气体

指在－50℃下加压包装，供运输时完全是气态的气体，包括临界温度低于或等于－50℃的所有气体。

② 液化气体

指在温度高于－50℃下加压包装，供运输时部分是液态的气体，可分为高压液化气体（临界温度在－50～65℃的气体）和低压液化气体（临界温度高于65℃的气体）。

③ 溶解气体

指加压包装，供运输时溶解于液相溶剂中的气体。

④ 冷冻液化气体

指包装供运输时由于其温度低而部分呈液态的气体。

2) 气体的分类

① 易燃气体

易燃气体是指在20℃和101.3kPa条件下，爆炸下限小于或等于13%的气体，或不论其爆炸性下限如何，其爆炸极限（燃烧范围）大于或等于12%的气体，如压缩或液化的氢气、乙炔气、一氧化碳、甲烷、环氧乙烷、液化石油气等。

② 非易燃无毒气体

非易燃无毒气体不包括在温度20℃时蒸气压力低于200kPa，并且未经液化或冷冻液化的气体。非易燃无毒气体包括窒息性气体、氧化性气体及不属于其他项别的气体，如氧气、压缩空气、二氧化碳、氮气、氖气、氩气等。值得注意的是，此类气体虽然不易燃、无毒性，但由于处于压力状态下，仍具有潜在的爆裂危险，因此其危险性仍不容忽视。

③ 毒性气体

毒性气体是指其毒性或腐蚀性对人类健康造成危害的气体，或者急性半数致死浓度

$LC_{50}$ 值≤5000mL/$m^3$ 的毒性或腐蚀性气体。如氟气、氯气等有毒氧化性气体，氨气、无水溴化氢、砷化氢、磷化氢、溴甲烷等有毒易燃气体均属此类。

3）气体的危险特性

① 易燃易爆性

可燃气体的主要危险性是易燃易爆性。所有处于燃烧浓度范围之内的可燃气体，遇火源都可能发生着火或爆炸，有的可燃气体在极微小能量的着火源的作用下即可被引爆。

② 扩散性

处于气体状态的任何物质都没有固定的形状和体积，且能自发地充满任何容器。气体由于分子间距大、相互作用小，非常容易扩散。

③ 可缩性和膨胀性

很多物体都有热胀冷缩的性质，气体也不例外，其体积会因温度的升降而胀缩，且胀缩的幅度比液体大得多。

④ 带电性

从静电产生的原理可知，很多物体摩擦都会产生静电，氢气、乙烯、乙炔、天然气、液化石油气等压缩气体或液化气体从管口或破损处高速喷出时也同样能产生静电。产生静电的主要原因包括气体本身剧烈运动造成分子间的相互摩擦，气体中含有固体颗粒或液体杂质，气体在压力下高速喷出时其与喷嘴产生摩擦，等等。

⑤ 腐蚀性、毒害性和窒息性

腐蚀性是指一些含氢、硫元素的气体（如硫化氢、硫氧化碳、氨等）能腐蚀设备、削弱设备的耐压强度，严重时可导致调和系统裂隙、漏气，引起火灾等事故。在压缩气体和液化气体中，除氧气和压缩空气外，其余大都具有一定的毒害性和窒息性。

⑥ 氧化性

氧化性气体主要包括两类：一类是明确列为不燃气体的，如氧气、压缩或液化空气、一氧化二氮等；另一类是列为有毒气体的，如氯气、氟气等。这些气体本身都不可燃，但氧化性很强，都是强氧化剂，与可燃气体混合时都能着火爆炸。

4）实验室常见气体及其性质

① 氧气

氧气是一种无色、无味、无臭的永久性气体。氧气的化学性质特别活泼，能够与除贵重金属（金、银、铂等）及惰性气体以外的所有元素发生氧化反应。在纯氧中氧化反应异常激烈，同时放出大量的热，产生高温。氧气主要用作氧化剂，可用于焊接切割、火焰硬化、火焰去锈等，在医疗应用和生命支持应用方面有很重要的用途。氧气虽是人类赖以生存的物质，但当人长时间在高浓度氧环境中吸入纯氧时，会引起氧中毒，得富氧病。液氧属于不燃液化气体，但可助燃，其遇可燃物时，会引起燃烧、爆炸。发生液氧相关的火灾时，灭火剂应选水和二氧化碳，同时应用大量的水冷却液氧储罐，防止液氧装置的绝热层受到破坏而爆炸。液氧接触皮肤可引起严重冻伤，对细胞组织有严重破坏作用，急救处理方法为轻轻将冻伤面浸泡在冷水中解冻，不要摩擦表面，并请医生诊治。当发生液氧溢漏时，应关闭火源，切断泄漏。进入富氧场所，应避免产生火花，以免发生火灾。

② 氮气

常温常压下为无色、无味、无臭的气体。氮气在常温下的化学性质不活泼，但加热时能与锂、镁、钨等元素化合，高温下能与氧、氢反应，常在实验的贵重仪器中作为保护气、洗涤气使用。同时，液氮作为一种低温源被广泛使用。氮气虽然无毒、无味，但能使人或动物窒息，人长期处于氮超过82%（体积分数）的环境中，有发生缺氧窒息的危险；人处于氮超过94%（体积分数）的环境中，会因为严重缺氧而在数分钟内死亡。如人有窒息症状，应将其移至空气新鲜处；如已停止呼吸，应进行人工呼吸；如呼吸困难应及时输氧；如遇液氮冻伤，可参照液氧烧伤处理办法。

③ 氩气

单原子惰性气体，常温常压下为无色、无味、无臭的气体。氩气的化学性质很不活泼，至今未发现其真正意义上的化合物。利用氩气的惰性，其可在光谱及色谱仪器中作为载气，在金属焊接切割操作中作为保护性气体；也可用于特殊金属的冶炼，氩气的吹炼和保护是提高钢材品质的重要途径；还可用于激光器和手术用止血喷枪。氩气和氮气一样，属于窒息性气体，可导致人急速窒息。储存和使用氩气时，应保持足够的通风。如人有窒息症状时，应将其移至空气新鲜处；如已停止呼吸，应进行人工呼吸；如呼吸困难应及时输氧；如遇液氩冻伤，可参照液氧冻伤处理办法。

④ 氢气

常温常压下为无色、无臭、无毒的易燃气体，与氟、氯气、氧气、一氧化碳及空气混合均有爆炸的危险。氢气主要可以作为反应气和氧气进行焊接，金属焊接表面温度可达3800～4300K。用原子氢进行焊接的优点在于原子束能防止焊接部位被氧化，使焊接的地方不产生氧化皮。氢气本身无毒，在生理上对人体是惰性的，但若空气中氢气含量显著增高，人长时间处于其中可能会导致缺氧性窒息。与所有低温液体一样，人直接接触液氢可能会导致冻伤。液氢外溢并突然大面积蒸发还会造成环境缺氧，氢气还有可能和空气一起形成爆炸混合物，引发燃烧、爆炸事故。如人有窒息症状时，应将其移至空气新鲜处；如已停止呼吸，应进行人工呼吸；如呼吸困难应及时输氧。

⑤ 二氧化碳

二氧化碳在常温常压下是无色、无臭而略带刺鼻气味和微酸味的气体。在常温下其化学性质稳定，不会分解。但在高温下，它很容易分解成一氧化碳和氧，具有氧化性。二氧化碳具有一切酸性氧化物的化学性质，能与碱性氧化物或碱发生化学反应。二氧化碳在细胞培养中可用来提供适宜的气体环境，可作为金属焊接时的保护气，可用于易燃易爆气体压力容器中空气的置换以降低爆炸风险，还可作为灭火剂使用等。由于二氧化碳密度大于空气，常常聚集于低凹之处。当二氧化碳浓度超过一定限量时，往往会不知不觉地使人和其他动物中毒。其原理是高浓度的二氧化碳具有刺激和麻醉作用，会导致机体缺氧窒息。发现二氧化碳中毒患者时，应迅速使患者脱离中毒环境，将其送至空气新鲜处，解开患者衣服，辅以人工呼吸，使其尽快吸入氧气，必要时可用高压氧治疗。

**(3) 易燃液体**

易燃液体是指闪点不高于60℃，在其闪点温度时放出易燃蒸气的液体或液体混合物。易燃液体多为有机化合物或混合物。

1) 易燃液体的分类

① 低闪点液体

低闪点液体指闪点低于－18℃或初沸点低于35℃的液体，如汽油、正戊烧、环戊烷、环戊烯、己烯异构体、乙醛、丙酮、呋喃、甲胺或乙胺水溶液、二硫化碳等。

② 中闪点液体

中闪点液体指闪点不低于－18℃且低于23℃的液体或液体混合物，如石油醚、原油、庚烷、辛烷、苯、甲醇、乙醇、噻吩、吡啶、塑料印油、照相红碘水、打字蜡纸改正液、打字机洗字水、香蕉水、显影液、印刷油墨、镜头水、封口胶等。

③ 高闪点液体

高闪点液体指闪点高于23℃且低于61℃的液体或液体混合物，如煤油、磺化煤油、壬烷、樟脑油、乳香油、松节油、松香水、刹车油、影印油墨、医用碘酒等。

2）易燃液体的危险特性

① 高度易燃性

易燃液体通过其挥发的蒸气与空气形成可燃混合物，达到一定的浓度后遇火源发生燃烧，实质上是液体蒸气与氧发生的氧化反应。

② 蒸气易爆炸

由于易燃液体具有挥发性，挥发的蒸气易与空气形成爆炸性混合物，所以易燃液体存在爆炸的危险性；挥发性越强，爆炸危险性就越大。不同液体的蒸发速度随温度、沸点、密度、压力的不同而发生变化。

③ 受热膨胀性

易燃液体和其他液体一样，也有受热膨胀性。储存于密闭容器中的易燃液体受热后，体积膨胀，蒸气压力增加，若超过容器的压力限度，就会造成容器膨胀，导致破裂。

④ 流动扩散性

许多易燃液体的黏度较小，不仅本身极易流动，还有渗透、浸润及毛细现象等作用，即使容器只有极细微裂纹，易燃液体也可能渗出容器壁外，导致空气中的易燃液体蒸气浓度增大，从而增加了燃烧、爆炸的危险性。

⑤ 静电性

多数易燃液体都是电介质，在灌注、输送、流动过程中能够产生静电，当静电积聚到一定程度时就会放电，引起着火或爆炸。

⑥ 毒害性、腐蚀性

绝大多数易燃液体及其蒸气都具有一定的毒性，会通过与皮肤的接触或呼吸进入人体，使人昏迷或窒息而死。有的易燃液体及蒸气还有刺激性和腐蚀性。

3）实验室常见的易燃液体及其性质

① 甲醇

无色液体，有类似酒精的气味但更为刺鼻，挥发性较强，能与水或有机溶剂混合，闪点12℃，自燃点436℃，爆炸极限6%～36.5%（体积分数）。甲醇遇明火、高热及强氧化剂会发生燃烧、爆炸；对人体的神经系统和血液系统影响最大，经消化道、呼吸道或皮肤摄入甲醇都会产生毒性反应，甲醇还会损害人的呼吸道黏膜和视力。对于甲醇的安全要求包括密闭置于阴凉通风处，保持容器密封，远离明火、热源及氧化剂；如入目应立即用大量水冲洗15min。甲醇发生火灾，一般采用干粉灭火器、泡沫灭火器、二氧化碳灭火器、沙土灭火。

② 乙醚

无色易挥发液体，有特殊气味，不溶于水，易溶于有机溶剂，闪点－45℃，自燃点160℃，爆炸极限1.9%～36%（体积分数）。乙醚遇明火、高热及氧化剂易燃易爆，在空气中易形成过氧化合物，危险性更大，极易爆炸；其蒸气被人体吸入有麻醉作用，当吸入含乙醚3.5%（体积分数）的空气时，30～40min后人可能就会失去知觉。对于乙醚的安全要求包括密闭置于阴凉通风处，远离明火、热源及氧化剂，不宜大量储存或久存；久置后应检验有无过氧化物，如有应处理后使用。乙醚发生火灾，一般采用干粉灭火器、泡沫灭火器、二氧化碳灭火器、沙土灭火，用水灭火无效。

③ 丙酮

无色液体，有芳香气味，能与水和有机溶剂混合，易燃、易挥发，化学性质活泼，闪点−11℃，自燃点465℃，爆炸极限2.5%～12.8%（体积分数）。丙酮遇明火易燃烧、爆炸，与纯氧、过氯酸钾、亚硝酰基、高氯酸盐相混能起火甚至爆炸；对人健康的危害主要表现为其蒸气对眼有刺激，被人大量吸入后有麻醉作用。丙酮的安全要求包括密闭置于阴凉通风处，保持容器密封，远离明火、热源及氧化剂；如入目应立即用大量水冲洗15min。丙酮发生火灾，一般采用干粉灭火器、泡沫灭火器、二氧化碳灭火器、沙土灭火，用水灭火无效。

④ 苯

无色透明液体，常温下带有强烈的芳香气味，可燃，有致癌毒性；几乎不溶于水，易溶于有机溶剂，闪点−20℃，爆炸极限1.2%～8.0%（体积分数）。苯易产生静电，遇明火、高热易燃易爆，并放出刺激性烟雾，遇强氧化剂有燃烧的可能；挥发性大，暴露在空气中很容易扩散，人和动物吸入或经皮肤接触导致大量苯进入体内会侵害神经系统，引起急性中毒，产生神经痉挛甚至导致昏迷、死亡。苯的安全要求包括注意防止产生静电；急性中毒应给氧，绝对禁止使用肾上腺素；密闭置于阴凉通风处，远离明火、热源及氧化剂；溅入眼睛应立即用大量水冲洗15min。苯发生火灾，一般采用干粉灭火器、泡沫灭火器、二氧化碳灭火器、沙土灭火，用水灭火无效。

### (4) 易燃固体、易于自燃的物质、遇水放出易燃气体的物质

1) 易燃固体

燃点较低，在遇明火、受热、撞击、摩擦或与某些物品（如氧化剂）接触后，会引起强烈、迅速燃烧，并可能散发出有毒烟雾或有毒气体的固体物质被称为易燃固体。在新的分类体系中，加入了自反应物质和固态退敏爆炸品。

自反应物质，指即使没有氧气（空气）存在，也容易发生激烈放热分解的热不稳定物质。在无火焰分解的情况下，某些物质可能散发毒性蒸气和其他气体。这些物质主要包括脂肪族偶氮化合物、芳香族硫化酰肼化合物、亚硝基类化合物和重氮盐类化合物等固体物质。

固态退敏爆炸品，指为抑制爆炸性物质的爆炸性能，用水或酒精润湿爆炸性物质，或者用其他物质稀释爆炸性物质后形成的均匀固态混合物，如二硝基苯酚盐、硝化淀粉等。

① 易燃固体的分类

一级易燃固体。一级易燃固体燃点和自燃点较低，容易燃烧、爆炸，燃烧速度快，燃烧产物毒性大。根据它们的化学组成，大致可分为：红磷（图2-1）及含磷的化合物，如三硫化(四)磷等；硝基化合物，如二硝基苯、发泡剂H等，此类硝基化合物燃烧时可能发生爆炸；其他，如氮质量分数在12.5%以下的硝化棉。

图2-1　实验室红磷

二级易燃固体。二级易燃固体的燃烧性比一级易燃固体差些，燃烧速度慢，有的燃烧产物毒性小。根据它们的化学组

成，大致可分为：硝基化合物，如二硝基丙烷、含硝化纤维的制品等；易燃金属粉末，如铝粉等，粉末飞扬时还能与空气形成爆炸性混合物；萘及其衍生物，如甲基萘等，它们容易升华，表面蒸气浓度较大，易着火；其他，如硫黄、聚合甲醛等，它们除易燃烧外大都有刺激性或毒性。

② 易燃固体的危险特性

易燃性。易燃固体燃点低，容易被氧化，受热易分解或升华，遇火种、热源会引起强烈、连续的燃烧。

遇酸、氧化剂易燃易爆性。易燃固体与酸、氧化剂接触，能发生剧烈反应引起燃烧或爆炸。如赤磷与氯酸钾接触，硫黄粉与氯酸钾或过氧化钠接触，均易立即发生燃烧、爆炸。

毒害性。许多易燃固体有毒，或其燃烧产物有毒或有腐蚀性，如二硝基苯、二硝基苯酚、硫黄、五硫化二磷等。

对撞击、摩擦的敏感性。易燃固体对摩擦、撞击、震动很敏感，如赤磷、闪光粉等受摩擦、撞击、震动等可能会起火燃烧甚至爆炸。

热分解性。某些易燃固体受热后不熔融而发生分解现象。一般来说，物质热分解的温度高低直接影响其危险性的大小。受热分解温度越低的物质，其火灾爆炸危险性就越大。

③ 实验室常见的易燃固体及其性质

红磷。紫红色无定形粉末，无臭，具有金属光泽；不溶于水、二氧化硫，微溶于无水乙醇，溶于碱；遇明火、高热、摩擦、撞击有引起燃烧的危险。长期吸入红磷粉尘，可能会引起慢性磷中毒。红磷的安全要求包括储藏在阴凉、通风的库房，远离催化剂、卤素、卤化物等。红磷引起的小火可用干燥沙土闷熄，大火可用水扑灭。

硫黄。淡黄色脆性结晶或粉末，具有特殊臭味；不溶于水，微溶于乙醇、乙醚，易溶于二硫化碳、苯、甲苯等溶剂；与空气混合能发生粉尘爆炸，与卤素、金属粉末接触可发生剧烈反应，遇明火、高热易发生燃烧，与强氧化性物质接触能形成爆炸性混合物。硫黄的安全要求包括硫黄为不良导体，易产生静电导致硫尘起火；燃烧时散发有毒、刺激性气体。硫黄引起的小火可用干燥沙土闷熄，大火可用大量雾状水扑灭。

2）易于自燃的物质

易于自燃的物质指在空气中易发生氧化还原反应，放出热量而自行燃烧的物质。其主要特点是在空气中可自行发热燃烧，其中有一些物质在缺氧或无氧的条件下能够自燃起火。因此，以接触空气后是否能在极短时间内（如 5min）自燃或在蓄热状态下能否自热升温达到很高的温度（多数物质的自燃点为 200℃）为区分自燃物质的依据。

① 易于自燃的物质的分类

发火物质。发火物质指与空气接触 5min 之内即可自行燃烧的液体、固体或固体和液体的混合物，如黄磷、钙粉、三氯化钛、甲醇钠、烷基镁、烷基铝、卤代烷基铝等。

自热物质。自热物质指与空气接触后不需要外部热源的作用即可自行发热而燃烧的物质。这类物质最大的特点是只有在大量堆放并经过长时间储存后才会自燃，如油纸、油布、油绸及其制品，动物油、植物油和植物纤维及其制品，潮湿的棉花等。

② 易于自燃的物质的危险特性

遇空气自燃性。易于自燃的物质大部分非常活泼，具有极强的还原活性，接触空气中的氧气时被氧化，同时产生大量的热，从而达到自燃点而着火、爆炸。其发生自燃的过程不需要明火点燃。

遇湿易燃易爆性。有些易于自燃的物质遇水或受潮后能分解引起自燃（如保险粉）或爆炸。

积热自燃性。易于自燃的物质不需要外部加热，可以依靠自身的连锁反应，通过积热使自身温度升高，最终达到着火温度而发生自燃。

毒害腐蚀性。易于自燃的物质及其燃烧产物经常带有较强的毒害腐蚀性。

③ 实验室常见的易于自燃的物质及其性质

白磷。白色或浅黄色半透明蜡状固体，又名黄磷，暴露于空气中时会在暗处产生绿色磷光和白烟，熔点 44.1℃，引燃温度 30℃。白磷是一种易自燃物质，接触空气能自燃并引起燃烧和爆炸，受撞击、摩擦或与氯酸盐等氧化剂接触能引起燃烧、爆炸。白磷有毒，人误服白磷后会很快产生严重的胃肠道刺激腐蚀症状，大量摄入白磷会因全身出血、呕血、便血和循环系统衰竭而死。白磷应保存在水中，且必须浸没在水下，隔绝空气，储存于阴凉且通风良好的专业库房内；远离火源、热源、氧化剂、易燃物、可燃物、有机物等。遇药品着火，可用雾状水灭火。

三乙基铝。无色液体，化学性质活泼，能在空气中自燃，遇水即发生爆炸，也能与酸类、卤素、醇类和胺类起强烈反应，熔点－51.5℃，闪点－52℃。三乙基铝极度易燃，具有强烈的刺激和腐蚀作用，主要损害人的呼吸道和眼结膜，人高浓度吸入三乙基铝可引起肺水肿；吸入其烟雾可致烟雾热；皮肤接触可致烧伤，导致充血水肿和起水疱，疼痛剧烈。三乙基铝储存时必须用充有惰性气体或特定的容器包装；储存于阴凉、通风的库房，远离火种、热源；包装要求密封，不可与空气接触，应与氧化剂、酸类、醇类等分开存放。遇药品着火，可采用干粉、干沙灭火，禁止用水和泡沫灭火器灭火。

3）遇水放出易燃气体的物质

遇水放出易燃气体的物质指遇水或受潮时可发生剧烈的化学反应，并放出大易燃气体和热量的物质。当其释放出的热量达到可燃气体的自燃点或接触外来源时，会立即燃烧或爆炸。

① 遇水放出易燃气体的物质的分类

一级遇湿易燃物质。一级遇湿易燃物质在受潮、遇水后立即发生剧烈反应，同时放出大量易燃易爆气体和热量，猛烈燃烧和爆炸，如锂、钠、钾等碱金属及其氢化物、碳化物等。

二级遇湿易燃物质。二级遇湿易燃物质在受潮、遇水后反应速度较慢，同时产生易燃性气体，遇火星爆炸或因高温而自燃，如金属钙、锌粉等。

② 遇水放出易燃气体的物质的危险特性

遇水易燃易爆性。遇水后可发生剧烈反应，产生大量的易燃气体和热量，如金属钠、碳化钙等。遇氧化剂或酸着火爆炸。遇水放出易燃气体的物质大都有很强的还原性，遇氧化剂或酸时反应会更加剧烈，引起着火和爆炸。

自燃危险性。遇水放出易燃气体的物质在潮湿的空气中能自燃，特别是在高温下反应比较剧烈。

毒害性和腐蚀性。某些遇水放出易燃气体的物质具有腐蚀性或毒性，如硼氢类化合物、金属磷化物等，有些遇水后还能放出有毒气体。

③ 实验室常见的遇水放出易燃气体的物质及其性质

钠。银白色轻软而具有延展性的金属，属立方晶系，相对密度 0.97，熔点 97.8℃，沸点 892℃。钠遇醇分解，不溶于醚和苯，遇水剧烈反应生成氢氧化钠和氢气，可能会发生燃烧（呈黄色火焰）或爆炸。钠常温时为蜡状，易用刀切开，其蒸气带有紫色，高温时呈黄色，有极好的传热性。钠化学性质极活泼，能与许多有机物及无机物发生反应，与金属或非金属可直接化合，如与铅生成铅钠合金、与汞生成汞齐等。钠在空气中会急速氧化，燃烧时呈黄色火焰，与皮肤接触易引起烧伤。因此应贮存在阴凉、通风、干燥处，宜专库贮存，注意防潮和烈日曝晒。钠引起失火时，可用干沙土、干粉、石棉布灭火，不允许使用泡沫灭火器、二氧化碳灭火器或水扑救。

钾。银白色金属，相对密度 0.86，熔点 63.25℃，沸点 774℃，溶于酸、汞、氨，不溶于烃类，遇醇分解。钾化学反应活性很高，在潮湿空气中能自燃，燃烧时呈紫色火焰，属一级遇水燃烧物品，遇水或潮气剧烈反应放出氢气，大量放热，易引起燃烧或爆炸。钾暴露在空气或氧气中能自行燃烧并爆炸使熔融物飞溅，遇水、二氧化碳都能猛烈反应。钾与卤素、磷、许多氧化物和酸类物质可发生剧烈反应。钾对眼、鼻、咽喉和肺有刺激作用，接触后易引起喷嚏、咳嗽和喉炎，高浓度吸入可致肺水肿，对眼和皮肤有强烈刺激和腐蚀性，可致烧伤。失火时，不可用水、卤代烃（如 1211 灭火剂）、碳酸氢钠、碳酸氢钾作为灭火剂，而应使用干燥氯化钠粉末、碳酸钠干粉、碳酸钙干粉、干沙等灭火。

碳化钙。无机化合物，电石的主要成分，白色晶体，工业品为灰黑色块状物，断面为紫色或灰色；遇水立即发生剧烈反应，生成乙炔并放出热量；闪点－17.8℃，熔点 2300℃；遇湿易燃、干燥时不燃，遇水或湿气能迅速产生高度易燃的乙炔气体，在空气中达到一定的浓度时，可发生爆炸性灾害；损害皮肤，引起皮肤瘙痒、炎症、鸟眼样溃疡、黑皮病等。碳化钙应储存于阴凉、干燥、通风良好的库房，远离火种、热源；包装必须密封，应与酸类、醇类等分开存放。遇有药品着火，可用干燥石墨粉或其他干粉（如干沙）灭火。

磷化铝。浅黄色或灰绿色粉末，无味，易潮解；不溶于冷水，溶于乙醇、乙醚。干燥条件下对人畜较安全，但吸收空气中的水分后，会分解放出剧毒性的磷化氢气体，人体吸入磷化氢气体后可能会出现头晕、头痛、恶心、乏力、食欲减退、胸腔及上腹部疼痛等症状；遇酸、水或潮气时，会发生剧烈反应，放出剧毒且易自燃的磷化氢气体，当温度超过 60℃时会立即在空气中自燃；与氧化剂能发生强烈反应，引起燃烧或爆炸。磷化铝应储藏在阴凉、干燥、通风良好处，必须密闭储藏；远离家畜、家禽，并要有专人保管；储藏过程中，遇药品着火，千万不能用水或酸性物质灭火，可用二氧化碳灭火器或干沙灭火。

### (5) 氧化性物质和有机过氧化物

氧化性物质和有机过氧化物具有强烈的氧化性，在不同条件下，遇酸、碱或受热、受潮及接触有机物、还原剂能分解放出氧，发生氧化还原反应，引起燃烧。有机过氧化物具有更大的易燃甚至爆炸的危险性，储运时须加适量抑制剂或稳定剂。有的氧化性物质和有机过氧化物在环境温度下会自行加速分解，在储存、运输、接触、使用等过程中需要特别注意。

1) 氧化性物质

氧化性物质本身不一定可燃，但通常因放出氧，可能引起或促使其他物质燃烧。有些氧化性物质对热、震动或摩擦较敏感，与易燃物、有机物、还原剂等接触，能分解引起燃烧和爆炸。少数氧化性物质容易发生自动分解（不稳定性），其本身就具有发生着火和爆炸所需的所有成分。

① 氧化性物质的分类

氧化性物质按物质形态可分为固体氧化性物质和液体氧化性物质，根据氧化性能强弱，无机氧化性物质通常分为两级，如表 2-2 所列。

**表 2-2　无机氧化性物质分类**

| 分类 | 特性 | 典型化合物 |
| --- | --- | --- |
| 一级无机氧化物 | 含有过氧基(—O—O—)或高价态[N(Ⅴ),Mn(Ⅶ)]的物质,化学性质活泼 | 过氧化物类,如过氧化钠;某些氯的含氧酸及其盐类,如高氯酸、高氯酸钾等 |
| 二级无机氧化物 | 化学性质较活泼 | 除一级外的所有无机氧化剂,如亚硝酸钠、亚氯酸钠等 |

② 氧化性物质的危险特性

受热、被撞分解性。在现行列入氧化性物质管理的危险品中，除有机硝酸盐类外，都是不燃物质，但当它们受热、被撞击或摩擦时易分解出氧，若接触易燃物、有机物，特别是与木炭粉、硫黄粉、淀粉等混合时，能引起着火和爆炸。

可燃性。氧化性物质绝大多数是不燃的，但也有少数具有可燃性，主要是有机硝酸盐类，如硝酸胍、硝酸脲等，此外还有过氧化氢尿素、高氯酸醋酐溶液、二氯异氰尿素或三氯异氰尿素、四硝基甲烷等。这些物质不需要外界的可燃物即可自行燃烧。

与可燃液体作用自燃性。有些氧化性物质与可燃液体接触能引起燃烧。如高锰酸钾与甘油或乙二醇接触，过氧化钠与甲醇或醋酸接触，铬酸丙酮与香蕉水接触等，都能起火。

与酸作用分解性。氧化性物质遇酸后，大多能发生反应，而且反应常常是剧烈的，甚至会引起爆炸。如高锰酸钾与硫酸、氯酸钾与硝酸接触都十分危险。这些氧化剂着火时，不能用泡沫灭火剂扑救。

与水作用分解性。有些氧化性物质，特别是活泼金属的过氧化物，遇水或吸收空气中的水蒸气和二氧化碳能分解释放出氧原子，导致可燃物质爆燃。漂白粉（主要成分是次氯酸钙）吸水后，不仅能放出氧气，还能放出大量的氯气。

强氧化性物质与弱氧化性物质作用分解性。强氧化剂与弱氧化剂之间相互接触能发生复分解反应，产生高热而引起着火或爆炸。如漂白粉、亚硝酸盐、亚氯酸盐、次氯酸盐等弱氧化剂，遇到氯酸盐、硝酸盐等强氧化剂时，会发生剧烈反应，引起着火或爆炸。

腐蚀毒害性。不少氧化性物质还具有一定的腐蚀毒害性，能毒害人体、烧伤皮肤，如二氧化铬（铬酸）既有毒性，也有腐蚀性。这类物品着火时，应注意安全防护。

③ 实验室常见的氧化性物质及其性质

过氧化氢。纯过氧化氢是淡蓝色的黏稠液体，可以任意比例与水混溶，是一种强氧化剂；其水溶液俗称双氧水，为无色透明液体。过氧化氢自身不燃，但能与可燃物反应放出大量热量和氧气，从而引起着火、爆炸；高浓度过氧化氢有强烈的腐蚀性，吸入其蒸气会对呼吸道产生强烈的刺激性。过氧化氢应存放于阴凉、干燥、通风良好的场所，远离可燃物、催化剂金属化合物、热源、火源，避免阳光直射，如发生火灾可用水、雾状水、干粉或沙土等灭火。

高锰酸钾。紫红色，细长的针状结晶或颗粒，带蓝色的金属光泽，无臭；作为氧化剂，与某些有机物（如乙醚、乙醇）或易氧化物接触时，易发生爆炸，与硫酸、硫黄、双氧水等接触也会发生爆炸；溶于水、碱液，微溶于甲醇、丙酮、硫酸；遇甘油立即分解并强烈燃烧；具有腐蚀性、刺激性，可致人体烧伤。高锰酸钾应远离火种、热源，避免与还原剂、活性金属粉末接触，如发生火灾可用水、雾状水灭火。

2）有机过氧化物

有机过氧化物是指含有两价过氧基（—O—O—）结构的有机物质，也可能是过氧化氢的衍生物，如过甲酸（HCOOOH）、过乙酸（$CH_3COOOH$）等；与无机过氧化物相比，有机过氧化物更容易分解（150℃以下），并且大多数有机过氧化物都具有可燃性，甚至易燃。

① 有机过氧化物的分类

根据取代基的不同，有机过氧化物可大致分为烃基过氧化物、二烃基过氧化物、二酰基过氧化物、过氧化碳酸酯、过氧化酯、过羧酸、含金属和非金属离子的过氧化物等。有机过氧化物按照氧化性能强弱和结构也可分为一级有机过氧化物和二级有机过氧化物，前者比后者的氧化性更强。

② 有机过氧化物的危险特性

分解爆炸性。有机过氧化物的分解产物是活泼的自由基，有自由基参与的反应很难用常规的方法抑制。因为有机过氧化物的许多分解产物是气体或易挥发物质，再加上可提供氧气，所以易发生爆炸性分解。同时，有机过氧化物对温度和外力作用十分敏感，其危险性和危害性比其他氧化剂更大。

易燃性。有机过氧化物本身是易燃的，而且燃烧迅速，可迅速转化为爆炸性反应，如过氧乙酸的闪点为 40.56℃，过氧化二叔丁酯的闪点只有 12℃。

对碰撞或摩擦敏感。有机过氧化物中的过氧基（—O—O—）是极不稳定的结构，对热、震动、碰撞、冲击或摩擦都极为敏感，当有机过氧化物受到轻微的外力作用时就有可能发生分解爆炸。

与其他物质发生危险性反应。有机过氧化物对杂质很敏感，与酸类物质、重金属化合物、金属氧化物或胺接触会引起剧烈的发热分解，可能产生有害或易燃的气体或蒸气，有些燃烧迅速而猛烈，极易爆炸。

毒害性。有机过氧化物容易伤害眼睛，如过氧化环己酮、叔丁基过氧化氢、过氧化二乙酰等，即使它们与眼睛只有短暂的接触，也会对角膜造成严重的伤害，应避免其与眼睛接触。有机过氧化物一般都对皮肤有腐蚀性，有的还具有很强的毒性。

③ 实验室常见的有机过氧化物及其性质

过氧化苯甲酰。常温下为白色晶体粉末，微有苦杏仁气味，能溶于苯、氯仿、乙醚，微溶于乙醇及水；属于强氧化剂，易燃烧；具有敏感性和爆炸性，遇摩擦、撞击、明火、高温、硫、还原剂等，均有着火、爆炸的危险；低毒，误服有害，对眼睛、皮肤和黏膜有刺激作用，应避免直接接触。过氧化苯甲酰储藏时必须保存一定水分，放在阴凉、通风、干燥、避光处，远离还原剂、酸类、碱类、易燃有机物等。

过氧乙酸。无色液体，有强烈刺激性气味；溶于水、醇、醚、硫酸；属于强氧化剂，极不稳定，易燃易爆炸，在温度低于－20℃或质量浓度大于 45%时有爆炸性，遇高热、还原剂或金属离子时也极有可能会引起爆炸；对皮肤、眼睛有刺激性，对纸、木塞、橡胶等有腐蚀作用。过氧乙酸应远离火种、热源、强还原剂、强碱、金属盐类等物质；避免受热、光照、震动、撞击、摩擦等；对金属有腐蚀性，应储存于塑料桶内，保持容器密封。

### （6）毒性物质和感染性物质

《危险化学品目录》（2015 版）列出了 2828 种危险化学品，其中 148 种是剧毒化学品。这些有毒化学物质在生产、使用、贮存和运输的过程中有可能对人体产生危害，甚至危及人的生命。感染性物质是指已知或有理由认为含有病原体的物质。

1）毒性物质的毒性

毒性物质是指进入人体累积达一定量后，能与体液和器官组织发生生物化学作用或生物物理学作用，扰乱或破坏机体的正常生理功能，引起某些系统暂时性或持久性的病理改变，甚至危及人类生命安全的物质。

毒物的摄入量与效应的关系被称为毒性。使受试动物死亡的某毒物的最小量与该动物的体重相比，得到的每千克体重摄入某毒物的质量（mg/kg）就是毒性的单位。

2）毒性度量标准

剂量决定危险性，任何物质都是毒物，只是剂量不同，有些物质表现出对人体健康有害，有些物质则无害。有毒或无毒物质不是绝对的、一成不变的，在一定条件下它们可以互相转化。例如少量氰化物便可使人致命，微量氰化物可促进人体血液循环。三氧化二砷（砒霜）对人的致死量为0.1～0.3g，但适当的剂量也可成为治疗某些疾病的药物。有时一般认为无毒的物质，如食盐、白酒、维生素等，若进入机体的方式不当，输入过多或速度过快都可能会产生致死性毒害作用。所以，对毒性物质也应辩证地分析，正确地认识。

如何判定毒性物质的毒性至关重要。毒性物质的毒性通常用半数致死剂量（$LD_{50}$）和半数致死浓度（$LC_{50}$）来表示。$LD_{50}$ 指在一定时间内经口或皮肤给予受试动物受试样品后，使其半数死亡的毒物剂量，以单位体重接受受试样品的质量（mg/kg 或 g/kg）来表示。$LD_{50}$ 指在一定时间内受试动物经呼吸道吸入受试样品后，使其半数死亡的毒物浓度，以单位体积空气中受试样品的质量（mg/L）来表示。

3）毒性物质的分类

毒性物质的种类很多，按其物理性质分类，可分为气体、液体、蒸气、雾、烟、尘；按其化学组成又可分为无机和有机两类。常见的无机毒性物质有硒、砷、汞、铅、磷的化合物等，有机毒性物质如硫酸二甲酯、四乙基铅、苯及某些有机农药等；按毒性作用分类还可分为刺激性、窒息性、麻醉性、全身性毒物。

4）毒性物质的危险性

a. 持久性，在自然界中不容易通过生物降解或其他进程分解；

b. 生物蓄积性，能够在生物体内蓄积甚至在食物链内累积；

c. 毒性致癌性，会导致癌症；

d. 基因诱变性，致变异和致畸；

e. 生殖系统毒性，毒害生殖系统；

f. 干扰内分泌，即使剂量极低，也有类荷尔蒙作用或能改变荷尔蒙系统；

g. 神经系统毒性，毒害神经系统。

5）毒性物质作用于人体的影响因素

由毒性物质侵入机体而导致的病理状态被称为中毒，影响人体中毒的主要因素有以下几方面。

① 毒物本身的特性

a. 化学结构。毒物的化学结构决定毒物在体内将会发生的代谢转化类型及其可能参与和干扰的生理生化过程，因而其对毒物的毒性大小和毒性作用特点有很大影响。如有机化合物中的氢原子被卤族元素取代，其毒性增强，取代的越多，毒性也就越大；无机化合物随着分子量的增加，其毒性也增强。

b. 物理特性。毒物的溶解度、分散度、挥发度等物理特性与毒物的毒性有密切的关系。毒性物质的溶解度越大，其在血液中的相对含量就越大，毒性也越强；液态毒性物质的挥发性越大，人通过呼吸道吸收毒物的危险性也就越大。

② 毒物的浓度、剂量与接触时间

毒物的毒性作用与其剂量密切相关，空气中毒物浓度越高、人接触时间越长，其进入人体的剂量越大，人中毒的概率越高。因此，降低生产环境中毒物浓度、缩短其与人的接触时间、减小毒物进入体内的剂量是预防职业中毒的重要环节。

③ 毒物的联合作用

生产环境中常同时存在多种毒物，两种或两种以上毒物对机体的相互作用称为联合作用。这种作用会导致共存的毒性物质产生相互叠加效应，进而影响毒性。它通常有三种表现形态：独立作用，即几种毒性物质对人体的作用机理不同，各自对人体的毒性作用互不关联；两种以上毒性物质同时存在时，一种毒性物质可加强或减弱另一种毒性物质的特性，前者为协同作用，后者为拮抗作用。

④ 环境因素

环境因素（如温度、湿度、气压等）可通过改变毒性物质与人体作用的进程、毒性物质本身的性质等方面影响毒性作用。如高温环境可增强氯酚的毒害作用，也可增加皮肤对硫磷的吸收；紫外线、噪声和震动可增加某些毒性物质的毒害作用等。

⑤ 个体因素

接触同一剂量的毒性物质，不同的个体可能出现截然不同的反应。造成这种差别的因素很多，如个体健康状况、年龄、性别、生理变化、营养和免疫状况等。肝、肾病病患者由于其解毒、排泄功能受损，易发生中毒；未成年人由于器官、系统的发育及功能不够成熟，对某些毒物的敏感性可能增高；在怀孕期的孕妇，铅、汞等毒物可由母体进入胎儿体内，影响胎儿的正常发育或导致孕妇流产、婴儿早产；人体免疫功能降低或营养不良时，对某些毒性物质的抵抗能力降低等。

### (7) 放射性物质

某些物质的原子核能发生衰变，放出肉眼看不见、身体也感觉不到，只能用专门仪器才能探测到的射线，物质的这种性质叫放射性。放射性物质是那些能自然地向外辐射能量、发出射线的物质，一般都是原子质量很高的金属，像钚、铀等。在我们赖以生存的环境中，放射性物质广泛存在，人们往往对其有恐惧心理。然而有研究结果表明，适当小剂量的特定类型的照射可能对增强人体的抗辐射能力有积极的作用。因此，人们对于辐射，要有正确的认识，并做到科学的防护，最大限度地预防和减少电离辐射对人体的危害。

1）原子核的放射性

1896 年，法国科学家贝可勒尔在研究含铀矿物质的荧光现象时，偶然发现铀盐能放射出穿透力很强的可使照相底片感光的不可见射线。研究结果表明，原子核自发地放射出的射线，主要包括 α、β、γ 三种射线。除了上述三种射线，不可见射线还包括 X 射线和中子射线。

辐射是指以电磁波或高速粒子的形式向周围空间或物质发射并在其中传播的能量的统称（热辐射、核辐射等）。辐射分为非电离辐射和电离辐射。非电离辐射是指能量小于 10eV 的辐射，如紫外线、可见光、红外线和射频辐射；电离辐射是指能量大于 10eV 的辐射，如 γ

射线、中子射线、α射线、β射线等。

2）放射源强度与电离辐射强度

① 放射源强度

放射源强度的大小通常不用体积或质量的大小来衡量，而使用放射性活度来表示。放射性活度是指放射性物质在单位时间内发生衰变的原子核数，也叫衰变率，以 $A$ 表示，而不是放射源发出的粒子数目。在国际单位制（SI）中，放射性活度单位为贝可，每秒有 1 个原子发生衰变时，其放射性活度为 1 贝可，用 Bq 表示：$1Bq=1s^{-1}$。

在实际工作中，经常沿用过去惯用的专业单位居里，用 Ci 表示：$1Ci=3.7\times10^{10}s^{-1}$（即 $3.7\times10^{10}Bq$）。目前在实验室通常使用毫居里（mCi）或微居里（μCi）级别的放射源。

② 电离辐射强度

电离辐射强度通常采用照射量（$X$）或吸收剂量（$D$）表示。

照射量 $X$：表示射线空间分布的辐射剂量，即在离放射源一定距离的物质受照射线的多少，以 X 射线或 γ 射线在空气中全部停留下来所产生的电荷量来表示，专用单位为伦琴（R[1]），SI 中是库伦每千克（C/kg）。

吸收剂量 $D$：表示吸收了多少能量，专用单位是拉德（rad[2]），SI 中专用名称是戈瑞（Gy），即焦耳每千克（J/kg）。

3）放射性物质的来源

① 天然辐射源

自人类在地球上出现以来，一直受到天然存在的辐射源的照射。这种天然存在的辐射源被称为天然辐射源，这种辐射被称为天然辐射。天然辐射源主要来自宇宙射线、宇生放射性核素和原生放射性核素。

② 人工辐射源

人工放射性核素就是自然界不存在而通过人工产生的放射性核素，主要通过中子和带电粒子轰击天然稳定核素或 235U 等易裂变材料，使其产生核反应来制备，主要生产设备包括反应堆、加速器和放射性核素发生器。人工辐射源主要有核设施、核技术应用的辐射源和核试验落下灰等。在现代化实验室、医院、工厂中多为核技术利用的辐射源，如实验室中的 X 射线发生器、电子及粒子源等设备，医院中的远距离放射治疗仪、多束远距离放射治疗仪器（伽马刀）、高/中剂量率近距离放射治疗仪等设备，工厂中的工业计算机断层扫描仪、工业辐照加速器，等等。

4）放射性物质的分类

① 按物理形态分类

固体放射性物质，如钴-60、独居石等；粉末状放射性物质，如夜光粉、钠复盐等；液体放射性物质，如发光剂、医用同位素制剂磷酸二氢钠等；晶体状放射性物质，如硝酸钍等；气体放射性物质，如氪-85、氩-41 等。

② 按放出的射线类型分类

放出α、β、γ射线的放射性物质，如镭-226；放出α、β射线的放射性物质，如天然铀；放出β、γ射线的放射性物质，如钴-60；放出中子流（同时也放出α、β或γ射线中的一种或两种）的放射性物质，如镭-铍中子流、钋-铍中子流等。

---

[1] $1R=2.58\times10^{-4}C/kg$。

[2] $1rad=10^{-2}Gy=10^{-2}J/kg$。

③ 按放射性活度或安全程度分类

按放射性活度或安全程度分类，可将放射性物质分为低比活度放射性物质、表面污染物质、可裂变物质、特殊性质的放射性物质和其他性质的放射性物质五类。

5）放射性物质进入人体的途径

① 体外辐射

体外辐射指放射性物质在人体外对人体形成的照射，并在人体内发生作用，其作用的强度取决于机体吸收剂量的大小。它包括以下几种方式：放射性微尘自然沉降于衣物或体表，放射性微尘自然沉降于建筑物等，放射性微尘通过降水沉降于建筑物、道路等。

② 体内辐射

体内辐射指放射性物质进入人体，是人体受到来自内部的射线照射。它包括以下几种方式：吸入放射性气体和微尘，食入被放射性物质污染的食物；体外创伤被放射性物质沾染。

6）放射性物质的危害及防护措施

放射性物质的危害主要是指电离辐射对人体的危害。电离辐射对人体的危害是超过允许剂量的放射线作用于机体的结果。电离辐射可引起放射病，它是机体的全身性反应，几乎所有器官、系统均会发生病理改变，其中以神经系统、造血器官和消化系统的改变最为明显。电离辐射对机体的损伤可分为急性放射损伤和慢性放射损伤。短时间内接受一定剂量的照射，可引起机体的急性损伤，平时见于核事故和放射治疗病人。较长时间内分散接受一定剂量的照射，可引起慢性放射损伤，如皮肤损伤、造血障碍、白细胞减少、生育力受损等。另外，过量的辐射还会致癌和引起胎儿畸形或死亡。为了减少射线的照射，达到辐射防护的目的，在技术上，对内照射的防护措施是减少放射性核素进入人体，同时加快排出放射性核素。对外照射的防护主要采取以下三种方法。

a. 时间防护。相同条件下的照射，人体承受的剂量与照射时间成反比。接受照射的时间长，就要明显减少人体单位时间的吸收剂量。

b. 距离防护。对于点源，如果不考虑介质的散射和吸收，它在相同方位角的周围空间所产生的直接照射与距离的平方成反比。实际上，只要不是在真空中，介质的散射和吸收总是存在的，因此直接照射剂量随着与点源的距离的增加而迅速减少。在非点源和存在散射照射的条件下，近距离所受剂量的情况比较复杂；对于距离较远的地点，其所受的剂量随着距离的增加而迅速减少。因此，应尽量增大与辐射源的距离。

c. 物质屏蔽。射线与物质发生作用，可以被吸收和散射，即物质对射线有屏蔽作用。对于不同的射线，其屏蔽方法是不同的。对于 $\gamma$ 射线和 X 射线，用原子序数高的物质（例如铅）屏蔽效果较好。对 $\beta$ 射线则先用低原子序数的材料（例如有机玻璃）阻挡，再在其后用高原子序数的物质阻挡由其激发的 X 射线。对中子的屏蔽可以使用富含氢原子的材料（例如水和石蜡）。对 $\alpha$ 射线的屏蔽很容易，在体外它基本不会对人体造成危害，但内照射危害特别严重，应加强对其内照射的防护。

**（8）腐蚀性物质**

腐蚀性物质与易燃品、氧化剂、毒害品有关系，不少化学品往往同时具有几种危害性。将主要性质为腐蚀性的化学物质划归为腐蚀性物质，同时也不能忽视该类物质的其他危险性。腐蚀性物质是指能烧伤人体组织并对金属等物品造成损坏，与皮肤接触可在 4h 内引发坏死现象，或在 55℃时，对 20 号钢的表面腐蚀率超过 6.25mm/a 的固体或液体。

1）腐蚀性物质的分类

按腐蚀性的强弱可将腐蚀性物质分为两级，按其酸碱性及有机物、无机物之别则可分为以下八类。

① 一级无机酸性腐蚀性物质

这类物质具有强腐蚀性和酸性，主要是一些具有氧化性的强酸，如氢氟酸、硝酸、硫酸、氯磺酸等，还有遇水能生成强酸的物质，如二氧化氮、二氧化硫、三氧化硫、五氧化二磷等。

② 一级有机酸性腐蚀性物质

这类物质是具有强腐蚀性及酸性的有机物，如甲酸、氯乙酸、磺酸酰氯、乙酰氯、苯甲酰氯等。

③ 二级无机酸性腐蚀性物质

这类物质主要是氧化性较差的强酸，如烟酸、亚硫酸、亚硫酸氢铵、磷酸等，以及与水接触能部分生成酸的物质，如四氧化碲。

④ 二级有机酸性腐蚀性物质

这类物质主要是一些较弱的有机酸，如乙酸、乙酸酐、丙酸酐等。

⑤ 无机碱性腐蚀性物质

这类物质指具有强碱性的无机腐蚀物质，如氢氧化钠、氢氧化钾，以及与水作用能生成碱性的腐蚀物质，如氧化钙、硫化钠等。

⑥ 有机碱性腐蚀性物质

这类物质指具有碱性的有机腐蚀物质，主要是有机碱金属化合物和胺类，如二乙醇胺、甲胺、甲醇钠等。

⑦ 其他无机腐蚀性物质

这类物质有漂白粉、三氯化碘、溴化硼等。

⑧ 其他有机腐蚀性物质

这类物质有甲醛、苯酚、氯乙醛、苯酚钠等。

2）腐蚀性物质的危险特性

① 强烈的腐蚀性

这种性质是腐蚀性物质的共性。它对人体、设备、建筑物、构筑物、车辆及船舶的金属结构都有很大的腐蚀和破坏作用，如硝酸、硫酸等对人的皮肤、眼睛及黏膜具有破坏作用，酸、碱能对金属容器、货物包装、车辆、仓库地面等造成腐蚀。

② 氧化性

腐蚀性物质如硝酸、浓硫酸、氯磺酸、过氧化氢、漂白粉等，都是氧化性很强的物质，与还原物质或有机物接触时会发生强烈的氧化还原反应，放出大量的热，容易引起燃烧。

③ 遇水反应性

很多腐蚀性物质遇水会发生反应并放出大量热，一是遇水分解（以氯化物为典型），例如三氯化磷、氯磺酸等；二是遇水化合（以各种酸酐为典型），例如三氧化硫、五氧化二磷等。遇水反应的腐蚀性物质都能与空气中的水汽发生反应生成雾，对眼睛、咽喉和肺有强烈的刺激作用和毒害作用。

④ 毒害性

许多腐蚀性物质不仅本身毒性大，而且会产生有毒蒸气，如二氧化硫、氢氟酸等。腐蚀性物质接触人的皮肤、眼睛或进入人的肺部、食管等会对表皮细胞组织产生破坏作用造成烧伤，烧伤后常引起炎症，甚至造成死亡。

⑤ 易燃易爆危险性

许多有机腐蚀性物质不仅本身可燃，而且能挥发出易燃蒸气。在列入管理的腐蚀品中，约83%的腐蚀品具有火灾危险性（自身为易燃的液体或固体）。例如：甲酸、冰醋酸、苯甲酰氯、水合肼等其蒸气与空气可形成爆炸性混合物，遇火易燃；无水硫化钠本身有可燃性，遇高热、撞击有爆炸危险。

3）实验室常见的腐蚀性物质及其性质

① 硝酸

相对密度大于1.48，无色透明液体，工业品常呈黄色或红棕色；露置空气中易挥发，能与水任意混溶，主要用于有机物的硝化；具有强氧化性，遇松香油、日发孔剂等有机物能立即燃烧，遇强还原剂能引起爆炸；遇氯化物可能产生氯气或二氧化氮等有毒气体；有强腐蚀性，其蒸气刺激眼和上呼吸道，与皮肤接触能引起烧伤，若皮肤误触硝酸，应立即用大量清水冲洗，并尽快医治。硝酸应储存于铝罐、陶瓷坛或玻璃瓶中，远离易燃、可燃物，与碱类、氰化物、金属粉末隔离储存；泄漏物可用沙土或白灰吸附中和，再用雾状水冷却稀释后处理；当与其他物品着火时可用雾状水、干粉、二氧化碳等相应的灭火器或沙土扑救。

② 水合肼（肼的质量分数不超过64%）

无色液体，能与水和乙醇混溶，不溶于氯仿和乙醚；有还原性和碱性，露置空气中能挥发出可燃蒸气，遇明火即燃烧或爆炸易挥发；相对密度为1.03，熔点为－40℃，沸点为119℃，闪点为72.8℃；可用作还原剂、溶剂、抗氧剂，广泛应用于制造医药、发泡剂等；可燃且有强还原性，能与氧化剂发生反应，产生大量热而引起燃烧、爆炸；毒性很强，能经皮肤吸收，可能会导致严重的健康问题。水合肼应储存于干燥、阴凉的库房，远离火种、热源，与酸类、氧化剂隔离存放；泄漏物用沙土吸附或大量水冲洗；着火可用泡沫、二氧化碳、雾状水、干粉灭火器扑救。

③ 甲醛溶液

有刺激气味的无色液体，含甲醛约37%，是较强的还原剂；相对密度为1.075～1.085，沸点为101℃；可用于制酚醛树脂、脲醛树脂、维纶、乌洛托品、季戊四醇、染料等，也可用作农药和消毒剂；有剧毒，能使蛋白质凝固，可作为标本防腐剂，触及皮肤能使皮肤发硬，甚至局部组织坏死；其蒸气与空气混合能成为爆炸性气体，与氧化剂、火种接触有着火危险，发生火灾可用水、泡沫、二氧化碳、干粉等相应的灭火器扑救。

**(9) 杂项危险物质和物品（包括危害环境物质）**

《危险货物分类和品名编号》（GB 6944—2012）中定义这类物质为存在危险但不能满足其他类别定义的物质和物品，分为以下几类：

a. 以微细粉尘吸入可危害健康的物质。

b. 会放出易燃气体的物质。

c. 锂电池组。

d. 救生设备。

e. 一旦发生火灾可形成二噁英的物质和物品。

f. 在高温（液态温度达到或超过100℃或固态温度达到或超过240℃）下运输或提交运输的物质。

g. 危害环境物质，包括污染水生环境的液体或固体物质以及这类物质的混合物，如制剂和废物。

h. 不符合毒性物质和感染性物质定义的经基因修改的微生物和生物体。

i. 其他。

## 2.1.2 危险化学品的性质

### (1) 危险化学品的燃烧性

压缩气体、液化气体、易燃气体、易燃固体、自燃物品和遇湿易燃物品、氧化剂和有机过氧化物等均可能发生燃烧，进而导致火灾事故。

1）燃烧与易燃物质

燃烧就是可燃物质与氧或氧化剂发生剧烈氧化反应而发光发热的现象。例如，木柴、煤、天然气的燃烧等。这些物质在燃烧过程中，都会发光、发热，有时还伴有很大的声响。易燃物质是指在空气中容易着火燃烧的物质，包括固体、液体和气体。燃烧必须同时具备以下三个条件：首先是可燃物，凡是能与空气、氧气或其他氧化剂发生剧烈氧化反应的物质，被称为可燃物，如汽油、木头、纸张、衣物等；其次是助燃物，具有较强氧化性能，能与可燃物发生化学反应并引起燃烧的物质，如空气、氧气、氯气等；最后是着火源，凡能引起可燃物质燃烧的能量源统称为着火源（又称点火源），包括明火、电火花、摩擦、撞击、高温表面、雷电等。

① 闪燃与闪点

易燃或可燃液体挥发出来的蒸气与空气混合后，遇火源发生一闪即灭的燃烧现象被称作闪燃。发生闪燃的最低温度被称为闪点。闪点是表示易燃液体燃爆危险性的一个重要指标。液体的闪点越低，其燃爆危险性越大。我国对液体可燃性的分类分级如表 2-3 所示。

**表 2-3 液体可燃性分类分级**

| 种类 | 级别 | 闪点 $T$/℃ | 举例 |
|---|---|---|---|
| 易燃液体 | Ⅰ | $T\leqslant28$ | 汽油、甲醇、乙醇、乙醚、甲苯、苯等 |
| | Ⅱ | $28<T\leqslant45$ | 煤油、丁醇等 |
| 可燃液体 | Ⅲ | $45<T\leqslant120$ | 戊醇、柴油、重油等 |
| | Ⅳ | $T>120$ | 植物油、矿物油、甘油等 |

② 着火与燃点

着火是可燃物质与火源接触而发生燃烧，并且火源移去后仍能维持燃烧 5s 以上的现象。物质开始起火并持续燃烧的最低温度被称为燃点或着火点。燃点越低，物质着火危险性越大。一般液体燃点高于闪点，易燃液体的燃点比闪点高 1～5℃。一闪即灭的火星不一定会导致物质持续燃烧。

③ 自燃与自燃点

自燃是指可燃物质在没有外部火花、火焰等点火源的作用下，因受热或自身发热并蓄热所产生的自行燃烧。使某种物质发生自燃的最低温度就是该物质的自燃点，也叫自燃温度。

④ 助燃物

大多数燃烧发生在空气中，助燃物是空气中的氧气。但对由氧化剂驱动的还原性物质发生的燃烧和爆炸，氧气不一定是必需的。可作为助燃物的物质还有氯气、氟气、一氧化二氮等。液溴、过氧化物、硝酸盐、氯酸盐、溴酸盐、高氯酸盐、高锰酸盐等也可以作为助燃物。

2）爆炸极限与易爆物质

可燃物质与空气（或氧气）均匀混合形成爆炸性混合物，其浓度达到一定的范围时，遇明火或一定的引爆能量会立即发生爆炸，这个浓度范围被称为爆炸极限（爆炸浓度极限）。形成爆炸性混合物的最低浓度叫作爆炸浓度下限，最高浓度叫作爆炸浓度上限，上、下限之间叫作爆炸浓度范围。

根据易爆物质的爆炸方式不同，可将易爆物质分为可燃性气体、分解爆炸性物质、爆炸品及反应性爆炸物质。

① 可燃性气体

如氢气、乙炔、甲烷、丙烷等物质与空气混合达到其爆炸浓度极限时会着火且发生燃烧爆炸。实验室中使用的气体一般由气体钢瓶储存，常见的可燃性气体见表 2-4。

**表 2-4 常见的可燃性气体**

| 名称 | 空气中的燃烧界限(体积分数)/% | 名称 | 空气中的燃烧界限(体积分数)/% |
|---|---|---|---|
| 氢气 | 5.0～75 | 甲胺 | 4.9～20.8 |
| 甲烷 | 5.3～15 | 二甲胺 | 2.8～14.4 |
| 丁烷 | 1.5～8.5 | 乙胺 | 3.5～14 |
| 乙烯 | 1.8～9.6 | 氰化氢 | 5.6～40 |
| 一氧化碳 | 12.5～74.2 | 氯甲烷 | 7.0～19.0 |
| 甲醚 | 3.0～17 | 氯乙烷 | 3.6～14.8 |
| 环氧乙烷 | 3.0～80 | 溴甲烷 | 13.5～14.5 |
| 氧化丙烯 | 2.8～37 | 氯乙烯 | 3.6～21.7 |
| 乙醛 | 4.0～57 | 硫化氢 | 4.3～45.5 |
| 氨气 | 16.1～25 | 二硫化碳 | 1.0～60 |

② 分解爆炸性物质

如过氧化物、氯酸钾、硝酸铵、TNT 等，由于加热或撞击会快速剧烈分解，瞬间产生大量气体分解爆炸。

③ 爆炸品

爆炸品包括无整体爆炸危险，但具有燃烧、抛射及较小爆炸危险的物品，或仅产生热、光、音响或烟雾等一种或几种作用的烟火物品。如火药、炸药、烟花爆竹等，都属于爆炸品。

爆炸品具有爆炸性，这是由本身的组成和性质决定的。爆炸的难易程度取决物质本身的敏感度。一般来讲，敏感度越高的物质越易爆炸。在外界条件作用下，炸药受热、撞击、摩擦、明火或酸碱等因素的影响都易发生爆炸。

④ 反应性爆炸物质

如金属钠、钾等物质，遇到水可快速发生反应，产生易燃易爆物质，并伴随着显著放热。

### (2) 危险化学品的毒性

除了毒害品和感染性物品之外，压缩气体、液化气体、易燃液体、易燃固体中的一些物质也会使人中毒。实验室中大多数化学药品是有毒物质，其毒性大小不一。

化学品的毒性可以通过皮肤吸收、消化道吸收及呼吸道吸收等三种方式对人体健康产生危害。掌握正确的操作方法，避免误接触及误食等能使前两种方式引起中毒的概率降到最低。通过呼吸道吸收毒物的方式最常见，由于毒物看不见、摸不着，往往更容易对身体造成伤害。因此，企业和高校应从改进生产、实验等方式（规程）来降低有害物质在空气中的浓度；个人对此也应引起重视，在该戴防护口罩的地方必须戴口罩，不必戴防护口罩的地方应保持空气新鲜。

### (3) 危险化学品的腐蚀性

凡能腐蚀人体、金属或其他物质的物质，称为腐蚀性物质。除了腐蚀性物质外，爆炸品、易燃液体、氧化剂和有机过氧化物等都具有不同程度的腐蚀性。固体腐蚀性危险化学品一般直接烧伤表皮，而液体或气体状态的腐蚀性危险化学品会很快进入人体内部器官，如氢氟酸、烟酸、四氧化二氮等。因此，接触具有腐蚀性的危险化学品时务必做好防护工作。

## 2.2 反应物质的性质和特征

**(1) 自燃性质**

有些物质极具反应性，与空气接触会引起氧化，以相当快的速度水解会引起燃烧，这些物质被称为自燃化合物。在使用有自燃性质的物质时，为了避免可能的火灾或爆炸，需要在惰性气氛下使用适当的设备和处理技术。

**(2) 过氧化性质**

有些液体物质与空气有限接触或对光暴露贮存都会发生缓慢的氧化反应，初始生成相应的过氧化物，继续反应可能会生成聚合过氧化物。许多聚合过氧化物在蒸馏过程中由于浓缩和加热变得极不稳定，可能引发爆炸。因此，常用的典型试剂如乙醚、四氢呋喃等溶剂，在使用前，应做过氧化物检验，一旦发现有过氧化物，要采取适当的措施消除。

**(3) 水敏性质**

与水，特别是与有限量的水剧烈反应的一些种类的化合物具有水敏性，如甲酸酐、三氧化硫等。

## 2.3 压力系统热力学行为与危险性

**(1) 温度对蒸气压的影响**

物质蒸气压是物质挥发度的量度，与总压力无关，空气污染组元的浓度与其饱和蒸气压成正比，随温度的增加而增加，同时还受到其他环境因素的共同作用。

1）空气中易燃蒸气的产生

环境温度增加会出现闪点超过情形，如冬季明火烘烤油桶，产生易燃蒸气和空气混合物。

2）空气中毒性蒸气浓度过高

空气中污染组元的浓度与其饱和蒸气压成正比，随温度的增加而增加。如环境温度升高，汞蒸气压增加，工作间的汞蒸气被吸入人体。

3）不同情形过压问题

三种典型情况：超常吸热引起过压，化学反应引起过压，故障或失误引起过压。

**(2) 相变引起的体积变化**

1）液体蒸发为蒸气，体积发生巨大变化

液体蒸发为蒸气时，体积会发生显著变化。在特定条件下，如密闭或受限空间内，蒸气的凝结可能导致体积迅速减小，从而引发压力变化，造成事故。例如，在某些情况下，液体可能因瞬间汽化产生巨大压力，引发“蒸汽爆炸”，导致物料喷射；热油罐在高温操作时，罐底水可能会蒸发形成油泡沫，导致“过沸”现象，使油品剧烈外喷；熔融金属与含水潮气混合也可能因为瞬间汽化产生“蒸汽爆炸”。

2）少量易燃或毒性液体有限空间内汽化

毒性液体蒸发后体积发生变化，极可能形成毒性气氛危害人体健康。

3）蒸气冷凝或被其他液体吸收引起内爆

蒸气在容器内冷凝或被其他液体吸收时，容器内部压力会降低。如果容器没有真空释放阀，且误操作导致冷水喷入，蒸气会迅速冷凝，使容器内部形成相对真空状态，此时外部大气压力会作用于容器，可能导致容器被压扁或发生其他形式的破坏。

**(3) 不同物质蒸气和液体的密度差异**

1）气体或蒸气密度差异

高密度蒸气扩散或聚集会形成燃烧爆炸、毒性危险或局部区域缺氧。

2）液体的密度差异

在装置中搅拌非互溶液体可能会激发剧烈化学反应，如酚和苛性碱液的混合物，启动搅拌后发生剧烈反应会释放大量热，从而引起爆炸。此外，不同密度的液体混合时也存在安全隐患，如汽油、煤油等密度较小的液体漂浮在水面上，增加了火灾和毒性风险。

## 2.4 化学反应系统物化原理与安全

**(1) 化学反应动力学**

化工生产包含着物质的转化过程，有些转化反应比较简单，危险性较小，有些则相当复杂，难以控制和了解。当反应物和产物的化学性质已知时，应用已知的化学定律，就可以准确评估化工生产的危险性。事实上并非如此，物质的转化途径往往是复杂的、曲折的。只是温度、压力或组成的微小变化就可能使物质转化有较大的危险性。难以预料的剧烈反应引发的化工事故，往往是由于忽视简单的物理化学因素对实际反应系统动力学的影响导致的。温度是使反应偏离预期速率的最常见的因素。一般情况下，有机反应的温度升高10℃，通常假定反应速率加倍。在表达温度对反应速率的影响上，Arrhenius方程比经验方法更准确，其形式为

$$k=A\times\exp(-E/RT) \quad \text{(式 2-1)}$$

式中，$k$ 为反应速率常数；$A$ 为常数；$E$ 为反应活化能，J/mol 或 kJ/mol；$R$ 为气体常数，J/(mol·K)；$T$ 为绝对温度，K。

依据Arrhenius方程，反应速率随温度呈指数型增加。温度控制不充分常常是放热反应（如聚合、分解等）失控的主要因素。例如，将硫酸加入2-氰基-2-丙醇的过程高度放热，若无充分的冷却措施会引发爆炸性分解；对硝基苯磺酸在150℃以下的绝热条件下贮存，由于缺少有效的散热途径，其放热分解反应可能导致剧烈爆炸。

对于均相反应，浓度是影响反应速率的重要因素。恒容均相反应的速率为

$$r=kc_A^a c_B^b \quad (2\text{-}2)$$

式中，$r$ 为反应速率，mol/($m^3$·s)；$k$ 为反应速率常数，$s^{-1}$；$c_A$ 和 $c_B$ 分别为反应物A和B的物质的量浓度，mol/$m^3$；$a$、$b$ 分别为反应式中分子式A和B前的系数。

$a$ 和 $b$ 的和为反应级数，很多反应级数都是经验数值。依据以上定律，各反应物的物质的量浓度直接影响着反应速率和放热速率。所以在进行没有试验过的反应时，不应该用质量浓度太大的反应物溶液。在许多制备过程中，当溶解度和其他因素允许时，首选10%左右的浓度水平进行反应。但当涉及已知会发生剧烈作用的反应物时，将浓度降至5%或2%可能更为安全。无论是出于偶然还是经过深思熟虑，增加反应物浓度行为都可能使原本安全的过程转变为潜在的危险事故。例如，用浓氨溶液代替稀溶液消除硫酸二甲酯时，由于浓度的显著提高，可能会发生爆炸反应；在硝基苯和甲酸钠的热混合物制备过程中，若过早或过快地去除大部分甲醇，可能会因浓度变化导致反应器爆裂。对于速率按照 Arrhenius 方程随温度变化的反应，一般称之为普通反应。还有大量特殊类型的反应，连同 Arrhenius 型反应一起，可概括如下。

① 普通反应速率随温度升高迅速增加。

② 某些非均相反应速率被相间扩散阻力所控制，反应速率随温度的升高缓慢增加。

③ 爆炸反应在着火点反应速率剧增。

④ 化学反应速率被吸附速率所控制，而吸附量随温度升高而减少。

⑤ 某些反应由于随温度升高副反应加剧而复杂化。

⑥对于某些放热反应，低温可能有利于平衡转化，反应速率依赖于平衡移动，因此速率随温度升高反而减小。

### （2）反应物质的非互容性质

许多化学物质彼此互不相容，它们必须在严格控制的条件下接触，否则会生成剧毒物质或发生强烈化学反应，甚至引起爆炸。

1） 毒性危险

表2-5列出了一些非互容物质的毒性危险。A列与B列的物质必须完全隔绝，否则会生成C列的毒性物质。

**表 2-5 非互容物质的毒性危险**

| A | B | C | A | B | C |
|---|---|---|---|---|---|
| 含砷物质 | 任何还原剂 | 砷化氢 | 亚硝酸盐 | 酸 | 亚硝酸烟雾 |
| 叠氮化物 | 酸 | 叠氮化氢 | 磷 | 苛性碱或还原剂 | 磷化氢 |
| 氰化物 | 酸 | 氢氰酸 | 硒化物 | 还原剂 | 砷化氢 |
| 次氯酸盐 | 酸 | 氯或次氯酸 | 硫化物 | 酸 | 硫化氢 |
| 硝酸盐 | 硫酸 | 二氧化氮 | 碲化物 | 还原剂 | 碲化氢 |
| 硝酸 | 铜或重金属 | 二氧化氮 | | | |

2） 水敏性危险

水敏性是非互容现象中的常见类型。一些化学物质，如钾和碳化钙与水接触会产生易燃气体：

$$2K+2H_2O \xlongequal{} 2KOH+H_2\uparrow$$

$$CaC_2+2H_2O \xlongequal{} Ca(OH)_2+C_2H_2\uparrow$$

有时水解热足以点燃释放出的气体，造成火险。水敏性物质容易暴露于过程冷却水、冷凝水或雨水中，使其更具危险性。在某些情况下，水敏性物质与水的反应可以造成封闭设备或管件的过压。

# 第三章

# 燃烧、爆炸及危险

## 3.1 燃烧及爆炸概述

燃烧是指可燃物与助燃物质（氧或其他助燃物质）作用发生的一种发光发热的氧化反应，通常伴有火焰、发光或发烟的现象。燃烧过程中燃烧区的温度较高，使其中白炽的固体粒子和某些不稳定的中间物质分子内电子发生能级跃迁，从而发出各种波长的光。发光的气相燃烧区就是火焰，它是燃烧过程中最明显的标志。由于燃烧不完全等原因，产物中混有一些小颗粒，这些颗粒悬浮在空气中就形成了烟。燃烧具有三个特征，即发光、放热、生成新的物质。当燃烧失去控制时就会变成火灾。

爆炸是指物质在极短时间内从一种状态迅速转变为另一种状态，并在瞬间以对外做机械功的形式放出大量能量的现象。这种急剧的物理或化学变化过程，在瞬间释放出大量能量并伴有巨大声响。在爆炸过程中，爆炸物质所含的能量快速释放，变为对爆炸物质本身、爆炸产物及周围介质的压缩能或运动能。物质爆炸时，大量能量极短时间内在有限体积内突然释放并聚积，造成高温高压，使邻近介质周围的压力急剧升高并引起随后的复杂运动。爆炸介质在压力作用下，表现出不寻常的运动或机械破坏效应，以及其受震动而产生的音响效应。爆炸现象具体的特征：爆炸点附近压力瞬间急剧上升，发出声响，周围建筑物或装置发生震动或遭到破坏。爆炸常伴随发热、发光、高压、真空、电离等现象，并且具有很大的破坏性。爆炸的破坏作用与爆炸物质的数量和性质、爆炸时的条件以及爆炸位置等因素有关。如果爆炸发生在均匀介质的自由空间，在以爆炸点为中心的一定范围内，爆炸力的传播是均匀的，该范围内的物体均可能会粉碎、飞散。

化工装置、机械设备、容器等爆炸后，可能会变成碎片飞散出去，在相当大范围内造成危害。据调查，爆炸碎片造成的伤亡占很大比例，其飞散距离一般在 100～500m。爆炸气体扩散通常在爆炸的瞬间完成，不会引起一般可燃物质的火灾，而且爆炸冲击波有时能起灭火作用。但是爆炸的余热或余火，会点燃从破损设备中不断流出的可燃液体或逸出的可燃蒸气而造成火灾。爆炸在化学工业中一般是以突发或偶发事件的形式出现的，而且往往伴随火灾发生。爆炸的危害性严重，造成的损失也较大。

### 3.1.1 燃烧要素

**(1) 可燃物（还原剂）**

一般情况下，凡是能在空气、氧气或其他氧化剂中发生燃烧反应的物质都称之为可燃物，反之为不燃物。可燃物按其组成可分为无机可燃物和有机可燃物两大类。无机可燃物主要包括化学元素周期表中ⅠA～ⅢA族的部分金属单质（如钾、钠、钙、镁等）和ⅣA～ⅥA族的部分非金属单质（如碳、磷、硫、硅等），以及氢气、一氧化碳、非金属氢化物等。有机物中除了多卤代烃如四氯化碳、二氟一氯一溴甲烷（1211）等不燃且可作灭火剂之外，其他绝大部分都是可燃物。有机可燃物有天然气、液化石油气、汽油、煤油、柴油、原油、酒精、豆油、煤、木材、棉、麻、纸及三大合成材料（合成塑料、合成橡胶、合成纤维）等。可燃物按其物理状态可分为可燃气体、可燃液体、可燃固体三大类。可燃气体有氢气、氯气、乙炔等；可燃液体大多数都是有机化合物，如汽油、柴油、酒精、苯等；可燃固体有棉、麻、木材、煤、硫黄等。需要注意的是，不同状态的同一种物质的燃烧性能是不同的。

**(2) 助燃物（氧化剂）**

凡是能和可燃物发生反应并引起燃烧的物质，称之为助燃物。助燃物的种类很多，氧气是最常见的一种，它存在于空气中，体积分数约为21%。可燃物在空气中的燃烧通常以游离的氧作为氧化剂。某些物质也可作为燃烧反应的氧化剂，如氯、氟、氯酸钾等。此外还有少数可燃物，如氯酸盐、硝酸盐、高锰酸盐、重铬酸盐、过氧化物等含氧物质，一旦受光、热、撞击或摩擦后，能自动释放出氧气，不需外部氧化剂（空气）就可发生燃烧。

**(3) 点火源**

凡是能引起可燃物燃烧的能源都叫点火源，也称之为火源。最常见的点火源是热能，还有电能、化学能、光能、机械能等。常见的点火源主要有以下几种。

1）明火

如生产和生活中的灯火、火炉、火柴、打火机、烟头、烟囱或烟道喷出的火星、气焊和电焊喷火、机动车辆排气筒冒出的火星等。

2）电火花

如电气开关在开、关电闸时的弧光放电，电动机、变压器等电气设备产生的电火花；静电火花，如液体流动引起带电、喷出气体带电、人体带电等。

3）撞击或摩擦产生的火星

如机器上轴承转动的摩擦、铁钉落入设备内和机件撞击、磨床和砂轮的摩擦、铁器工具相撞或与混凝土相碰等。

4）高热物质和高温表面

如加热装置、烧红的电炉、电加热器、高温物料的输送管、冶炼厂或铸造厂里熔化的金属、烟囱和烟道等。

5）雷击

这是瞬间的高压放电，能引起任何可燃物质的燃烧。

6）自燃起火

可燃物的内部发热。

**(4) 燃烧的充分条件**

1）一定的可燃物浓度

可燃物只有达到一定浓度，才会发生燃烧。如用火柴等明火去点煤油，煤油并不会立即燃烧，这是因为在常温下煤油表面挥发的煤油蒸气量不多，没有达到燃烧所需的浓度，因此虽有足够的空气和火源接触，也不能发生燃烧。

2）一定的氧气含量

实验证明，虽有氧气（空气）存在，但其浓度不够，燃烧也不会发生。如将点燃的蜡烛用玻璃罩罩起来，隔绝周围的空气，较短时间后蜡烛火焰就会熄灭。可燃物发生燃烧需要有一个最低含氧量要求，氧气低于这一浓度，燃烧就不会发生。由于可燃物质性质不同，燃烧所需要的含氧量也不同，如汽油的最低含氧量要求为14.4%（体积分数），煤油的最低含氧量要求为15%（体积分数）。

3）一定的点火能量

可燃物发生燃烧，都有本身固有的最小点火能要求，达到一定的能量才能引起可燃物着火，否则燃烧就不会发生。不同可燃物燃烧所需的引燃能量各不相同，如汽油的最小点火能量为0.2MJ，乙酰为0.19MJ。

4）相互作用

燃烧不仅必须同时具备充分条件和必要条件，各燃烧条件之间还必须互相结合、互相作用才会使燃烧发生或持续。缺少其中任何一个条件，燃烧都不能发生，即使处于燃烧状态也会立即停止。当可燃物与周围接触的空气达到自身的点燃温度时，可燃物外层部分就会熔化、蒸发或分解并发生燃烧，在燃烧过程中放出热量和光。这些释放出来的热量又加热可燃物边缘的下一层，使其达到点燃温度，于是燃烧过程持续。固体、液体和气体这三种状态的物质，其燃烧过程是不同的。固体和液体发生燃烧，需要经过分解和蒸发产生气体，然后由这些气体与氧化剂作用发生燃烧；而气体物质不需要经过蒸发，可以直接燃烧。

## 3.1.2 燃烧类别及其特征参数

易燃物质的燃烧类别可依据可燃物质的性质划分，一般可划分为四个基本类别，每一类别还包含不同类型的燃烧。A类燃烧：如木材、纤维织品、纸张等普通可燃物质的燃烧。此类燃烧都生成燃烧余烬。需要特别注意，水和基于碳氢盐的干燥化学品并不是有效的灭火剂；B类燃烧：易燃石油制品或其他易燃液体、油脂等的燃烧。从工艺的角度出发，易燃气体不属于任何燃烧类别，但实际上可将其当作B类物质处理；C类燃烧：供电设备的燃烧；D类燃烧：可燃金属的燃烧。

如果按照燃烧起因来划分，燃烧可分为闪燃、点燃和自燃三种类型。闪点、着火点和自燃点分别是这三种燃烧类型的特征参数。

**(1) 闪燃和闪点**

可燃液体表面的蒸气与空气形成的混合气体与火源接近时发生瞬间燃烧，出现瞬间火苗或闪光的现象被称为闪燃。闪燃的最低温度被称为闪点。闪燃指在一定温度下，液态可燃物液面上蒸发出的蒸气与空气形成的混合气体恰好等于爆炸下限浓度时，遇火源产生的一闪即灭的燃烧现象。发生闪燃的最低温度称为闪点；液体的闪点越低，火灾危险性越大。闪点是评定液体火灾危险性的主要依据。

闪燃现象出现后，受环境、温度等因素的影响，液体蒸发速度往往会加快，这时遇火源就会产生持续燃烧，在一定条件下（如爆炸性混合物达到爆炸极限，并遇到较高的点火能量），就会出现燃烧速度比较快的燃烧现象，即爆燃。因此，闪燃现象往往是爆燃的前兆。由于爆燃能够形成很快的燃烧速度和很高的温度，因此会直接造成火灾。与闪燃现象相比，爆燃具有更大的火灾危险性。因此，积极控制和预防闪燃现象的出现，具有极为重要的现实意义。

**(2) 点燃和着火点**

可燃物质在空气充足的条件下，达到一定温度且与火源接触着火，移去火源后仍能持续燃烧5min以上的现象被称为点燃。点燃的最低温度被称为着火点，如木材的着火点为295℃。

可燃液体的着火点高于其闪点5～20℃。但当其闪点在100℃以下时，闪点和着火点往往相同。在没有闪点数据的情况下，可以用着火点表征物质的火险。根据可燃物的着火点高低，可以鉴别其引起火灾的危险程度，着火点越低，该可燃物的火灾危险性越大。一切可燃液体的着火点都高于闪点。

**(3) 自燃和自燃点**

在无外界火源的条件下，物质自行引发的燃烧被称为自燃。自燃的最低温度被称为自燃点，如常压下汽油的自燃点为480℃。物质自燃有受热自燃和自热燃烧两种类型。受热自燃指可燃物质在外部热源作用下温度升高，达到其自燃点而自行燃烧；自热燃烧指可燃物质在无外部热源的影响下，其内部发生物理、化学或生化变化而产生热量，并不断积累使物质温度上升，达到其自燃点而燃烧。不同的可燃物有不同的自燃点，同一种可燃物在不同的条件下自燃点也会发生变化。对于液体、气体可燃物，其自燃点受压力、氧浓度、催化作用、容器的材质、表面积与体积比等因素的影响。固体可燃物的自燃点与受热熔融、挥发物的数量、固体的颗粒度、受热时间等因素有关。

## 3.2　燃烧过程和燃烧原理

**(1) 燃烧过程**

可燃物质的燃烧一般是在气相中进行的。由于可燃物质的状态不同，其燃烧过程也不相同。气体最易燃烧，燃烧所需要的热量只用于本身的氧化分解，并使其达到着火点。气体在极短的时间内就能全部燃尽。液体在火源作用下，先蒸发成蒸气，而后氧化分解进行燃烧。与气体燃烧相比，液体燃烧多消耗液体变为蒸气的蒸发热。固体燃烧有两种情况：对于硫、磷等简单物质，受热时首先熔化，而后蒸发为蒸气进行燃烧，无分解过程；对于复合物质，受热时首先分解成其组成部分，生成气态和液态产物，而后气态产物和液态产物蒸气着火燃烧。可见，任何可燃物质的燃烧都经历氧化分解、着火、燃烧等阶段。

在燃烧反应中，氧首先在热能作用下被活化成过氧键—O—O—，可燃物质与过氧键加和成为过氧化物。过氧化物不稳定，是可燃物质被氧化的最初产物，是不稳定的化合物，在受热、撞击、摩擦等条件下，容易分解甚至燃烧或爆炸。过氧化物是强氧化剂，不仅能氧化可形成过氧化物的物质，也能氧化其他较难氧化的物质。

**（2）燃烧的连锁反应理论**

在燃烧反应中，气体分子间互相作用，往往不是两个分子直接反应生成最后产物，而是活性分子自由基与分子间的作用。活性分子自由基与另一个分子作用产生新的自由基，新自由基又迅速参加反应，如此延续下去形成一系列连锁反应。连锁反应通常分为直链反应和支链反应两种类型。氯和氢的反应是典型的直链反应，氢和氧的反应是典型的支链反应。任何链反应均由三个阶段构成，即链的引发、链的传递（包括支化）和链的终止。链的引发需有外来能源激发，使分子键破坏生成第一个自由基，链的传递是指自由基与分子反应，链的终止是导致自由基消失的反应。

### 3.2.1 燃烧的特征参数

**（1）燃烧温度**

可燃物质燃烧时所放出的热量，部分被火焰辐射散失，大部分则消耗在加热燃烧上。由于可燃物质燃烧所产生的热量是在火焰燃烧区域内散出的，因而火焰温度也就是燃烧温度。一般来说，燃烧温度取决于可燃物质的燃烧速度和燃烧程度。在同样条件下，可燃物质燃烧时，燃烧速度快的比燃烧速度慢的火焰温度高；在同样大小的火焰下，燃烧温度越高，它向周围辐射出的热量就越多，因而可燃物质燃烧的速度就越快。总之，可燃物质的熔值越大，燃烧时温度就越高，燃烧蔓延的速度就越快。

**（2）燃烧速率**

1）气体的燃烧速率

气体燃烧无须像固体、液体那样经过熔化、蒸发等过程，所以气体燃烧很快。气体的燃烧速率随物质的成分不同而异。单质气体如氢气的燃烧只需受热、氧化等过程，而化合物气体如天然气、乙炔等的燃烧则需要经过受热、分解、氧化等过程。所以，单质气体的燃烧速率要比化合物气体的大。在气体燃烧中，扩散燃烧速率取决于气体扩散速率，而混合燃烧速率则只取决于本身的化学反应速率。因此，混合燃烧速率通常大于扩散燃烧速率。

气体的燃烧性能常以火焰传播速率来表征，火焰传播速率有时也称为燃烧速率。燃烧速率是指燃烧表面的火焰沿垂直于表面的方向向未燃烧部分传播的速率。在多数火灾或爆炸情况下，已燃和未燃气体都在运动，燃烧速率和火焰传播速率并不相同。这时的火焰传播速率等于燃烧速率和整体运动速率的和。

管道中气体的燃烧速率与管径有关。当管径小于某个小的量值时，火焰在管中不传播。若管径大于这个小的量值，火焰传播速率随管径的增大而增大，但当管径增大到某个量值时，火焰传播速率不再增大，此时即最大燃烧速率。

2）液体的燃烧速率

液体燃烧速率取决于液体的蒸发速率。液体燃烧速率有下面两种表示方法：质量速率指每平方米可燃液体表面每小时烧掉的液体的质量；直线速率指每小时烧掉可燃液层的高度，

单位为 $m \cdot h^{-1}$。液体的燃烧过程是先蒸发而后燃烧。易燃液体在常温下蒸气压就很高，因此有火星、灼热物体等靠近时便能着火，之后，火焰会很快沿液体表面蔓延。另一类液体只有在火焰或灼热物体长久作用下，使其表层受强热大量蒸发才会燃烧。因此在常温下生产、使用这类液体没有火灾或爆炸危险。这类液体着火后，火焰在液体表面上蔓延得很慢。为了维持液体燃烧，必须向液体传入大量热，使表层液体被加热并蒸发。火焰向液体传热的方式是辐射，因此火焰沿液面蔓延的速率取决于液体的初始温度、比热容、蒸发潜热以及火焰的辐射能力。

3）固体的燃烧速率

固体燃烧速率一般要小于可燃液体和可燃气体。不同固体物质的燃烧速率有很大差异。萘及其衍生物、三硫化磷、松香等可燃固体，其燃烧过程是受热熔化、蒸发气化、分解氧化、起火燃烧，一般速率较小；另外一些可燃固体，如硝基化合物、含硝化纤维素的制品等，燃烧是分解式的，燃烧剧烈，速率很大。可燃固体的燃烧速率还取决于燃烧比表面积，即燃烧表面积与体积的比值越大，燃烧速率越大，反之，则燃烧速率越小。

4）热值

所谓热值，就是单位质量的可燃物质在完全烧尽时所放出的热量。不同的物质燃烧时，放出的热量是不同的，热值大的可燃物质燃烧时放出的热量多。可燃性固体和可燃性液体的热值以“J/kg”表示，可燃气体（标准状态）的热值以“$J/m^3$”表示。可燃物质燃烧爆炸时所达到的最高温度、最高压力及爆炸力等均与物质的热值有关。物质的热值数据一般通过量热仪在常压下测得。水蒸气全部冷凝成水和不冷凝时，燃烧热效应的差值为水的蒸发潜热，所以热值有高热值和低热值之分。高热值是指单位质量的燃料完全燃烧，生成的水蒸气全部冷凝成水时所放出的热量；而低热值是指生成的水蒸气不冷凝时所放出的热量。

## 3.2.2 燃烧性物质的贮存和运输

### (1) 贮存安全的一般要求

燃烧性气体不得与助燃物质、腐蚀性物质共同贮存。如氢气等易燃气体不得与氧气、压缩空气、一氧化二氯等助燃气体混合贮存，易燃气体与助燃气体一旦泄漏，可能会形成危险的爆炸性混合物。燃烧性液体较易挥发，其蒸气和空气以一定比例混合，会形成爆炸性混合物。因此，燃烧性液体应该贮存于通风良好的阴凉处，并与明火保持一定距离。燃烧性固体着火点较低，燃烧时多数都能释放出大量有毒气体，所以燃烧性固体贮存库应保证干燥、阴凉，有隔热措施，忌阳光暴晒。自燃性物质的性质不稳定，在一定的条件下会自发燃烧，可能引发其他燃烧性物质的燃烧，因此自燃性物质不能与其他燃烧性物质共同贮存。

### (2) 燃烧性物质的盛装容器

根据盛装的燃烧性物质的性质，对盛装容器的种类、材质、强度和气密性都有一定的要求。盛装容量为 200kg 以下的容器中，只有金属容器不适用时才允许使用有限容量的玻璃和塑料容器。金属制桶装容器有铁桶、镀锡铁桶、镀锌铁桶、铅桶等，容量规格一般为 200kg 或更小。金属桶要求桶形完整，桶体不倾斜，不弯曲、不锈蚀，焊缝牢固密实，桶盖应该是旋塞式的，封口要有垫圈以保证桶口的气密性，使用前应进行气密性检验。耐酸坛可用来盛装硝酸，硫酸，盐酸等强酸。耐酸坛表面必须光洁且无斑点、气泡、裂纹、凹凸不平或其他变形；坛体必须经过坚固且均匀的烧结工艺处理，以确保其耐酸、耐压；坛盖不得松动，可用石棉绳浸水玻璃缠紧坛盖，螺丝旋紧坛盖后，应用黄沙与水玻璃的混合物或耐酸水泥与石膏的混合物进行封口，以确保坛口的密封性。

**(3) 大容量燃烧性液体贮罐**

贮存大容量燃烧性液体采用大型贮罐。贮罐分地下、半地下、地上三种类型。为了安全，所有贮罐在安装前都必须试压，检漏，贮罐区要有充分的救火设施。地下和半地下贮罐，要根据贮存液体的性质、选定的埋罐区的地形和地质条件，确定埋罐的最佳尺寸和地点以及采用竖直或水平的贮罐。埋罐选点时，还要结合同区中建筑物、地下室、坑洞的地点，统筹考虑。罐体掩埋要足够牢固，以防止洪水、暴雨以及其他可能危及罐体装配安全的事件发生。要考虑邻近工厂腐蚀性污水的排放以及存在腐蚀性矿渣或地下水的可能性，若确有腐蚀性状况，在埋罐前就得采取必要的防腐措施。对贮罐要进行充分的遮盖，在罐区要建设混凝土围墙。对于地上贮罐，为了周边的安全，贮罐应该设置在比建筑物和工厂公用设备低洼的地区。为了防止火焰扩散，贮罐间要有较大的间隙，要有适宜的排液设施和充分的阻液渠。

1）车船运输安全

燃烧性物质经铁路、水路发货、中转或到达，应在郊区或远离市区的指定专用车站或码头装卸。装运燃烧性物质的车船，应悬挂危险货物明显标记。车船上应设有防火、防爆、防水、防日晒以及其他必要的消防设施。车船卸货后应进行必要的清洗处理。火车装运应按国家铁路局《危险货物运送规则》办理。汽车装运应按规定的时间、指定的路线和车速行驶，停车时应与其他车辆、高压电线、明火和人口稠密区保持一定的安全距离。船舶装运，在航行和停泊期间应与其他船只、码头仓库和人烟稠密区保持一定的安全距离。

2）管道输送安全

高压天然气、液化石油气、石油原油、汽油或其他燃料油一般采用管道输送。为保证安全输送，在管线上应安装多功能的安全设施，如有自动报警和关闭功能的火焰检测器、自动灭火系统以及闭路电视，远程监视管道运行状况。例如在正常情况下，管道中各处的流量读数应该相同，压力读数应该保持恒定，一旦某处的读数出现变化可以立即断定该处发生泄漏，应立即采取应急措施，把损失降至最低限度。

3）装卸操作安全

装卸的普通安全要求是安全接近车辆的顶盖，这对于顶部装卸的情形特别重要，计量、采样等操作也是如此。这样就需要架设适宜的扶梯、装卸台、跳板，车辆上要安装永久的扶手。所有燃烧性物质的装卸都要配置相应的防火、防爆等消防设施。装卸燃烧性固体，必须做到轻装、轻卸，防止撞击、滚动、重压；燃烧性液体装卸时，液体蒸气有可能扩散至整个装卸区，因此需要有和整个装卸区配套的灭火设施；车船上的燃烧性液体如果采用气体压力卸料，压缩气体应该采用氮气等惰性气体，用于卸料的气体管道应该配置设定值不大于 0.14MPa 的减压阀，以及压力约 0.17MPa 的排空阀。装卸区应配置供水管和软管，冲洗装卸时的洒落液。

## 3.3 爆炸及其类型

物质从一种状态迅速转变为另一种状态，并在瞬间以对外做功的形式放出大量能量，同时产生声响的现象被称为爆炸。例如炸药或爆炸性气体混合物的燃烧，其燃烧速率很快，一般称之为爆炸。构成爆炸体系的高压气体瞬间冲击到周围物体上，往往使物体受力不平衡而遭到破坏。

按爆炸过程的性质不同，爆炸通常可以分为物理爆炸、化学爆炸和核爆炸三种类型。

① 物理爆炸

物理爆炸是指装在容器内的液体或气体，由于物理（温度、体积和压力等因素）变化引起体积迅速膨胀，导致容器压力急剧增加，最终由于超压或应力变化使容器发生爆炸，且在爆炸前后物质的性质及化学成分均不改变的现象。如蒸汽锅炉、液化气瓶等爆炸，均属于物理爆炸。物理爆炸虽本身没有进行燃烧反应，但它产生的冲击力有可能直接或间接地造成火灾。

② 化学爆炸

化学爆炸是指由于物质本身发生化学反应，产生大量气体并使温度、压力增加或两者同时增加而形成的爆炸现象。如可燃气体、蒸气或粉尘与空气形成的混合物遇火源而引起的爆炸，炸药的爆炸等都属于化学爆炸。化学爆炸的主要特点：反应速度快，爆炸时放出大量热量，产生大量高压气体，并发出巨大的声响。化学爆炸可以直接造成火灾，破坏性很大，是消防工作中预防的重点。

③ 核爆炸

核爆炸是指原子核通过裂变或聚变反应，释放出核能所形成的爆炸。如原子弹、氢弹、中子弹的爆炸就属于核爆炸。

按爆炸速度分类，爆炸通常可以分为轻爆、爆炸和爆轰。

① 轻爆

爆炸传播速度为数十厘米每秒至数米每秒的过程。

② 爆炸

爆炸传播速度为十米每秒至数百米每秒的过程。

③ 爆轰

指传播速度为一千米每秒至数千米每秒的爆炸过程。

按反应相分类，爆炸可分为气相爆炸和凝聚相爆炸。

① 气相爆炸

包括可燃气体混合物爆炸、气体热分解爆炸、可燃性粉尘爆炸、可燃液体雾滴爆炸、可燃蒸气云爆炸等。

② 凝聚相爆炸

液相爆炸，包括聚合物爆炸、液体爆炸品的爆炸等；固相爆炸，包括爆炸性物质的爆炸、固体物质混合所引起的爆炸等。

## 3.3.1 爆炸性物质的分类、分级和分组

### (1) 爆炸性物质的分类

Ⅰ类：矿井甲烷；

Ⅱ类：爆炸性气体混合物（含蒸气、薄雾）；

Ⅲ类：爆炸性粉尘（含纤维）。

**(2) 爆炸性混合物的分级和分组**

爆炸性混合物的危险性是由它的爆炸极限、传爆能力、引燃温度和最小点燃电流决定的。各种爆炸性混合物按最大试验安全间隙和最小点燃电流分级，按引燃温度分组，主要是为了配置相应电气设备，以达到安全生产的目的。

1) 爆炸性气体混合物的分级分组

① 按最大试验安全间隙（MESG）分级

最大试验安全间隙是在标准试验条件下，壳内所有浓度的被试验气体或蒸气与空气的混合物被点燃后，通过特定接合面均不会引发壳外爆炸性气体混合物点燃的最大间隔距离。安全间隙的大小反映了爆炸性气体混合物的传爆能力。间隙越小，其传爆能力就越强，危险性越大；反之，间隙越大，其传爆能力越弱，危险性也越小。爆炸性气体混合物，按最大试验安全间隙的大小分ⅡA、ⅡB、ⅡC三级。ⅡA安全间隙最大，危险性最小，ⅡC安全间隙最小，危险性最大。

② 按最小点燃电流（MIC）分级

最小点燃电流是在温度为20～40℃，电压为24V，电感为95mH的试验条件下，采用IEC标准火花发生器对空心电感组成的直流电路进行3000次火花试验，能够点燃最易点燃混合物的最小电流。最易点燃混合物是在常温常压下，需要最小引燃能量的混合物。爆炸性气体混合物，按照最小点燃电流的大小分为ⅡA、ⅡB、ⅡC三级，最小点燃电流越小，危险性就越大。

③ 按引燃温度分组

爆炸性混合物不需要用明火即能引燃的最低温度，被称为引燃温度。引燃温度越低的物质，越容易被引燃。爆炸性气体混合物按引燃温度的高低，分为T1、T2、T3、T4、T5、T6六组。

2) 爆炸性粉尘混合物的分级分组

爆炸性粉尘混合物级组根据粉尘特性（导电或非导电）和引燃温度高低分为ⅢA、ⅢB两级，T11、T12、T13三组。

**(3) 爆炸性气体的分级和分组**

1) 爆炸性气体分级

对于Ⅰ类爆炸性物质（只有甲烷气体一种物质）不分级；对于Ⅰ类爆炸性气体，可按其不同的点燃特性进行分级。我国标准与国际电工委员会（IEC）标准一样，对Ⅰ类爆炸性气体，按其MESG和最小点燃电流比（MICR）进一步分为A、B、C三级。其中，A级的代表气体是丙烷，B级的代表气体是乙烯，C级的代表气体是氢气。北美国家将爆炸性气体又细分为A、B、C、D四组（英文称之为group）。其中，groupA的代表气体是乙炔，groupB的代表气体是氢气，groupC的代表气体是乙烯，groupD的代表气体是丙烷和甲烷。

2) 爆炸性气体分组

温度（热表面）是爆炸性气体发生爆炸的重要点燃源。每一种爆炸性气体都有一个特定的温度，在这个温度下，即使没有任何外界点火源存在，它都可以点燃。通常，人们将这一温度称作为该气体的引燃温度（AIT）。它是反映爆炸性气体点燃特性的1个重要特征参数。按照IEC标准的推荐，我国将爆炸性气体按其引燃温度分为T1～T6六个组别。北美对温度组别的划分与IEC基本一致，只是它们将部分温度组别划分得更细。不同的爆炸性气体的引燃温度千差万别，各不相同。温度组别为 T1 的气体引燃温度最高，表面温度组别为 T6 的气体则最易被点燃。在实际应用中，我们应严格控制电气设备的最高表面温度，并使之不能点燃设备使用环境中最易点燃的爆炸性气体混合物，即保证设备的最高表面温度不超过设备可能接触到的气体的引燃温度。因此，就电气设备的最高表面温度而言，凡是满足 T6 温度组别气体环境用的电气设备，它基本能满足 T1～T5 组别气体环境的应用要求。

## 3.3.2　爆炸性物质的贮存和销毁

爆炸性物质必须贮存在专用仓库内。贮存条件是既能保证爆炸物安全，又能保证爆炸物功能完好。贮存温度、贮存湿度、贮存期、出厂期等，对爆炸物的性能都有重要的影响。爆炸性物质贮存时，必须考虑爆炸物本身存在的状况。同时，爆炸性物质是巨大的危险源，贮存时必须考虑其对周边安全的影响，所以对于贮存仓库的位置要有严格的要求。

**(1) 爆炸性物质的贮存**

1）贮存安全的一般要求

爆炸性物质的仓库，不得同时存放性质相抵触的爆炸性物质；爆炸物箱堆垛不宜过高过密，堆垛高度一般不超过 1.8m，墙距不小于 0.5m，垛与垛的间距不少于 1m，这样有利于通风、装卸和出入检查；爆炸物箱要轻举轻放，严防爆炸物箱滑落至其他爆炸物箱或地面上，只能用木制或其他非金属材料制的工具开启爆炸物箱。

2）贮存仓库及其防火

地板应该是由木材或其他不产生电火花的材料制造的；如果仓库是钢制结构或铁板覆盖，仓库应该建于地上，保证所有金属构件接地；照明应该是自然光线或防爆灯，如果采用电灯，必须是防蒸汽的，导线应该置于导线管内，开关应该设在仓库外；注意温湿度控制，采用通风、保暖措施，夏季库温一般不超过 30℃，相对湿度经常保持在 75%以下；周围不得堆放用尽的空箱、容器以及其他可燃性物质，仓库四周 8～15m 内不得有垃圾、干草或其他可燃性物质，如果方便的话，仓库四周最好用防止杂草、灌木生长的材料覆盖；仓库周围严禁吸烟、灯火或其他明火，不得携带火柴或其他吸烟物件接近仓库；严禁非职能人员进入仓库。

3）贮存仓库的位置和安全距离

爆炸性物质的仓库禁止设在城镇、市区和居民聚居的地区。爆炸性物质的仓库与周围建筑物、交通要道、输电输气管线应该保持一定的安全距离，与电站、江河堤坝、矿井、隧道等重要建筑物的距离不得小于 60m，与起爆器材或起爆剂仓库之间的距离，在仓库无围墙时不得小于 30m，在有围墙时不得小于 15m。

**(2) 爆炸性物质的销毁**

除起爆器材和起爆剂以外的绝大多数爆炸性物质，推荐采用焚烧销毁。各类爆炸物销毁时，都应该禁绝烟火，防止爆炸物提前引燃；严禁起爆剂混入待焚毁的爆炸物中；一次只能焚毁一种爆炸物，高爆炸性物质不得成箱或成垛焚毁；硝化甘油，特别是胶质硝化甘油，点火前过热会增加爆炸敏感度，普通硝化甘油每次的焚毁量不应该超过 45kg，胶质硝化甘油则不应该超过 4.5kg。起爆器材，如雷管、电雷管和延迟电雷管等，由于老化、贮存不当变质、浸泡过水，应该销毁。起爆器材最常用的处理方法是爆炸销毁；有引信的普通雷管，引爆销毁，每次销毁的雷管数量不得超过100支，每次爆炸后都要仔细检查，在爆炸范围内还有没有未爆炸的雷管；电雷管或延迟电雷管的销毁，必须首先在距雷管顶部2.5cm处剪断导线，而后按普通雷管的销毁程序进行。有些爆炸性物质能溶于水，从而失去爆炸性能，销毁这些爆炸性物质的方法是把它们置于水中，使其永远失去爆炸性能；有些爆炸性物质，能与某些化学物质反应分解，失去原有的爆炸性能。如起爆剂硝基重氮二酚（DDNP）有遇碱分解的特性，常用10%～15%的碱溶液冲洗和处理；硝化甘油可以用酒精或碱液进行破坏处理。

### 3.3.3 防火防爆措施

**（1）取代可燃可爆物质**

如果能够在生产中不使用可燃可爆物质，自然可避免燃烧和爆炸事故的发生。

**（2）控制可燃可爆物质的用量**

在生产中尽量减少可燃可爆物质的用量，可以减小甚至避免燃烧爆炸事故的危险。

**（3）加强密闭**

对易燃气体、易燃液体和可燃性粉尘等应尽可能密闭操作：对压力设备应防止气体、液体或粉尘逸出与空气形成爆炸浓度；对真空设备应防止空气漏入设备内部达到爆炸极限；开口的容器、破损的铁桶、容积较大且没有保护措施的玻璃瓶是不允许贮存易燃液体的；不耐压的容器是不能贮存压缩气体和加压液体的。同时，还要防止人员误操作造成可燃物泄漏。

**（4）注意通风排气**

对于不能完全密闭的生产场所，为防止可燃可爆气体或粉尘与空气形成爆炸混合物，有毒物质超过最高容许浓度时，需要采取通风排气措施。

**（5）惰性化**

在可燃气体（蒸气）与空气的混合物中充入惰性气体，可降低氧气和可燃物的浓度，从而减小燃烧或爆炸危险。

**（6）工艺参数的安全控制**

工艺参数主要是指温度、压力、流量、物料比等。引起火灾爆炸事故的能源主要有明火、高温表面、摩擦和撞击、绝热压缩、化学反应热、电气火花、静电火花、雷击和光热射线等。对于明火及高温表面，凡有易燃易爆物质的生产或使用场所，都应尽量避免使用明火，凡高温表面都需要采取隔热措施。在易燃易爆场所动火要办动火证。

## 3.4 灭火剂与灭火设施

### 3.4.1 灭火的原理及措施

火灾都有一个从小到大、逐步发展直至熄灭的过程，这个过程一般分为初期、发展、猛烈、下降和熄灭五个阶段。火灾初期阶段的特征是：燃烧面积不大、火焰不高、辐射热不强，烟和气体流动缓慢，燃烧速度不快，初期阶段是扑救火灾的最佳阶段。火灾发展阶段的特征是：随着燃烧时间的延长，环境温度升高，火灾周围的可燃物质和建筑构件被迅速加热，气体对流增强，燃烧速度加快，燃烧面积逐渐扩大。火灾猛烈阶段的特征是：由于燃烧时间继续延长，燃烧速度不断加快，燃烧面积迅速扩大，燃烧温度急剧上升，气体对流达到最快速度，辐射热很强，建筑构件的承重能力急剧下降。根据火灾发展的阶段性特点可知，在灭火扑救的过程中，要抓紧时机，正确运用灭火原理，有效控制火势，力争将火灾扑灭在初期阶段。

根据燃烧三要素，只要消除可燃物或把可燃物浓度充分降低，隔绝氧气或充分减少氧气量，把可燃物冷却至燃点以下，均可达到灭火的目的。灭火的原理及措施如下：

**(1) 抑制反应物接触**

抑制可燃物与氧气的接触，可以阻止进一步的氧化反应，从而起到控制火灾乃至灭火的作用。将水蒸气、泡沫、粉末等覆盖在燃烧物表面上，都是使可燃物与氧气脱离接触的窒息灭火方法。矿井火灾的密闭措施是大规模抑制可燃物与氧气接触的灭火方法。对于固体可燃物，抑制其与氧气接触的方法除移开可燃物外，还可以将整个仓库密闭起来防止火势蔓延，也可以用挡板阻止火势扩大。对于可燃液体或蒸气的泄漏，可以关闭总阀门，切断可燃物的来源。如果关闭总阀门尚不足以抑制泄漏时，可以向排气管道排放或转移至其他罐内，减少可燃物对于可燃蒸气或气体的供给量，也可以移走或排放，通过降低压力来抑制喷出量。如果是液化气，其蒸发消耗潜热自身被冷却，其蒸气压会自动降低。此外，容器冷却也可降低压力，所以火灾时喷水也可以起到抑制可燃气体供给量的作用。

**(2) 减小反应物浓度**

氧气含量在15%以下，燃烧速度就会明显变慢，减小氧气浓度是抑制火灾的有效手段。在火灾现场，水、不燃蒸发性液体、氮气、二氧化碳以及水蒸气都有稀释和降低可燃物浓度的作用。降低可燃物蒸气压或抑制其蒸发速度，均能达到减小可燃气体浓度的效果。

**(3) 降低反应物温度**

把火灾燃烧热排出燃烧体系，通过降低温度使燃烧速度下降，从而缩小火灾规模，最后将燃烧温度降至燃点以下，起到灭火作用。低于火灾温度的不燃性物质都有降温作用。对于灭火剂，除利用其显热外，还可利用它的蒸发潜热和分解热起降温作用。冷却剂只有停留在燃烧体系内，才有降温作用。水的蒸发潜热较大，降温效果好，但多数情况下水易流失到燃烧体系之外，利用率不高。强化液、泡沫等可以弥补水的这个弱点。

**(4) 初期灭火**

火灾发生后，火灾规模大多是随时间呈指数扩大。在灾情扩大之前的初期迅速灭火是事半功倍的明智之举。火灾扩大之前一个人用少量的灭火剂就能扑灭的火灾被称为初期火灾。初期火灾的灭火活动被称为初期灭火。对于可燃液体，其灭火工作的难易取决于燃烧表面积的大小。一般把 $1m^2$ 可燃液体表面着火视为初期灭火范围，通常建筑物起火 3min 后，就会有约 $10m^2$ 的地板、$7m^2$ 的墙壁和 $5m^2$ 的天花板着火，火灾温度可达 700℃左右，此时已超出了初期灭火范围。

1) 冷却灭火

使可燃物质的温度降到燃点以下从而使燃烧自动终止的灭火方法被称为冷却灭火。用水冷却灭火是扑救火灾的常用方法，用二氧化碳灭火剂的冷却效果更好。水在迅速汽化时吸收大量的热，能够很快降低燃烧区的温度，使燃烧终止。通常采用的措施有：用直流水喷射着火物、不间断地向着火物附近的未燃烧物喷水降温。

2）隔离灭火

将燃烧物与附近的可燃物隔离或分散开，使燃烧停止的灭火方法被称为隔离灭火。在实际火灾应用中，通过关闭管道阀门切断流向着火区域的可燃气体和液体，转移受到火焰烧烤、辐射的可燃物，拆除与火源毗连的易燃建筑物等都运用了隔离灭火原理。

3）窒息灭火

根据可燃物质发生燃烧需要足够的空气（氧气）这个条件，采取适当措施来防止空气流入燃烧区，或者用惰性气体稀释空气中的氧含量，使燃烧物因缺乏或断绝氧气而熄灭，这种灭火方法叫窒息灭火。窒息灭火适用于扑救封闭性较强的空间或设备容器内的火灾，但在运用时要防止在灭火空间内的扑救人员因缺氧或吸入过量惰性气体和有毒有害烟气而窒息或中毒。在实际应用时，采取湿棉被、湿帆布等不燃或难燃材料覆盖燃烧物灭火或封闭孔洞，用水蒸气或惰性气体充满燃烧区灭火等措施，都运用了窒息灭火的原理。

4）抑制灭火

使用灭火剂参与燃烧的链式反应，使燃烧过程中产生的自由基快速消失，形成稳定分子或低活性的自由基，进而使燃烧反应停止的灭火方法被称为抑制灭火。常用方法是往着火物上直接喷射气体、干粉等灭火剂，覆盖火焰，中断燃烧。

## 3.4.2 灭火剂及其应用

**(1) 水**

水可用于扑救一般固体物质（如木制品、粮草、棉麻、橡胶或纸张等）的火灾，也可用于扑救闪点大于 120℃、常温下呈半凝固状的重油火灾，还可用于扑救可燃粉尘、电气设备引起的火灾（未切断电源前不可用水，确定断电后可用湿被子等灭火）等。

**(2) 干粉灭火剂**

干粉灭火剂是以具有灭火功能的无机盐为基料，加入改进其物理性能的添加剂，经粉碎、混合后制成的一种干燥、易于流动的微小粉末，需要借助灭火设备中的压力气体使干粉从容器中以粉雾的形式喷射出去，通过化学抑制作用扑救火灾。

干粉灭火剂大致可分为三类：以碳酸氢钠（钾）为基料的干粉，可用于扑救易燃液体、气体和带电设备的火灾；以磷酸三铵、磷酸氢二铵和磷酸二氢铵等混合物为基料的干粉，可用于扑救可燃固体、可燃液体、可燃气体及带电设备的火灾；以氯化钠、氯化钾、氯化钡和碳酸钠等混合物为基料的干粉，可用于扑救轻金属火灾。在使用干粉灭火器时，要注意周围可燃区域的温度，及时降温，避免复燃。干粉灭火器内装有钾盐或钠盐粉，并盛装压缩气体，利用压缩气体作动力，将筒内的干粉喷出灭火。

**(3) 泡沫灭火剂**

泡沫灭火剂是一种能够与水混溶，并可通过机械方法或化学反应产生灭火泡沫的灭火剂。泡沫灭火剂一般由发泡剂、泡沫稳定剂、降黏剂、抗冻剂、助溶剂、防腐剂和水组成。大多数泡沫灭火剂是以浓缩液的形式存在的，因而又被称为泡沫溶液或泡沫浓缩液。根据泡沫灭火剂的化学成分可以将其分为化学泡沫灭火剂、空气泡沫灭火剂、抗溶性泡沫灭火剂和氟蛋白泡沫灭火剂等。化学泡沫灭火剂是通过两种药剂的水溶液发生化学反应产生灭火泡沫，不能用来扑救忌水忌酸的化学物质和电气设备的火灾。空气泡沫灭火剂是通过泡沫灭火剂的水溶液与空气在泡沫产生器中进行机械混合搅拌而生成的，泡沫中所含的气体一般为空气。空气泡沫灭火剂（MPE）以一定厚度的空气泡沫覆盖在可燃或易燃液体的表面，阻挡可燃或易燃液体的蒸气进入火焰区，使空气与着火液面隔离，同时也可以防止火焰区的热量进入可燃或易燃液体表面。泡沫灭火剂不宜在高温下使用，因为高温下的气泡会受热膨胀而迅速遭到破坏；也不能用于醇、酮、酯类等有机溶剂的火灾，因为泡沫的水溶液能溶解于乙醇、丙酮和其他有机溶剂中而遭到破坏。抗溶性泡沫灭火剂（MPK）能产生连续的固体薄膜泡沫层，这层薄膜能有效地防止水溶性有机溶剂吸收泡沫中的水分，使泡沫能持久地覆盖在溶剂液面上，从而起到灭火的作用。这种 MPK 不仅可以扑救一般液态烃类的火灾，还可以有效扑救水溶性有机溶剂的火灾。氟蛋白泡沫灭火剂（MPF）能在油层表面形成无数含有小油滴泡沫的不燃泡沫层，即使泡沫中可燃液体含量高达 25%，泡沫也不会破灭燃烧，而普通空气中的泡沫层汽油含量超过 10%时就开始燃烧。因此，MPF 适用于扑救大面积、较高温度下的油类火灾，并适用于液面下喷射灭火。

**(4) 气体灭火剂**

气体灭火剂是指卤代烷烃类、二氧化碳以及惰性气体等灭火剂，具有不导电、喷射后不留残余物、不会引起二次破坏等优点，主要是通过夺取燃烧连锁反应中的活性物质（称为短链过程或抑制过程）来快速中断燃烧链式反应的过程，所以能迅速灭火。气体灭火剂常常用来保护贵重的物品，适用于各种易燃、可燃液体以及可燃气体火灾。二氧化碳可用于扑救精密仪器仪表、图书档案文件、工艺器皿和一般低压电气设备等的初期火灾，但不宜用来扑救钾、钠、镁、铝等金属及其过氧化物等引起的火灾。因为二氧化碳喷出降低了周围环境的温度，使空气中的水蒸气凝结成小水珠掉落，上述物质遇水能发生化学反应，释放大量的热和氧气，不仅减弱了二氧化碳的冷却作用，还增加了助燃物，有扩大火势的危险。

## 3.4.3 灭火器及灭火设施

**(1) 消火栓系统**

消火栓系统是一种使用广泛的消防系统，绝大多数公众聚集场所都设有这种消防系统。消火栓系统按安装位置可分为室内消火栓系统和室外消火栓系统。

1）室内消火栓系统

室内消火栓系统是建筑物内一种最基本的消防灭火设备，主要由室内消火栓、消防水箱、消防水泵、消防水泵房等组成。室内消火栓设在消火栓箱内，这是一种箱状固定式消防装置，具有给水、灭火、控制和报警等功能，它由箱体、消火栓按钮、消火栓接口、水带、水枪、消防软管卷盘及电气设备等消防器材组成。室内消火栓按安装方式不同，可分为明装式、暗装式和半暗装式三种类型。室内消火栓应设在走道、楼梯口、消防电梯等明显、易于取用的地点附近。消火栓栓口距离地面或操作基面的高度宜为 1.1m，栓口与消火栓内边缘的距离不应影响消防水带的连接，其出水方向宜向下或与设置消火栓的墙面成 90°角。室内消火栓安装时应保证同层任何位置两个消火栓的水枪充实水柱同时到达，水枪的充实水柱经计算确定。同一建筑物内应采用统一规格的消火栓、水枪、水带，每根水带的长度不应超过 25m。消火栓箱内的消火栓按钮具有向报警控制器报警和直接启动消防水泵的功能。现场人员可击碎按钮上的玻璃，按下按钮向控制器报警并启动消防水泵。

当有灾情发生时，可根据消火栓箱门的开启方式，用钥匙开启箱门或击碎门玻璃、扭动锁头打开。如果消火栓没有紧急按钮，应将其下的拉环向外拉出，再按顺时针方向转动旋钮。打开箱门后，取下水枪，按下水泵启动按钮，拧转消火栓手轮，铺设水带进行射水灭火。

维护和保养室内消火栓应注意以下几点：定期检查消火栓是否完好，有无生锈、漏水现象；检查接口垫圈是否完整无缺，消火栓阀杆上应加注润滑油；定期进行放水检查，以确保火灾发生时能及时打开放水；使用消火栓后，要把水带洗净晾干，按盘卷或折叠方式放入箱内，再把水枪卡在枪夹内，装好箱锁，关好箱门；定期检查卷盘、水枪、水带是否损坏，阀门、卷盘转动是否灵活，发现问题要及时检修；定期检查消火栓箱门是否损坏，门锁是否开启灵活，拉环铅封是否损坏，水带盘转杆架是否完好，箱体是否锈死。除了室内消火栓，消防水箱和消防水泵也是常见的消防设施。消防水箱可分区设置，一般设在建筑物的最高位置，它是保证扑救初期火灾用水量的可靠供水设施。消防水箱储水量根据实验面积计算确定。消防水泵为室内消火栓的核心系统，消防水泵的配置必须考虑水泵的压力、电源的配置等因素，以保证有火灾时，随时可以供水。

2）室外消火栓系统

室外消火栓与城镇自来水管网连接，它既可以供消防车取水，又可以连接水带、水枪，直接出水灭火，一般由专业人员负责检查使用。室外消火栓可分为地上消火栓和地下消火栓两种。

① 地上消火栓

地上消火栓适用于气候温暖的地区。地上消火栓主要由弯座、阀座、排水阀、法兰接管启闭杆、车体和接口等组成。在使用地上消火栓时，首先将消火栓钥匙的扳手部分对准并套在启闭杆上端的轴心头上，然后按逆时针方向转动消火栓钥匙，阀门即可开启，水由出口流出。按顺时针方向转动消火栓钥匙时，阀门便关闭，水不再从出水口流出。地上消火栓需进行的日常维护和保养工作主要有以下几项：每月和重大节日之前，应对消火栓进行一次检查；及时清除启闭杆端周围的杂物；将专用消火栓钥匙套于杆头，检查是否合适，并转动启闭杆，加注润滑油；用纱布擦除出水口螺纹上的积锈，检查门盖内橡胶垫圈是否完好；打开消火栓，检查供水情况，要放净锈水后再关闭，观察有无漏水现象，发现问题及时检修。

② 地下消火栓

地下消火栓适用于气候寒冷的地区。地下消火栓和地上消火栓的作用相同，都是为消防车及水枪提供高压力供水，不同的是，地下消火栓安装在地面下，不易冻结，也不易被损坏。地下消火栓的使用可参照地上消火栓进行，但由于地下消火栓目标不明显，故应在地下消火栓附近设立明显标志。使用时，打开消火栓井盖，拧开闷盖，接上消火栓与吸水管的连接口或接水带，用专用扳手打开阀塞即可出水，使用后要恢复原状。

**（2）自动喷水灭火系统**

自动喷水灭火系统是一种能自动启动喷水灭火，并能同时发出报警信号的灭火系统，是用量最大、应用最广泛的自动灭火系统。它具有工作性能稳定、使用范围广、安全可靠、控火灭火成功率高、维护简便等优点。该系统可安装在办公室、仪器室、楼道等场所，贮存有遇水燃烧物质（如金属钠、氢化物等）危险化学品的场所不适合安装自动喷水灭火系统。自动喷水灭火系统按用途、工作原理的不同，可分为湿式喷水灭火系统、干式喷水灭火系统、预作用喷水灭火系统、雨淋喷水灭火系统、水幕系统和水喷雾灭火系统等类型。目前在已安装的自动喷水灭火系统中，用量最多的是湿式喷水灭火系统。

1）湿式喷水灭火系统

湿式喷水灭火系统由闭式喷头、管道系统、湿式报警阀、报警装置和供水设备等组成。该系统在报警阀的前后管道内始终充满着压力水，故称之为湿式喷水灭火系统。火灾发生时，在火场温度的作用下，闭式喷头的感温元件升温达到预定的温度下限时，喷头开启，喷水灭火。水在管路中流动后，水流冲击水力警铃发出声响报警信号，同时根据压力开关及水流指示器报警信号，启动消防水泵向管网加压供水，达到持续自动喷水灭火的目的。湿式喷水灭火系统具有结构简单、灭火效率高、灭火速度快等优点。但由于其管路在喷头中始终充满水，所以受环境温度的限制，适合安装在室内温度不低于4℃且不高于70℃的建筑物内。

2）干式喷水灭火系统

干式喷水灭火系统是为了满足寒冷和高温场所安装的自动喷水灭火系统，其管路和喷头内平时没有水，只处于充气状态。它是由闭式喷头、管道系统、干式报警阀、报警装置、充气设备、排气设备和供水设备组成。火灾发生后，干式喷水灭火系统首先喷出气体，当管网中气压降至某一限值时，报警阀自动打开，压力将剩余的气体从打开的喷头处压出，然后喷水灭火。干式报警阀打开的同时，通向水力警铃的通道也被打开，水流冲击水力警铃发出声响报警信号。干式喷水灭火系统的主要特点是报警阀后管路内无水，不怕冻结，不怕环境温度高。干式喷水灭火系统与湿式喷水灭火系统相比，增加了一套充气设备，且要求管网内的气压经常保持在一定范围内，因此管理比较复杂，投资较大，在灭火速度上不如湿式喷水灭火系统。

3）预作用喷水灭火系统

预作用喷水灭火系统由闭式喷头、管道系统、预作用阀、火灾探测器、报警控制装置、充气设备、控制元件和供水设备等组成。系统预作用阀后面的管网内平时不充水，充以空气或氮气。只有在发生火灾时，火灾探测系统才自动打开预作用阀，使管道充水变成湿式系统。

火灾发生时，安装在保护区的感温、感烟火灾探测器首先发出报警信号，控制器在报警信号作声光显示的同时开启预作用阀，使水进入管路，并在很短时间内完成充水过程，使系统转变成湿式系统，之后的功能和湿式系统相同。预作用喷水灭火系统是在干式自动灭火系统上附加一套火灾自动报警装置，它将火灾自动探测报警技术和自动喷水灭火系统结合起来，能在喷头动作之前及时报警，兼有干式和湿式的优点。它克服了干式系统喷水灭火延迟时间较长，湿式系统可能渗漏的缺点。预作用喷水灭火系统可以配合自动监测装置发现系统中是否有渗漏现象，以提高系统的安全可靠性。

4）雨淋喷水灭火系统

雨淋喷水系统由开式喷头、管道系统、雨淋阀、火灾探测器，报警控制阀组件和供水设备组成。发生火灾时，火灾探测器将信号传送至火灾报警控制器，控制器输出信号打开雨淋阀，使整个保护区内的开式喷头喷水灭火。其特点是出水迅速，喷水量大，降温和灭火效果十分显著。发生火灾时，系统保护区域上所有喷头一起喷水灭火，适用于需要大面积喷水来扑灭火且火势快速蔓延的场所。

5）水幕系统

水幕系统是由水幕喷头、管道和控制阀等组成。水幕系统的工作原理与雨淋喷水灭火系统原理基本相同，不同的是水幕系统喷出的水为水帘状。水幕系统可用于冷却简易防火分隔物（防火门、防火卷帘等），提高其耐火性能，阻止火势蔓延。

6）水喷雾灭火系统

水喷雾灭火系统由喷雾喷头、管道、控制装置等组成，常用来保护油、气体储罐及油浸电力变压器等。水喷雾灭火系统是利用水雾的冷却、窒息和稀释作用扑灭火灾，阻止邻近的火灾蔓延，危及人们的生命安全。

**(3) 灭火器**

灭火器是火灾初期最有效的终止火灾的消防装置，灭火器的种类很多，分类也很多，不同的灭火器用于扑灭不同类型的火灾。根据灭火器中灭火剂成分的不同可分为三种常见的灭火器，分别是干粉灭火器、泡沫灭火器和二氧化碳灭火器。这三种灭火器中的灭火剂的成分不同，灭火原理、使用方法、灭火对象等各方面都有较大的差异。

1）干粉灭火器

干粉灭火器的灭火剂主要由活性灭火组分、疏水成分、惰性填料等组成。灭火组分是干粉灭火剂的核心，常见的干粉成分有磷酸铵盐、碳酸氢钠、氯化钠、氯化钾等。灭火组分是燃烧反应的非活性物质，当其进入燃烧区域火焰中时，能捕捉并终止燃烧反应产生的自由基，减小燃烧反应的速率。当火焰中干粉浓度足够高，与火焰接触面积足够大，自由基中止速率大于燃烧反应生成的速率时，链式燃烧反应被终止，火焰熄灭。现在常见的干粉灭火器主要有两种：ABC干粉灭火器（灭火剂的主要成分是磷酸铵盐）和干粉灭火器（灭火剂的主要成分是碳酸氢盐）。这两类灭火器内含不同的灭火剂，适用于不同类型的火源。

BC干粉灭火器可扑灭B类火灾、C类火灾、E类火灾、F类火灾。ABC干粉灭火器可用于扑救A、B、C、E类火灾。干粉灭火器灭火效率高、速度快，一般在数秒至十几秒之内可将初期小火扑灭。干粉灭火剂对人畜低毒，环境危害较小。但是，对于自身能够释放或提供氧源的化合物火灾，如钠、镁、镁铝合金等金属火灾，以及一般固体的深层火、潜伏火和大面积火灾现场，干粉灭火器难以达到满意的灭火效果。

普通干粉灭火器体积小，使用方便，具体使用方法如下：右手握着压把，左手拖着灭火器底部，取下灭火器，带入火灾现场；除掉铅封，拔掉保险销，左手握着喷管，右手握着压把，站在上风口方向距离火焰2m的地方，右手用力压下压把，左手拿着喷管左右摆动，喷射火底部的燃烧物，使干粉覆盖整个燃烧区。推车式干粉灭火器与普通干粉灭火器相比，灭火剂量大，具有移动方便、操作简单、灭火效果好的特点。具体使用方法如下：将干粉车拉或推到现场，右手抓着喷粉枪，左手顺势展开喷粉胶管，直至平直；在灭火前除掉船封，拔出保险销；用手掌使劲按下供气阀门，左手持喷粉枪管托，右手持喷粉枪把，用手指扣动喷粉开关开始灭火；对准火焰喷射，不断前移同时左右摆动喷粉枪，喷射火的底部把干粉笼罩在燃烧区，直至把火扑灭为止。

2）二氧化碳灭火器

二氧化碳是一种不燃烧、不助燃的惰性气体，密度较高，约为空气的1.5倍。在常压下，1.0kg的液态二氧化碳可产生约0.5m$^3$的气体。二氧化碳的灭火原理主要是窒息灭火，灭火时将二氧化碳释放到起火空间，增加了燃烧区上方二氧化碳的浓度，致使氧气含量降低。当空气中二氧化碳的体积分数为30%～35%或氧气体积分数低于12%时，大多数燃烧就会停止。二氧化碳灭火时还有一定的冷却作用，二氧化碳从储存容器中被喷出时，液体迅速气化成气体，从周围环境吸收热量，起到冷却的作用。二氧化碳灭火器可扑灭B类火灾、C类火灾、E类火灾、F类火灾。二氧化碳灭火器灭火速度快、无腐蚀性、灭火不留痕迹，特别适用于扑救重要文件、贵重仪器、带电设备（600V以下）的火灾。二氧化碳灭火器不能扑救内部阴燃的物质、自燃分解的物质火灾及D类火灾，因为有些活泼金属可以夺取二氧化碳中的氧使燃烧继续进行。

二氧化碳灭火器的使用方法与干粉灭火器类似，具体如下：用右手握着压把，提着灭火器到现场；在灭火前除掉铅封、拔掉保险销；站在距火源2m的地方，左手拿着喇叭筒，右手用力压下压把；对着火源根部喷射，并不断推前，直至把火焰扑灭。使用气体灭火器时，不能直接用手抓住喇叭筒外壁或金属连接管，防止手被冻伤。在室外使用气体灭火器时，应选择在上风方向；在室内窄小空间使用气体灭火器时，操作者在使用完毕之后应立即离开室内，防止窒息。

3）泡沫灭火器

泡沫灭火剂被喷出后在燃烧物表面形成泡沫覆盖层，可使燃烧物表面与空气隔离，达到窒息灭火的目的。泡沫封闭了燃烧物表面后，可以阻断火焰对燃烧物的热辐射，阻止燃烧物的蒸发或热解挥发，使可燃气体难以进入燃烧区。另外，泡沫析出的液体对燃烧表面有冷却作用，泡沫受热蒸发产生的水蒸气还有稀释燃烧区氧气的作用。泡沫灭火器主要适用于扑救各类油类火灾、木材、纤维、橡胶等固体可燃物火灾。蛋白泡沫灭火器、氟蛋白泡沫灭火器、水成膜泡沫灭火器适用于扑救A类火灾和B类中的非水溶性可燃液体的火灾，不适用于扑救D类火灾、E类火灾以及遇水发生燃烧爆炸的物质的火灾。抗溶性泡沫灭火器主要应用于扑救B类中乙醇、甲醇、丙酮等一般水溶性可燃液体的火灾，不宜用于扑救低沸点的醛、醚以及有机酸、胺类等液体的火灾。

泡沫灭火器使用方法与干粉灭火器和二氧化碳灭火器有所不同，使用时需要将灭火器颠倒过来，使灭火器内的灭火剂发生化学反应，具体步骤如下：右手握着压把，左手托着灭火器底部，轻轻取下灭火器，右手提着灭火器到现场；右手捂住喷嘴，左手托灭火器底边缘，把灭火器颠倒过来呈垂直状态，用劲上下晃动几下，然后放开喷嘴；右手抓灭火器耳，左手抓灭火器底边缘，把喷嘴朝向燃烧区，站在离火源8m的地方喷射，并不断前进，围着火焰喷射，直至把火扑灭；灭火后，把灭火器平放在地上，喷嘴朝下。泡沫灭火器不可用于扑灭带电设备的火灾，抗溶性泡沫灭火器以外的泡沫灭火器不能用于扑灭水溶性液体（如甲醇、乙醇等）的火灾。

**（4）灭火器的选择**

应根据配置场所的危险等级和可能发生的火灾类型等因素，确定配置灭火器的类型。选择灭火器进行灭火时，应根据火灾类型选择合适的灭火器。选择不合适的灭火器不仅有可能灭不了火，还有可能发生爆炸伤人事故。如BC干粉灭火器不能扑灭A类火灾，二氧化碳灭火器不能用于扑救D类火灾。虽然有几种类型的灭火器均适用于扑灭同一种类型的火灾，但其灭火能力、灭火剂用量的多少以及灭火速度等方面有明显的差异，因此，在选择灭火器时应考虑灭火器的灭火效能和通用性。为了保护贵重仪器设备与场所免受不必要的污渍损失，灭火器的选择还应考虑其对被保护物品造成的污损程度。例如，在专用的计算机机房内，要考虑被保护的对象是计算机等精密设备，若使用干粉灭火器，虽能灭火，但其灭火后所残留的灭火剂对电子元器件有一定的腐蚀作用和粉尘污染，而且还难以清洁。水型灭火器和泡沫灭火器灭火后仪器设备也会受到类似的污损。此类场所发生火灾时应选用洁净气体灭火器灭火，灭火后不仅没有任何残迹，而且对贵重、精密设备也没有污损、腐蚀作用。

1）灭火器的放置和配置要求

灭火器一般设置在走廊、通道、门厅、房间出入口和楼梯等明显的地点，周围不得堆放其他物品，且不应影响紧急情况下人员疏散。在有视线障碍的位置摆放灭火器时，应在醒目的地方设置指示灭火器位置的发光标志，可使灭火人员减少因寻找灭火器所花费的时间，及时有效地将火扑灭在初期阶段。灭火器的铭牌应朝外，器头宜向上，使人们能直接观察到灭火器的主要性能指标。手提式灭火器宜设置在挂钩、托架上或灭火器箱内。设置在室外的灭火器应有防湿、防寒、防晒等保护措施。

灭火器设点的环境温度对灭火器的喷射性能和安全性能均有明显影响。若环境温度过低，灭火器的喷射性能会降低，若环境温度过高，灭火器的内压会剧增，存在爆炸并导致人员受伤的风险。大部分灭火器的使用温度在5～50℃左右，放置灭火器时，要注意放置环境的温度，以避免影响灭火器的性能。每个灭火器计算单元内配置的灭火器数量不得少于2具，每个设置点的灭火器数量不宜多于5具。根据消防实战经验和实际需要，在已安装消火栓系统，自动喷水灭火系统的场所，可根据具体情况适量减配灭火器。没有消火栓的场所，可减配30%的灭火器，没有自动喷水灭火系统的场所，可减配50%的灭火器，设有消火栓和自动喷水灭火系统的场所，可减配70%的灭火器。

2）灭火器的检查

按照国家对消防产品的强制标准，现在所使用的灭火器都有一个盘式压力指示表。在对灭火器进行检查时，压力表指针指向黄色区域表示灭火器罐内压力偏高，压力表指针指向绿色区域表示灭火器罐内压力正常，压力表指针指向红色区域表示灭火器罐内压力不足，对罐内压力不足的失效灭火器需要及时进行充灌或更换。在检查时我们还需要注意灭火器的罐体是否破损生锈，皮管、喷头等配件是否完好，灭火器的出厂日期及充灌日期是否在保质期内，灭火器配置位置是否合理、是否便于取用等问题。在检查时还需要特别注意的是，当灭火器长期失效完全没有压力时压力表指针会自动回到绿色区域，这样的灭火器需要立即更换。一般情况下，灭火器在出厂5年内、压力表指示正常情况下不需要进行充灌或更换，出厂超过5年的灭火器，无论压力表指示是否正常，每年均须充灌一次或进行检查和更换。

**(5) 其他灭火设备**

1）灭火毯

灭火毯也称消防被、灭火被、防火毯、消防毯、阻燃毯、逃生毯，是由耐火纤维等材料经过特殊处理编织而成的织物，是一种质地非常柔软的消防器具。灭火毯按基材不同可以分为纯棉灭火毯、石棉灭火毯、玻璃纤维灭火毯、高硅氧灭火毯、碳素纤维灭火毯、陶瓷纤维灭火毯等。灭火毯主要是通过覆盖火源、阻隔空气以达到灭火的目的，在火灾初始阶段时，它能以最快速度隔氧灭火，控制灾情蔓延。

灭火毯的使用方法如下：在起火初期，快速取出灭火毯，双手握住两根黑色拉带，将灭火毯轻轻抖开，作盾牌状拿在手中；将灭火毯轻轻地覆盖在火焰上，同时切断电源或气源；灭火毯持续覆盖在着火物体上，并采取积极灭火措施直至着火物体的火焰完全熄灭；待着火物体的火焰熄灭且灭火毯冷却后，将毯子裹成一团，作为不可燃垃圾处理。灭火毯是良好的抗红外辐射材料，具有良好的热能力和红外加热效应，在火灾初期可以用毯子包裹全身，将其作为及时逃生用的防护物品。毯子本身具有防火、隔热的特性，在逃生过程中，人的身体能够得到很好的保护。

2）消防沙箱

消防沙箱是用于扑灭油类火灾和不能用水扑灭的火灾的消防工具。消防沙箱中装有比普通黄沙密度更大、透气性更小的专用消防沙。火灾发生时，可用铁锹将消防沙子覆盖在油类火源上，达到灭火目的。消防沙主要用于扑灭油类火灾，一般配置在油库、食堂厨房等不能用水扑灭火灾的特殊场所。在化学实验室的化学试剂库房、实验室等区域，常有特殊化学试剂、液体试剂等不能使用水扑灭的潜在火源，因此须配置消防沙箱。

# 第四章

# 毒性物质及危险

## 4.1 毒性物质概述

### 4.1.1 毒性物质类别与有效剂量

有毒物质是指通过接触、吸入、食用等方式进入机体，并对机体产生危害作用，引起机体功能或器质性、暂时性、永久性病理变化的物质。实验室中大多数化学药品是有毒物质，其毒性大小不一。进行实验时，应根据所使用的化学药品毒性及用量大小，对其制订严格的使用规则，以免引起中毒事故。

有毒物质有以下几种分类方法。

① 按有毒物质的化学结构可分为有机有毒物质和无机有毒物质。

② 按有毒物质的生物作用性质可分为麻醉性有毒物质、窒息性有毒物质、刺激性有毒物质、腐蚀性有毒物质、致敏性有毒物质、致癌性有毒物质等。

③ 按毒害的器官可分为神经系统有毒物质、血液系统有毒物质、肝脏系统有毒物质、呼吸系统有毒物质、消化系统有毒物质、全身性有毒物质等。有些有毒物质主要伤害一类器官，有些有毒物质则会伤害多类器官或全身各器官。

④ 按有毒物质危险程度可分为剧毒（图 4-1）、高毒、中毒、低毒、微毒等。

图 4-1　剧毒品标识

毒性一般是指外源化学物质与生命机体接触或进入生物活体体内的易感部位后，能引起直接或间接损害作用的相对能力。化学品毒性常用半数致死量 $LD_{50}$（即在动物急性毒性实验中，使受试动物半数死亡的毒物浓度）表示。根据《职业性接触毒物危害程度分级》(GBZ 230—2010)，将职业性接触毒物的危害程度分为四级，即轻度危害（Ⅳ级）、中度危害（Ⅲ级）、高度危害（Ⅱ级）、极度危害（Ⅰ级）。化学实验室工作离不开很多化学试剂，而多数化学试剂具有一定毒性，常见的Ⅰ级危害物质有黄磷和氰化物；Ⅱ级危害物质有四氯化碳、氯气、甲醛、硫化氢等；Ⅲ级危害物质有甲醇、甲苯、各种强酸、苯酚等；Ⅳ级危害物质有石油醚（溶剂汽油）、丙酮、氨等（可详见《职业性接触毒物危害程度分级及其行业举例》）。

物质的毒性不同，其对人的损害程度也各异，根据毒物对人每千克体重的致死量依次将毒物分为：剧毒（$<$0.05g）、高毒（0.05～0.5g）、中毒（0.5～5g）、低毒（5～15g）、微毒（$>$15g）。

为保证人身安全，对有毒物质特别强调以下几点：

① 有毒物质在水中的溶解度越大，其危险性也越大。因为人体内含有大量水分，所以越易溶解于水的有毒物质越易被人体吸收。

② 有些有毒物质虽不溶于水，但能溶于脂肪中，同样能通过溶解于皮肤表面的脂肪层侵入毛孔或渗入皮肤而引起中毒。

③ 有毒物质从皮肤破损的地方侵入人体，会随血液蔓延全身，加快中毒速度。因此在皮肤破损时，应停止或避免对有毒物质的作业。

④ 有毒物质通过消化道侵入人体的危险性比通过皮肤侵入的危险性更大，因此进行有毒物质作业时应严禁饮食、吸烟等。

⑤ 固体有毒物质的颗粒越小越易引起中毒，因为颗粒小容易飞扬，容易经呼吸道被吸入肺泡，进而被人体吸收，引起中毒。

⑥ 有毒物质的挥发性越大，其在空气中的质量浓度就越高，从而越容易从呼吸道侵入人体引起中毒。其中无色无味者比色浓味烈者更难以被察觉，隐蔽性更强，更易引起中毒。

### 4.1.2 毒性物质在化工行业中的分布

毒性物质在化工行业分布众多，主要列举以下几种常见毒性物质：

**（1）刺激性气体**

1）氯气（$Cl_2$）

$Cl_2$ 溶于水生成盐酸和次氯酸，会对人体产生局部刺激，主要损害上呼吸道和支气管的黏膜，可能会引起支气管痉挛、支气管炎和支气管周围炎，严重时可能会引起水肿。人吸入高浓度 $Cl_2$ 后会引起迷走神经反射性心跳停止，呈“电击样”死亡。

2）二氧化硫（$SO_2$）

$SO_2$ 被吸入人体呼吸道后，在黏膜湿润的表面上生成亚硫酸和硫酸，会产生强烈的刺激作用。吸入大量 $SO_2$ 可引起喉水肿、肺水肿、声带痉挛从而导致窒息。

3）氨（$NH_3$）

$NH_3$ 对上呼吸道有刺激和腐蚀作用，高浓度时可引起接触部位的碱性化学烧伤，组织呈溶解性坏死，并可引起呼吸道深部及肺泡损伤，发生支气管炎、肺炎和肺水肿。$NH_3$ 被吸收进入血液，可引起糖代谢紊乱及三羧酸循环障碍，降低细胞色素氧化酶系统的作用，导致全身组织缺氧。

**（2）窒息性气体**

1）一氧化碳（CO）

CO 被吸入人体后，经肺泡进入血液循环，一氧化碳与血红蛋白生成碳氧血红蛋白。碳氧血红蛋白无携氧能力，又不易离解，可能会造成全身各组织缺氧。

2）氰化氢（HCN）

HCN 可与体内氧化型细胞色素氧化酶迅速结合，与其中的 $Fe^{3+}$ 有很强的亲和力，与之牢固结合后，酶失去活性，生物氧化过程被阻碍，使组织细胞不能摄取和利用氧，造成细胞内缺氧。

3）硫化氢（$H_2S$）

$H_2S$是既有刺激性又有窒息性的气体。$H_2S$对黏膜有强烈的刺激作用，被人体吸收后可与氧化型细胞色素氧化酶作用，抑制酶的活性，造成组织缺氧，甚至引起窒息。

**(3) 金属及其化合物**

1）汞（Hg）

Hg是全身性毒物。高浓度的汞可直接引起肾小球免疫性损伤，甚至尿毒症。Hg能抑制T细胞，造成自体免疫性损害。长期吸入金属Hg蒸气，可导致心悸、多汗等植物神经功能紊乱现象。Hg还会导致卵巢激素分泌减少，可致月经紊乱和妊娠异常。

2）铅（Pb）

Pb是全身性毒物，主要影响卟啉代谢。卟啉是合成血红蛋白的主要成分，因此Pb会影响血红素的合成，导致贫血。Pb可引起血管痉挛、视网膜小动脉痉挛和高血压等。Pb还会作用于脑、肝等器官，使之发生中毒性病变。

**(4) 有机化合物**

1）苯（$C_6H_6$）

$C_6H_6$的中毒机理尚不明晰。一般认为，苯中毒是由苯的代谢产物酚引起的。酚是原浆毒物，能直接抑制造血细胞的核分裂，对骨髓中核分裂最活跃的早期活性细胞的毒性作用更明显，会使造血系统受到损害。另外$C_6H_6$有半抗原特性，可通过共价键与蛋白质分子结合，使蛋白质变性而具有抗原性，发生变态反应。

2）硝基苯（$C_6H_6NO_2$）和苯胺（$C_6H_6NH_2$）

$C_6H_6NO_2$和$C_6H_6NH_2$进入人体后，经氧化变成硝基酚和氨基酚，使血红蛋白变成高铁血红蛋白。高铁血红蛋白失去携氧能力，会引起组织缺氧。这类毒物还能导致红细胞破裂出现溶血性贫血，也可直接引起肝、肾和膀胱等脏器的损害。

3）有机氟化物

有机氟化物主要包括二氟一氯甲烷、四氟乙烯、六氟丙烯、八氟异丁烯等。有机氟化物被人体吸入后，会作用于肺部引起肺炎、肺水肿、肺间质纤维化，还能作用于心脏引起中毒性心肌炎。

## 4.2 常见物质的毒性作用

### 4.2.1 毒性物质侵入人体途径与毒理作用

有毒化学品一般经过呼吸道、消化道、皮肤接触这三种途径侵入人体。在实验室中毒事件当中，毒性物质通过呼吸道和皮肤接触侵入者居多。

**(1) 经呼吸道侵入**

呼吸道吸入是化学药品进入体内最重要的途径。即使实验室空气中有毒物质的含量较低，在实验过程中也会有一定量的有毒物质，如各种气体、溶剂的蒸气、烟雾和粉尘等不可避免地经由呼吸道进入肺部，被肺泡表面吸收，随血液循环布散全身，引起中毒。

对于经呼吸道吸入有毒物质的中毒者，首先应保持中毒者呼吸道畅通，并立即将其转移至室外，解开衣领和裤带，使其呼吸新鲜空气并注意身体保暖；对休克者应施以人工呼吸，但不要用口对口法，并立即送医院急救。

#### (2) 经皮肤接触侵入

经表皮进入人体内的有毒物质需要越过三道屏障。第一道屏障是皮肤的角质层。第二道屏障是位于表皮角质层下面的连接角质层，其表皮细胞富含固醇磷脂，能阻止水溶性物质但不能阻止脂溶性物质通过。这是高沸点化合物，如苯胺类、硝基苯等入侵的主要途径。第三道屏障是表皮与真皮连接处的基膜。脂溶性毒物经表皮吸收后，还要有水溶性，才能进一步扩散和吸收。所以，水、脂均溶的有毒物质（如苯胺）易被皮肤吸收。具脂溶性而水溶性较差的苯，经皮肤吸收的量较少。毒性物质经皮肤进入毛囊后可以绕过表皮障碍直接透过皮脂腺细胞和毛囊壁进入真皮，再从下面向表皮扩散，但这个途径吸收量较表皮吸收量小。电解质和某些重金属，特别是汞，与人体紧密接触后可经此途径被吸收。操作中如果皮肤上沾染该溶剂，可促使毒物贴附于表皮并经毛囊被吸收从而引起皮炎。

对于经皮肤接触侵入的中毒者，首先应迅速脱去其污染的衣服、鞋袜等，用大量流动清水冲洗 15～30min，也可用温水，但禁止用热水；头面部受污染时，要注意眼睛的冲洗。

#### (3) 经消化道侵入

许多有毒物质可以通过口腔进入人体消化系统被人体吸收。人体胃肠道的酸碱度是影响有毒物质吸收的主要因素。酸性的胃液可以减少弱碱性有毒物质的吸收，同时，将增加弱酸性有毒物质的吸收。

肠道吸收最重要的影响因素是肠内碱性环境和较大的吸收面积，弱碱性物质在胃内不易被吸收，到达小肠后转化为非电离物质可被吸收。小肠内的各种酶，可使已与有毒物质结合的蛋白质或脂肪分解，从而释放出游离毒素促进其吸收。在小肠内，物质可以经过细胞膜直接渗入细胞，这种吸收方式容易吸收大分子有毒物质。

对于经消化道侵入的中毒者，在中毒者神志清醒且合作的前提下应立即催吐。但此方法和洗胃禁用于吞强酸、强碱等腐蚀品及汽油、煤油等有机溶剂者。因为误服强酸强碱，催吐后反而使食管、咽喉再次受到损伤。此外，导泻也是常规的治疗方法。

### 4.2.2 职业中毒的临床表现

#### (1) 呼吸系统

1) 窒息

窒息是指呼吸困难、口唇青紫，直至呼吸停止。窒息一般由呼吸道机械性阻塞导致，如氨、氯、二氧化硫等急性中毒时引起喉痉挛和声门水肿。窒息也可由呼吸抑制造成，如硫化氢等高浓度刺激性气体可引起迅速反射性呼吸抑制；麻醉性有毒物质及有机磷等可直接抑制呼吸中枢。单纯窒息性气体，如甲烷等，通过稀释空气中的氧造成窒息。化学窒息性气体如一氧化碳、苯胺等，通过形成高铁血红蛋白而影响红细胞的携氧功能造成窒息。

2) 呼吸道炎症

呼吸道炎症是指鼻腔、咽喉、气管、支气管、肺部的炎症。水溶性较大的刺激性气体，如氨气、氯气、二氧化硫等，对局部黏膜产生强烈的刺激，可引起充血或水肿。吸入镉、锰、铍等的烟尘可引起化学性肺炎。

3）肺水肿

肺水肿是指肺间质或肺泡液渗出，从而导致肺组织积液、水肿。肺水肿常因吸入大量水溶性刺激性气体或蒸气导致。例如，吸入氯气、氨气、光气、氮氧化物、硫酸二甲酯、臭氧、溴甲烷等。

**（2）神经系统**

1）中毒性脑病

中毒性脑病是指由中毒引起的脑部严重的器质性或机能性病变。中毒性脑病主要症状为头晕、头痛、恶心、乏力、嗜睡、呕吐、视力模糊、不同程度的意识障碍、幻觉昏迷等。有的患者有癔病样发作或类精神分裂症、抑郁症、躁狂症等。还有的患者表现为自主神经系统失调，如脉搏减慢、血压和体温降低、多汗等。所谓“亲神经性有毒物质”是引起中毒性脑病的罪魁祸首。常见的有有机汞、有机磷、磷化氢、汽油、二硫化碳、苯、溴甲烷、环氧乙烷、三氯乙烯、甲醇等。

2）周围神经炎

周围神经炎是周围神经系统发生结构变化与功能障碍的疾病。铊、二硫化碳、三氧化二砷中毒均可出现周围神经炎。

## 4.2.3 急性中毒的现场抢救

有毒物质往往通过呼吸吸入、皮肤渗入、误食等方式导致人员中毒。如果实验室通风条件不佳，人员使用有毒试剂或者在进行产生有毒气体的化学反应时，极易通过呼吸吸入有毒气体导致中毒。实验中用手直接接触化学试剂和剧毒品，或者试剂不慎洒在皮肤上，都可能通过皮肤渗入的方式造成人员化学中毒。在实验室中人员如果违规食用食品，用口操作移液管，或者试剂不慎溅入口中等均会造成化学试剂误食中毒。当进行含有或者产生有毒化学物质的实验时，若出现咽喉灼痛、嘴唇脱色或发绀、胃部痉挛或恶心呕吐、心悸头晕等症状时，可以考虑是化学品中毒。要根据化学药品的毒性特点、中毒情况（包括吞食、吸入或沾到皮肤等）、中毒程度和发生时间等有关情况采取相应急救措施，根据情况送医院就诊。

**（1）吸入有毒气体的应急处理**

应先将中毒者转移到有新鲜空气的地方，解开其衣领和纽扣让患者进行深呼吸（必要时可进行人工呼吸），必要时吸氧。待中毒者呼吸好转后，立即送医院治疗。注意：硫化氢、氯气和溴中毒不可进行人工呼吸，一氧化碳中毒不可使用兴奋剂。表 4-1 为常见化学品解毒急救方法。

**表 4-1 常见化学品解毒急救方法**

| 化学品 | 急救方法 |
|---|---|
| 氯、溴、氯化氢蒸气 | 吸入稀氨水与乙醇或乙醚的混合蒸气 |
| 砷化氢、磷化氢 | 呼吸新鲜氧气 |
| 一氧化碳、氢氰酸 | 吸氧，实行人工呼吸 |
| 氨、苛性碱 | 吸入水蒸气或服 1% 乙酸溶液，同时吞服小冰块 |
| 氰化钾、砷盐 | 服用氧化镁与硫酸亚铁溶液强烈搅动生成的新鲜氢氧化铁悬浮液 |

**(2) 皮肤沾染毒物的应急处理**

应立即脱去被污染的衣服，并用大量水冲洗皮肤（禁用热水，冲洗时间不得少于15min），再用消毒剂洗涤伤处，最后涂敷能中和毒物的液体或保护性软膏。注意：若沾染毒物的地方有伤痕，须迅速清除毒物，并请医生进行治疗，有些有害物质能与水作用（如浓硫酸或一些金属遇水会放热），应先用干布或其他能吸收液体的干性材料擦去大部分污染物后，再用清水冲洗患处或涂抹必要的药物。

**(3) 眼睛接触毒物的应急处理**

立即提起眼睑，使毒物随泪水流出，并用大量流动清水（可使用洗眼器）彻底冲洗。冲洗时，要边冲洗边转动眼球，使结膜内的化学物质被彻底洗出，冲洗时间一般不得少于30min。若没有冲洗设备或无他人协助冲洗时，可将头浸入脸盆或水桶中，浸泡十几分钟，可达到冲洗目的。注意：①一些毒物会与水发生反应，如生石灰、电石等，若眼睛沾染此类物质应先用沾有植物油的棉签或干毛巾擦去毒物，再用水冲洗；②冲洗时忌用热水，以免促进毒物吸收；③切记不可使用化学解毒剂处理眼睛。

**(4) 误食化学品的应急处理**

误食化学品的危险性最大。患者因吞食药品中毒而发生痉挛或昏迷时，非专业医务人员不可随便进行处理。除此以外的其他情形，可采取下述方法处理。注意：在进行应急处理的同时，要立刻找医生治疗，并告知其引起中毒的化学药品的种类、数量、中毒情况以及发生时间等有关情况。

① 化学药品溅入口中而未咽下者应立即吐出，并用大量清水冲洗口腔。

② 误吞化学品。误吞化学品主要有三种处理方式：第一，为了降低胃液中化学品的浓度，延缓毒物被人体吸收的速度并保护胃黏膜，可饮食新鲜牛奶、生蛋清、面粉、淀粉、马铃薯泥的悬浮液以及水等，也可用500mL的蒸馏水加入5g活性炭，服用前再加400mL蒸馏水，把它充分摇动润湿，然后给患者分多次少量吞服；第二，催吐，先用手指、筷子或匙柄摩擦患者的喉头或舌根，使其呕吐，若用上述方法还不能催吐时，可在半杯水中，加入15mL吐根糖浆（催吐剂之一），或在80mL热水中溶解一茶匙食盐饮服催吐，或者取5～10mL 5%的稀硫酸铜溶液加入到一杯温水中，内服后用手指伸入咽喉部，促其呕吐，催吐后都应火速送医治疗；第三，吞服万能解毒剂（2份活性炭、1份氧化镁和1份丹宁酸的混合物），用时可取2～3茶匙此药剂，加入到一杯水中，调成糊状物吞服。表4-2列举了误食某些化学品的应急处理方法。

**表4-2 误食某些化学品的应急处理方法**

| 化学品 | 应急处理方法 |
|---|---|
| 强酸 | 吞入酸者，先饮大量水，再服氢氧化铝膏或2.5%氧化镁液（不可使用碳酸钠或碳酸氢钠溶液作中和剂，因为酸会与之反应产生大量二氧化碳气体，使中毒者产生严重不适），然后吞入蛋清，喝点鲜牛奶，不要服催吐剂 |
| 强碱 | 吞入碱者，先饮大量水，再服醋、酸性果汁（橙汁、柠檬汁等），然后吞入蛋清，喝点鲜牛奶，不要服催吐剂 |
| 汞和汞盐 | 用饱和$NaHCO_3$溶液洗胃或立即饮浓茶、牛奶，吃生鸡蛋清和麻油，立即送医救治 |
| 铅及铅的化合物 | 用硫酸钠或硫酸镁灌肠，送医治疗 |
| 酚类化合物 | 立即给患者饮自来水、牛奶或吞食活性炭以减小毒物被吸收的程度，然后反复洗胃或进行催吐，再口服60mL蓖麻油和硫酸钠溶液（将30g硫酸钠溶于200mL水中），注意千万不可服用矿物油或用乙醇洗胃 |
| 乙醛、丙酮、苯胺 | 可采用洗胃或服用催吐剂的方法除去胃中的药物，随后服用泻药，若呼吸困难，应给患者输氧，丙酮一般不会引起严重的中毒 |

续表

| 化学品 | 应急处理方法 |
|---|---|
| 氯代烃 | 吞食氯代烃后，应用自来水洗胃，然后饮服硫酸钠溶液(将 30g 硫酸钠溶于 200mL 水中)，千万不要喝咖啡之类的兴奋剂 |
| 甲醛 | 吞食甲醛后，应立即服用大量牛奶，再用洗胃或催吐等方法进行处理，待吞食的甲醛排出体外再服用泻药，如果条件允许，可服用 1%的碳酸水溶液 |
| 二硫化碳 | 吞食二硫化碳后，首先应洗胃或用催吐剂进行催吐，让患者躺下，并加以保暖，保持通风良好 |
| 重金属盐 | 喝一杯含有几克硫酸镁的水溶液，立即就医，不要服催吐药，以免引起危险或使病情复杂化 |

### 4.2.4 防治职业中毒的技术措施

剧毒化学品常具有剧烈的毒害性，少量进入机体即可造成中毒或死亡，相当多的剧毒化学品具有隐蔽性，即多为白色粉状、块状固体或无色液体，易与食盐、糖、面粉等混淆，不易识别。许多剧毒化学品还具有易燃、爆炸、腐蚀等特性，如液氯、四氧化锇、三氟化硼等。

剧毒化学品的管理（购买、领取、使用、保管等）要根据国务院办公厅、公安部和各地方的相关法规标准严格执行，如国务院自 2011 年 2 月 16 起施行的《危险化学品安全管理条例》，公安部自 2005 年 8 月 1 日起施行的《剧毒化学品购买和公路运输许可证件管理办法》和北京市质量技术监督局自 2008 年 4 月 28 日起施行的《剧毒化学品库安全防范技术要求》等。剧毒化学品管理的重点要求是要设专用库房和防盗保险柜，以及双人领取验收、双人使用、双人保管、双锁、双账的“五双”原则等。各基层单位再根据这些要求结合本单位实际情况制订具体管理制度。具体技术措施包括：

① 以无毒、低毒的化学品或工艺代替有毒、剧毒的化学品或工艺。这是从根本上解决防毒问题的最好方法。如苯有“三致”作用，尽可能用毒性较低的化学品（如环已烷等）来代替；汞的毒性大，就采用无汞仪表代替含汞仪表，等等。

② 设备密闭化、管道化、机械化，防止实验中“冲、溢、跑、冒”事故。

③ 隔离操作和仪表自动控制可以起到隔离作用，防止人和有毒物质直接接触。

④ 要通风排毒和净化回收。通风排毒有局部排风、局部送风和全面通风换气三种方式，可以将操作现场的毒气及时排走或稀释到卫生标准规定的范围内。净化回收就是要将有毒废液回收到专门的容器内再作无害化处理，使之达到排放标准。

⑤ 注意消除二次染毒源。

⑥ 加强个人防护。个人防护是辅助，但也是非常必要的。主要措施有：防护服装、防毒面具、氧气呼吸器、防护眼镜等。

⑦ 定期检查毒性物质在空气中的浓度。

⑧ 建立卫生保健和卫生监督制度。

# 第五章

# 化学实验室安全与防护

## 5.1 实验室用水、用电安全

实验室的照明、仪器的正常运转都离不开电力。短路或突然停电会破坏部分仪器，同时也影响科研的可持续性，损失不可估量。因此，安全用电是高校实验室安全的重要组成部分，也是避免实验室火灾事故的关键。

实验室用水安全主要体现在夜间无人看管实验的过程中，用水系统会因管道老化或者阀门脱落引发漏水。学生进入实验室第一件事就是了解实验室电源开关、水管设备、水阀等水电设备具体位置，实验楼自来水各级阀门的位置也需要了解。每次实验结束应及时清理水槽内部垃圾，防止管道堵塞。此外，要定期检查水槽及实验室台面内部水槽，防止堵塞，造成安全隐患。

### 5.1.1 实验室用水安全

实验室用水分为自来水、纯水及超纯水三类。进入实验室前，要加强用水安全教育。实验室管理人员应保证实验室用水设备、设施处于安全状态。日常实验室用水安全应注意以下几点：

① 节约用水，按需求量取水，停水后，检查水龙头是否拧紧。水龙头或水管漏水等情况都有可能导致实验室设备损坏。当水龙头或水管漏水、下水道堵塞时，应及时联系修理、疏通。目前实验室自来水系统多是暗管，实验台的水管道嵌入实验台内部，系统组件故障（阀门或排水管泄漏）导致的漏水不易被及时发现，因此需要实验室工作人员经常检查，以防万一，如有泄漏，应及时关闭总水阀，并与维修人员联系。

② 水槽和排水渠道必须保持畅通。实验室水槽、实验室台面内部水槽（图 5-1）易存留废物，如滤纸条、毛细玻璃管、棉絮等，堵塞管道，存在安全隐患，每次实验结束需要及时清理。

③ 试剂用水质量关系到实验结果的准确度，是保证实验结果正确的基础。实验室试剂

图 5-1　实验室台面内部水槽

用水不可长时间贮存；盛放水的容器要防止受到化学或者微生物污染；要根据实验所需水的质量要求选择不同种类的水。洗刷玻璃器皿应先使用自来水最后用纯水冲洗；色谱仪、质谱仪及生物实验（包括缓冲液的配制、色谱及质谱流动相的配制等）应选用超纯水。超纯水和纯水都不要长时间存储，随用随取。若长期不取用超纯水或纯水，在重新启用纯水机之前，要打开取水开关，使超纯水或纯水流出几分钟后再接用。

④ 杜绝自来水龙头打开而无人在场的现象。要定期检查冷却水装置连接胶管接口和老化情况，及时更换，以防漏水。在无人状态下用水时，要做好预防措施及停水、漏水的应急准备。

## 5.1.2　实验室用电安全

在现代生活、工作的各个领域，用电规模越来越大，各种用电设备越来越多。电能由于具有便于输送、容易控制、对环境没有污染等特点，已经成为使用最广泛的动力能源。但是，电在造福于人类的同时，也存在着潜在的危险。如果缺乏用电安全知识和技能，违反用电安全规律，就会发生人体触电或电气火灾事故，导致人身伤亡或设备损坏，造成重大损失。所以，必须重视用电安全。

**(1) 总用电安全**

化工实验楼用电总控制室应由专人负责，各实验室用电控制箱由指定的实验室指导教师或实验技术人员负责，严格控制，规范管理，学生不得擅自开闭电闸（出现事故或事故隐患时除外）。实验结束和下班前，要清理好现场，切断电源、气源、水源，消除火种，关好门窗。假期要安排专人定期检查实验室的安全。

带有低压负荷的室内配电场所被称为配电室，主要为低压用户配送电能，设有中压进线(可有少量出线)、配电变压器和低压配电装置。10kV 及以下电压配电场所，分为中压配电室和低压配电室。中压配电室一般指 6～10kV 配电装置所在场所，低压配电室一般指经变压器降压后的 400V 或更低电压的配电场所。配电室安全管理有以下注意事项：

① 保持良好的室内照明和通风，室内温度控制在 25℃左右。确认仪器设备状态完好后，方可接通电源。

② 实验室电路容量、插座等应满足仪器设备的功率需求，大功率的用电设备需单独供

电。用电设施应有良好的散热环境，远离热源和可燃物品，确保用电设备接地、接零良好。实验前先检查用电设备开关，再接通电源；实验结束后，先关仪器设备，再关闭电源。填写实验记录本后请代课教师签字确认后方可关门。

③ 不得擅自拆、改电气线路、修理电气设备；不得乱拉、乱接电线；不准使用闸刀开关木质配电板和花线等。使用电气设备时，应保持手部干燥。

④ 长时间不间断使用的电气设施，须采取必要的预防措施。高电压、大电流的危险区域，应设立警示标识，防止人员擅自进入。存放易燃易爆化学品的场所，应避免产生电火花或静电。发生电气火灾时，首先要切断电源，尽快拉闸断电后再用水或灭火器灭火。在无法断电的情况下应使用干粉、二氧化碳等不导电灭火剂来扑灭火焰。

⑤ 在使用实验室台面上的插座、墙面开关时，首先检查是否有外壳掉落、金属芯露出等破损，如有损坏及时报告管理人员，做好标记，方便维修。开关电器（电闸）的熔断器（保险丝）发生断路或者其他故障，要找专业电工查明原因，进行修理和维护。非专业电工不得修理各种开关电器，不得用其他金属丝代替熔断器（保险丝）。

**（2）实验室电气设备安全**

在实验室使用电气设备时，应注意识别高压电标识（图 5-2），禁止触碰高压电。

图 5-2 高压电标识

在实验过程中，若电线或者电气设备发生过热现象或出现焦煳味时，应立即关闭电源。通电状态下，双手不应同时触及电器，防止触电时电流经过心脏。当手、脚或者身体沾湿或站在潮湿的地板上时，切勿开启电源开关、触摸通电的电气设施。如需要移动电气设备，必须先切断电源，切不可带电操作。裸露或者破损后自行修补的电线均有危险，应返厂检修或弃用。学校有厂家固定维修人员，应随时联系，随时维修。如果已经没有维修价值，报废后再统一处理。此外，部分实验室内有氢气等易燃易爆气体，应避免产生电火花。电器工作、电器接触点接触不良及开关电闸时均易产生电火花，须特别小心，相关实验室应严禁明火。

当发生电气火灾时，应立即切断电源并用灭火毯把火扑灭，但电视机、电脑着火应用毛毯、棉被等物品扑灭火焰。当无法切断电源时，应用不导电的灭火剂灭火，并迅速拨打 119 报警电话，不要用水或泡沫灭火剂。

对于不同的用电设备，其安全使用也提出了不同的要求。

1）电热设备

电炉、电烤箱、干燥箱（烘箱）等都是用来加热的设备，加热用的电阻丝是螺旋形的镍铬合金或其他加热材料，温度可达 800℃以上，使用时必须注意安全，否则易发生火灾。使用时应注意以下几点：

① 电热设备应放置在通风良好的专用房间内，房间内不应有易燃物品、易爆气体、大量粉尘和其他杂物。

② 因电热设备的功率一般都比较大，所以最好有专用线路和插座。若将它接在截面积过小的导线上或使用老化的导线，容易发生危险。

③ 电热设备在使用过程中不可长时间无人看管，要有人值守、巡视，还要经常检查电热设备的使用情况，如控温器件是否正常，隔热材料是否破损，电源线是否过热、老化等。

④ 若更换新电阻丝一定要与原来的功率一致。

⑤ 不要在电热设备温度范围的最高限值长时间使用。

⑥ 不可将未预热的器皿直接放入高温电炉内。

⑦ 电热烘箱一般是用来烘干玻璃仪器和在加热过程中不分解、无腐蚀性的试剂或样品。挥发性易燃物或刚用乙醇、丙酮淋洗过的样品、仪器等不可放入烘箱加热，以免发生着火或爆炸。

⑧ 烘箱门关好即可，不可上锁。

总之，电热设备的使用一定要严格遵守操作规程和制度。

2）电冰箱

电冰箱在实验室的使用越来越广泛，违规使用也会导致实验室事故。在使用过程中应注意以下几点。

① 保存化学试剂的冰箱应安装内部电器保护装置和防爆装置，最好使用防爆冰箱。

② 冰箱内保存的化学试剂，应有永久性标签并注明试剂名称、物主、日期等。化学试剂应放在气密性好的玻璃容器内。

③ 剧毒、易挥发或易爆化学品不得存放在冰箱里。

④ 不得将食物放在保存化学试剂的冰箱里。

⑤ 冰箱应定期清理药品，擦洗冰箱。

3）不断电设备

对于 24h 不断电设备，有以下管理规范：

① 24h 不断电设备应放置在通风良好处，周围不得有热源、易燃易爆品和气瓶等，须保证一定的散热空间，并且处于安全操作环境中。

② 需要 24h 不间断供电的仪器设备（如冰箱等）必须由单独的供电系统供电，且必须每日检查通电线路是否完好，是否有发烫现象或塑料焦烟味等出现。实验室配电箱见图 5-3。

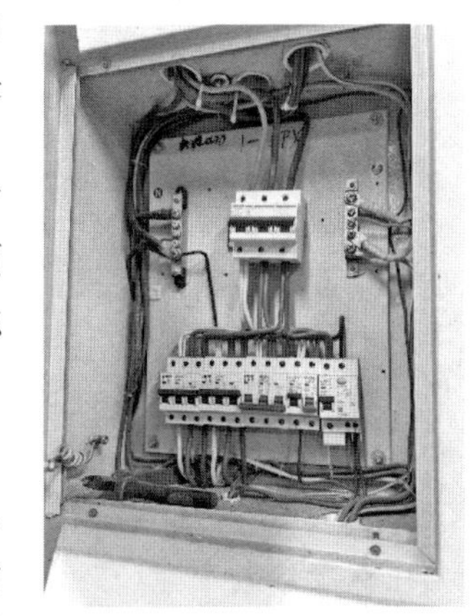

图 5-3 实验室配电箱

③ 不得在实验室内随意增加 24h 不间断供电设备。若有需要增加的情况，必须先经过评估后方可操作。管理人员必须定期对 24h 不断电设备进行电气检查，确保无异常发热、接触不良等现象。

4）其他用电注意事项

① 使用新的仪器设备要先熟悉仪器设备的各项性能指标，性能指标包括主要额定参数，如额定电压、额定电流、额定功率等，相关数据在仪器铭牌处均有注明。仪器设备的额定电压应和电气线路的额定电压相符，工作电流也不能超过额定电流，否则绝缘材料易过热而发生危险。

② 使用仪器设备前，要先看说明书，清楚使用方法及注意事项，才能使用电器（尤其是电热板、烘箱、熔炉及电动机等发热的电器）。电器的绝缘部分会因为陈旧而失效，在实验室使用时可能会导致危险，所以应该经常检查该类电器绝缘部分的性能。

③ 电气装置不能裸露，若有漏电应及时修理。

④ 各种电器应绝缘良好，并接地线。

⑤ 仪器设备使用完后，要关闭开关，拔掉电源插头。

⑥ 实验过程中，如果有电线或设备出现异味或发出异常响动时，应当立即停止实验，

仔细检查相关设施，找出原因，排除隐患，必要时要及时切断电源，并立即通知安全人员进行检查。

⑦ 在发现冒烟、起火等异常情况时，要先切断所有电源，再用灭火器扑灭火焰。如果不能及时扑灭火焰，应立即向相关部门求助。

#### (3) 用电环境安全

无论是电气线路的铺设或是电气设备的使用，都需要一个安全、良好的用电环境，否则，在危险环境中用电，极易发生电气火灾事故。安全用电环境的基本要求如下：

① 实验室内环境的温度、湿度要合适。一般来讲，室内温度不能超过35℃，如果室内过于炎热，电气设备由于散热较差容易烧毁。室内空气相对湿度不要超过75%，空气太潮湿，容易导致短路事故。

② 实验室内的易燃、易爆品（特别是挥发性大的）不要超量存放。如果大量存放易燃、易爆品，这些物质的蒸气浓度超过爆炸极限时，遇电火花会引起爆炸、着火。

③ 实验室内的导电粉尘（如金属粉末等）浓度不能过高。如果导电粉尘浓度过高进入到仪器设备内部，容易引起短路事故。

④ 实验室要有良好的通风、散热条件。

#### (4) 用电事故与处理

由于化学实验室自身的特性，以及用电设备在化学实验室分布的广泛性，电气事故在化学实验室较为常见。电气事故指由于电气设备故障直接或间接造成设备损坏、人员伤亡、环境污染等后果的事件，包括触电和电气灾害两大类，以下介绍两种事故与处理应对方式。

1） 触电

触电是指人体因接触带电部位受到生理伤害的事件，这是最直接的电气事故，也常常是致命的。按接触带电部位的不同，触电可分为直接触电和间接触电两类。

① 直接触电

因接触到正常工作时带电的导体而发生的触电称为直接触电。如电工在检修配电盘时不小心触及带电的相线，或在插拔电源插头时接触到带电的插头金属片等，都属于直接触电。直接触电多为单相触电，即人体的一个部位接触到地面或其他接地导体的同时，另一部位触及某一相带电体所引起的电击，此时人体所承受的电压为相电压。直接触电也有少部分为两相触电，即人体的两个部位同时触及两相带电体所引起的电击，此时人体所承受的电压为线电压。

在直接触电中，70%以上为单相触电，所以安全工作中应将防止单相触电作为重点；但由于两相触电中人体所承受的电压高于单相触电，所以两相触电具有更大的危险性。

② 间接触电

正常工作时不带电的部位，因某种原因（主要是故障）带上危险电压后被人触碰而产生的电击，称为间接触电，包括跨步电压触电和接触电压触电。

电气线路或设备发生接地故障时，在接地电流入地点周围电位分布区（20m）行走的人，其两脚之间（0.8m）的电位差为跨步电压，由跨步电压引起的触电称为跨步电压触电。一旦误入跨步电压区，宜采取单脚跳或双脚并拢跳跃法行走，快速跳出跨步电压区域，行进时应避免在两脚之间形成跨步电压。接触电压触电是指人站在发生接地短路故障的设备旁，与带电设备外壳接触时发生的触电。

触电的危险程度视通过人体的电流的大小和电击时间的长短而定，但也与当时的电路情况有关，还因触电者体质、年龄、性别的不同而异。实验室电气设备很多，不仅常用 220V 的低电压，还有几千甚至上万伏的高电压，不同电压的直流电会造成不同程度的损害，如引发爆炸、火灾等，若流经人体，也会产生不同感觉。人体对不同电流的感觉见表 5-1。

**表 5-1 人体对不同电流的感觉**

| 直流电流/mA | 人体感觉 |
|---|---|
| 1～10 | 有发麻或者针刺的触电感觉 |
| 10～25 | 人体肌肉强烈收缩 |
| 25～100 | 呼吸困难，甚至停止呼吸，有生命危险 |
| >100 | 心室纤颤，可能会导致死亡 |

一般交流电比直流电危险，触电后果的关键在于国际上没有统一规定安全电压数值。电气设备的安全电压超过 24V 时，必须采取其他能防止直接接触带电体的保护措施。预防触电的可靠方法之一就是采用保护性接地，这样即使电气设备漏电，电压也在安全电压（24V）之内。发生触电的原因主要包括以下几点：

a. 用电设备质量和安装质量不好；

b. 用电制度不健全或有章不循；

c. 没有采取触电保护措施或措施不力；

d. 缺乏必要的安全用电知识。

当实验室发生触电情况时，首先要使触电者迅速脱离电源，越快越好，触电者未脱离电源前，救护人员不准用手直接触及伤员。使伤者脱离电源的方法如下：

a. 切断实验室电源开关；

b. 若电源开关较远，可用干燥的木杆竹竿等挑开触电者身上的电线或带电设备；

c. 用几层干燥的衣服将手包住或者站在干燥的木板上，拉触电者的衣服，使其脱离电源。

当触电者脱离电源后，应判断其神志是否清醒。神志清醒者，应使其就地躺平，严密观察，触电者暂时不要站立或走动；如神志不清，应使其就地仰面躺平，且确保其气道通畅，并以 5 秒时间间隔呼叫伤员或轻拍其肩膀，以判定伤员是否意识丧失，禁止摇动伤员头部呼叫伤员，对伤员进行抢救的人员应立即就地坚持用人工肺复苏法正确抢救，并设法联系校医务室接替救治。

2）电气灾害

电气灾害的火源主要有两种：一种是电火花与电弧，另一种是电气设备过热。

① 电火花与电弧

电火花是电极间击穿放电时产生的强烈流柱，大量电火花汇集成电弧，属危险因素。电火花大体分为以下两类。

工作电火花：电气设备正常工作时或正常操作过程中产生的火花，如交、直流电动机电刷滑动接触的小火花，开关或接触器开合时的火花等。

事故火花：指线路或设备发生故障时出现的火花。如发生短路或接地时的火花、绝缘损坏及导电体松脱时的火花、保险丝熔断时的火花、过压放电火花、静电火花、感应电火花及修理工作中错误操作引起的火花等。

② 电气设备过热

发生短路时，电路中的电流增加到正常时的几倍甚至几十倍。此时产生的热量与电流的平方成正比，这使得温度急剧上升，大大超过允许范围，达到自燃物的自燃点或可燃物的燃点时会引起燃烧，导致火灾。容易发生短路的情况如：电气设备绝缘老化变质或受机械损伤在高温、潮湿或腐蚀的作用下使绝缘损坏；安装和检修工作中接线和操作错误；由于管理不严或维修不及时，有污物聚积、小动物钻入等。过载也会引起电气设备发热，造成过载的原因大体有如下几种情况：设计选用的线路或设备不合理，以致在额定负载下出现过热现象；使用不合理，如超载运行、连续使用时间超过线路或设备的设计值，造成过载。

当实验室出现电气火灾时，应冷静、积极应对。处理方式包括以下几个方面：

a. 发现电子装置、电气设备、电缆等冒烟起火，要尽快切断电源（拉下电闸、拔出电源插头），以免事态扩大。

b. 及时通过电话向火警 119 和学校保卫处值班室报警。

c. 迅速使用沙土、二氧化碳或四氯化碳等不导电灭火介质灭火，忌用泡沫或水进行灭火。灭火时不可令身体或灭火工具触及导线和电气设备。

## 5.2 实验室化学试剂的安全防护

联合国环境规划署《关于化学品国际贸易资料交流的伦敦准则》中，化学品是指化学物质，无论是物质本身、混合物或是配制物的一部分，是制造的或从自然界取来的，还包括作为工业化学品和农药使用的物质。在《化学品危险性评价通则》（GB/T 22225—2008）中化学品的定义为：化学品是指各种化学元素、由元素组成的化合物及其混合物。

按照上述定义，可以说人类生存的地球和大气层中所有有形物质包括固体、液体和气体等都是化学品。目前全世界已有的化学品多达 700 万种，其中已作为商品上市的有 10 万余种，经常使用的有 7 万多种，现在每年全世界新出现的化学品有 1000 多种。

化学品产业经过几十年的发展，给人们的生活及相关产业带来了巨大的变化，极大地改善了现代人的生活质量，加速了社会发展的进程。然而，由于化学品自身的特性，化学品的生产具有诸多危险性。随着化学品数量和种类的不断增加，化学品使用、储运、管理不当造成的灾害日益严重。化学品主要具有以下危险性：爆炸性，燃烧性，氧化性，毒性刺激性、麻醉性、致敏性、窒息性、致癌性，腐蚀性，放射性，高压气体的危险性。

其中，化学品进入人体的途径有：① 肺部吸收，如吸入烟、雾、灰尘；② 皮肤接触，如液体或粉料接触或溅到皮肤上或眼睛里；③ 经口进入，如接触化学品后吃东西，从而使化学品进入人体；④ 意外吞入，如直接吃进化学品。

使用化学品必须遵守的基本规则：清楚化学品的性质，并且知道如何保护自己和他人。化学品相关信息包括：安全标志、运输标签、化学品安全技术说明书等。

**(1) 安全地使用化学品**

① 知道化学品的危害和如何保护自己；

② 仅用于批准的用途；

③ 储存适当；

④ 使用正确的个人防护用品；

⑤ 不在使用化学品的区域饮食；

⑥ 接触化学品后立即清洗。

**(2) 保护自己——个人防护用品正确使用**

① 使用个人防护用品来防护自己免受化学品危害；

② 针对不同的化学品使用相对应的个人防护用品；

③ 在使用前检查个人防护用品，确保无损坏；

④ 如果化学品在使用过程中有飞溅的危险，则使用面罩或防护镜进行防护；

⑤ 使用适当的呼吸器防护灰尘、烟雾等；

⑥ 在使用化学品时正确使用手套；

⑦ 使用后正确地清洁和储存个人防护用品。

**(3) 安全地处置化学品**

① 每种化学品和容器都必须合适地处置；

② 在彻底洗干净前，确认容器是不是真的空了；

③ 根据环保法规要求处理使用过的容器；

④ 依照相关法规处理过期的化学品；

⑤ 不要把未处理的化学品直接倒入水池、地表、雨水沟等地方；

⑥ 安全地储存化学品；

⑦ 将混合后可以发生反应的不同的化学品分开储存；

⑧ 将易燃物的数量减少到最低；

⑨ 将易燃液体储存在专用储存柜中；

⑩ 将酸碱单独储存在专用柜中，将有毒化学品单独储存在保险柜中；

⑪ 不要将食物储存在盛放化学品的冰箱中。

## 5.2.1　化学试剂的分类及存贮

化学试剂（图 5-4）是进行化学研究、成分分析的相对标准物质，是化学实验课程重要的消耗性物资，广泛用于物质的合成、分离、定性和定量分析。试剂的有效日期是影响实验结果准确性的重要因素。在实际使用过程中，人们总是习惯于用生产日期来判断化学试剂的有效性，其实不然，化学试剂不像食品和药品有严格的保质期，化学试剂还没有一个保质期的具体要求和界限，这与化学试剂的保质期受多方面因素影响有关，但主要是因其性质和应用而变化的。因此化学试剂要在妥善保存之下，再结合工作的实际情况判断试剂是否出现变质、能否继续使用或是否可以通过采取适当措施提纯使用。根据试剂的化学组成或用途，化学试剂可分为以下几类，见表 5-2。

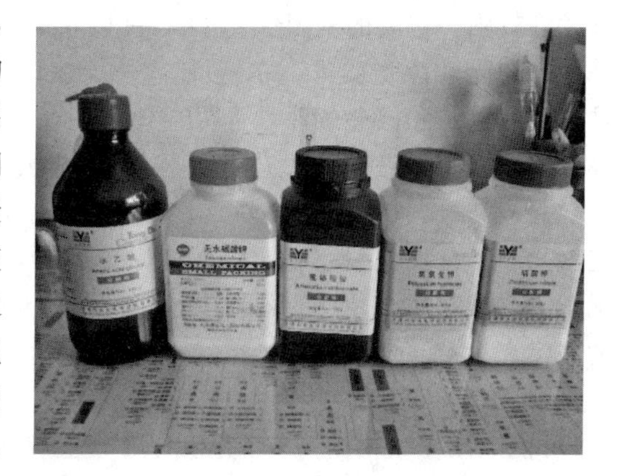

图 5-4　化学试剂

表 5-2 化学试剂分类

| 名称 | 说明 |
|---|---|
| 有机试剂 | 有机化学品。可细分为烃、醇、醚、醛、酮、酸、酯、胺等 |
| 基准试剂 | 我国将滴定分析用标准试剂称为基准试剂。pH 基准试剂用于 pH 计的校准(定位)。基准试剂是化学试剂中的标准物质,其主成分含量高,化学组成恒定 |
| 特效试剂 | 在无机分析中用于测定、分离被测组分的专用的有机试剂。如沉淀剂、显色剂、螯合剂、萃取剂等 |
| 仪器分析试剂 | 用于仪器分析的试剂,如色谱试剂和制剂、核磁共振分析试剂等 |
| 生化试剂 | 用于生命科学研究的试剂 |
| 高纯试剂 | 用于某些特殊需要的材料,如半导体和集成电路用的化学品、单晶和痕量分析用试剂,其纯度一般在 4 个 9(99.99%)以上,杂质含量在 0.01%以下 |
| 标准物质 | 用于分析或校准仪器的有定值的化学标准品 |

化学品储藏应统一规划，由于很多化学试剂属于易燃易爆、有毒或腐蚀性物品，所以不能购置过多。储藏室仅用于存放少量近期要用的化学药品，且要符合化学品存放的安全要求，要具有通风良好、防明火、防潮湿、防高温、防日光直射、防雷电的功能。

储藏室门窗应坚固，窗应为高窗，门窗应设遮阳板，门应朝外开。易燃液体储藏室室温一般不允许超过 28℃，爆炸品储藏室室温不允许超过 30℃。少量危险品可用铁板柜分类隔离储存。储藏室内应设排气降温风扇，采用防爆型照明灯具和开关。储藏室内外都应设有明显的禁烟禁火标志，并按规定配足消防器材。

## 5.2.2 化学试剂的有效期和存贮条件

化学试剂都没有注明保质期，确定试剂是否变质主要是凭经验和做新旧试剂对比实验。要了解化学试剂的理化性质，化学试剂的有效期随着化学品化学性质的改变，也会有很大的变化。一般情况下，化学性质稳定的物质，保存有效期就越长，保存条件也简单。初步判断一个物质的稳定性，可遵循以下几个原则：无机化合物，只要妥善保管，包装完好无损，理论上可以无限期使用。但是，那些容易氧化、容易潮解的物质，在避光、阴凉、干燥的条件下，只能短时间（1～5 年）内保存，具体要看包装和储存条件是否符合规定。如亚硫酸盐、苯酚、亚铁盐、碘化物、硫化物等应将其固体或晶体密封保存，不宜长期存放；其水溶液亚硫酸、氢硫酸溶液要密封存放；钾、钠、白磷更要采用液封形式。有机小分子量化合物一般挥发性较强，包装的密闭性要 好，可以长时间保存（3～5 年）。容易氧化、受热分解、容易聚合、光敏性物质等，在避光、阴凉、干燥的条件下，只能短时间（1～5 年）内保存，具体要看包装和储存条件是否符合规定。有机高分子，尤其是油脂、多糖、蛋白、酶、多肽等生命材料，极易受到微生物、温度、光照的影响失去活性或变质腐败，因此，要冷藏（冻）保存，而且时间也较短。基准物质、标准物质和高纯物质，原则上要严格按照保存规定来保存，确保包装完好无损，避免受到化学环境的影响，而且保存时间不宜过长。一般情况下，基准物质必须在有效期内使用。GB/T 601—2016 中对标准滴定溶液的有效期有明确的规定：标准滴定溶液在 10～30℃下，密封保存时间一般不超过 6 个月，超过保存时间的溶液要重新标定后才可再用。按规定配制并消毒好的培养基，冷却至室温后应保存在阴暗处(尽可能贮藏在冰箱内)，配制好的培养基应在 1 个月内用完。除另有规定外，试液、缓冲液、指示剂（液）的有效期均为半年。HPLC 用的流动相、纯化水有效期为 15 天。检验用的试剂、配制的试液必须贴好标签，配制的试液必须做好配制记录，其中培养基还必须有使用记录，标准滴定溶液领用后应有使用记录，检验用试剂的有效期必须在贮存期内。除另有规定外，液体试剂开启后1年内有效，固体试剂开启后3年内有效。

化学试剂没有一个保质期的具体要求和界限，但化学试剂的管理通常要求妥善保存，做到"八防"（防挥发、防潮、防变质、防毒害、防光、防震、防鼠害、防火）。在贮存期和有效期内液体如发现有分层、浑浊、变色、发霉等异常现象，流动相用于样品检测时，样品的保留时间或相对保留时间发生明显变化，固体发现吸潮、变色等异常现象均应停止使用。

## 5.2.3　常见危险化学品的储存与使用

为满足科研需要，化学实验室使用的危险化学品的种类和数量逐年增加。危险化学品应储存在合适的容器里，贴有规范标签，并严格按照化学物质的相容性分类存放。易燃易爆及强氧化剂只能少量存放，且储存在阴凉避光的地方。剧毒物品应专柜上锁，专人保管。对于所储存的化学品应定期检查，及时更换脱落或破损的试剂标签，及时清理变质或者过期的化学品，并且委托具有资质的单位对其进行处理。这些危险化学品在规格和包装上略有不同，固体类药品大部分采用500g包装，也有部分药品采用10g及1g的小剂量包装，试剂类则有100mL及10mL等规格的包装，按照其种类特点主要分为有机化学品和无机化学品两大类。大部分有机化学品具有易燃性、易爆性和毒性，而无机化学品大多具有腐蚀性，有些药品的腐蚀性极强，所以对不同类型的试剂需采用不同的存放方法。以下按照爆炸品、气体、易燃液体、易燃固体、易于自燃的物质、遇水放出易燃气体的物质、氧化性物质和有机过氧化物、腐蚀品这几类化工实验室常用的化学品来展开介绍。

**(1) 爆炸品**

爆炸反应通常在万分之一秒内完成。如1kg的炸药完成反应的时间只有十万分之三秒。爆炸传播速度一般在2000～9000m/s。由于反应速率快，释放出的能量来不及散失而高度集中，所以具有极大的爆炸做功能力。爆炸时气体产物依靠反应热往往能被加热到数千摄氏度，压力可达数十万个大气压。高温高压反应产物的能量最后转化为机械能，周围的介质会压缩或破坏，因此在使用和储存爆炸品时必须高度重视，严格管理。爆炸品的储存与使用要求如下：

① 储存爆炸品应有专门的仓库，分类存放。仓库应保持通风，远离火源、热源，避免阳光直射，与周围的建筑物有一定的安全距离。

② 储存爆炸品的库房管理应严格贯彻执行"五双"制度，即做到双人保管、双人发货、双人领用、双账本、双把锁。

③ 使用爆炸品时应格外小心，轻拿轻放，避免摩擦撞击和震动。

当爆炸品着火时可用大量的水进行扑救，水不但可以灭火，还可以使爆炸品吸收大量的水分，降低敏感度，使其逐步失去爆炸能力。但要防止高压水流直接射向爆炸品，以防冲击引起爆炸品爆炸。爆炸品着火不能用沙土压盖，否则着火产生的烟气无法散去，内部产生一定压力，从而更易引起爆炸。

**(2) 气体**

该类物质的储存与使用要求如下：

① 应远离火源和热源，避免受热膨胀而引起爆炸。

② 性质相互抵触的应分开存放。如氢气与氧气钢瓶等不得混放。

③ 有毒和易燃易爆气体钢瓶应放在室外阴凉通风处。

④ 钢瓶不得撞击或横卧滚动。

⑤ 在搬运钢瓶过程中，必须给钢瓶配上安全帽，钢瓶阀门必须旋紧。

⑥ 压缩气体和液化气体严禁超量灌装。

⑦ 使用前要检查钢瓶附件是否完好、封闭是否紧密、有无漏气现象。如发现钢瓶有严重腐蚀或其他严重损伤，应将钢瓶送至有关单位进行检验。钢瓶超过使用期限，不准延期使用。

当发生气体火灾时，首先应扑灭外围被火源引燃的可燃物，切断火势蔓延途径，控制燃烧范围。扑救压缩气体和液化气体火灾切忌盲目灭火。即使在扑救周围火势过程中不小心把泄漏处的火焰扑灭了，在没有采取堵漏措施的情况下，也必须立即用长的点火棒将火点燃，使其稳定燃烧。否则大量气体泄漏出来与空气混合，遇火源就会发生爆炸，后果不堪设想。如果火场中有压力容器或有受到火焰辐射热威胁的压力容器，应尽可能将容器转移到安全地带，不能及时转移时应用水枪进行冷却保护。当关闭阀门、堵漏工作做好后，即可用水、干粉、二氧化碳等灭火剂进行扑灭。

**（3）易燃液体**

该类物质的储存和使用要求如下：

① 易燃液体应存放在阴凉通风处，有条件的实验室应设易燃液体专柜分类存放。

② 易燃液体使用时要轻拿轻放，防止相互碰撞或将容器损坏造成泄漏事故。不同种类的易燃液体具有不同的化学性质，使用前应认真了解其相应的物理性质和化学性质。

③ 易燃液体不得敞口存放。操作过程中室内应保持良好的通风，必要时佩戴防护器具。

绝大多数易燃液体及其蒸气都具有一定的毒性，会通过皮肤接触或呼吸道进入体内，致使人昏迷或窒息死亡。有些还具有麻醉性，长时间吸入会使人失去知觉，深度或长时间麻醉，可导致死亡。因此，在使用有毒易燃液体时，室内应保持良好的通风。当出现头晕、恶心等症状时应立即离开现场，必要时到医院就医。

**（4）易燃固体**

基于易燃固体的燃烧性和爆炸性，易燃固体应远离火源，储存在通风、干燥、阴凉的仓库内，而且不得与酸类、氧化剂等物质同库储存。使用中应轻拿轻放，避免摩擦和撞击，以免引起火灾。大多数易燃固体有毒，燃烧后产生有毒物质，使用这类易燃固体或扑救这类物质引起的火灾时应注意自身保护。

多数易燃固体着火可以用水扑救，但对于镁粉、铝粉等金属粉末着火，不可用水、二氧化碳或泡沫灭火剂进行扑救。对于脂肪族偶氮化合物、亚硝基化合物等自反应物质，此类物质燃烧时不需外部空气中的氧气参与，因此着火时不可采用窒息法灭火。

**（5）易于自燃的物质**

易于自燃的物质的储存与使用要求如下：

① 这类物质应储存在通风、阴凉、干燥处，远离明火及热源，防止阳光直射且应单独存放。

② 因这类物质一接触空气就会着火，初次使用时应请有经验者进行指导。

③ 在使用、运输过程中应轻拿轻放，不得损坏容器。

④ 避免与氧化剂、酸、碱等接触。对忌水的物品必须密封包装，不得受潮。

当发生火灾时，对有积热自燃的物品如油纸、油布等，可以用水扑救。由黄磷引发的火灾应用低压水或雾状水扑救，不可用高压水扑救，因高压水冲击能导致黄磷飞溅，使灾害范围扩大。黄磷熔融液体流淌时应用泥土、沙袋拦截并用雾状水冷却，对磷块和冷却后已固化的黄磷，应用钳子将其钳入储水容器中，来不及钳出时可先用沙土掩盖，并做好标记，等火被扑灭后，再逐步将其集中到储水容器中。

**(6) 遇水放出易燃气体的物质**

该类物质的储存与使用要求如下：

① 不得与酸、氧化剂混放，包装必须严密，不得破损，以防吸潮或与水接触。

② 金属钠、钾必须浸没在煤油中保存。

③ 不得与其他类别的危险品混存混放，使用和搬运时不得摩擦、撞击、倾倒。

④ 大多数遇水放出易燃气体的物质具有腐蚀性，能烧伤皮肤。使用这类物质时不可用手拿，必须戴防护手套且使用镊子。

此类物质着火时绝不可以用水或含水的灭火剂扑救，二氧化碳灭火剂等不含水的灭火剂也不可以使用。因为此类物质一般都是碱金属、碱土金属以及这些金属的化合物，在高温时这些物质可与二氧化碳发生反应。此类物质的火灾可使用偏硼酸三甲酯（7150）灭火剂进行扑救，也可使用干砂、石粉进行扑救。对金属钾、钠火灾，用干燥的氯化钠、石墨等扑救效果也很好。金属锂着火时不可用干砂进行扑救，因干砂中的二氧化硅可以和金属锂的燃烧产物氧化锂发生反应。金属锂的火灾也不可用碳酸钠或氯化钠进行扑救，因为在高温条件下会产生比锂更危险的钠。

**(7) 氧化性物质和有机过氧化物**

此类物质对于储存与使用要求如下：

① 使用过程中应严格控制温度，避免摩擦或撞击。

② 保存时不能与有机物、可燃物、酸同柜储存。

③ 碱金属过氧化物易与水起反应，应注意防潮。

④ 有些氧化剂具有毒性和腐蚀性，能毒害人体、烧伤皮肤，使用过程中应注意防毒。

氧化性物质着火或被卷入火中时，会放出氧气，加剧火势，即使在惰性气体中，火仍然会自行蔓延，因此，此类物质着火时使用二氧化碳或其他气体灭火剂是无效的，应使用大量的水或用水淹浸的方法灭火，这是控制氧化性物质火灾最为有效的方法。若使用少量的水灭火，水会与过氧化物发生剧烈反应。

有机过氧化物着火或被卷入火中，可能会导致爆炸。如有可能，应迅速将此类物质从火场移开并转移到安全区域，人尽可能远离火场，在有防护的地方用大量水灭火。有机过氧化物火灾被扑灭后，在火场完全冷却之前不要接近火场，因为卷入火中或暴露于高温下的有机过氧化物会发生剧烈分解、爆炸。

**(8) 腐蚀品**

腐蚀品（图 5-5）储存和使用要求如下：

① 应储存于阴凉、通风、干燥的场所，远离火源。

② 酸类腐蚀品应远离氰化物、氧化剂、遇湿易燃物质。

③ 具有氧化性的腐蚀品不得与可燃物和还原剂同柜储存。

④ 有机腐蚀品严禁接触明火或氧化剂。

图 5-5 实验室腐蚀品

⑤ 使用过程中应有良好的通风条件，人体受到腐蚀后应用大量

的水冲洗。漂白粉、次氯酸钠溶液等应避免阳光直射。

⑥ 因有些腐蚀品同时具有毒性，使用过程中应注意防护。

⑦ 受冻易结冰的冰醋酸、低温易聚合变质的甲醛等应储存于冬暖夏凉的库房中。

腐蚀品可造成人体化学烧伤，因此，扑救火灾时灭火人员必须穿防护服，佩戴防护面具。当腐蚀品着火时，一般可用水、干砂、泡沫进行扑救。使用水扑救腐蚀品火灾时，应尽量使用低压水流或雾状水，不宜用高压水扑救，避免腐蚀品溅出。有些强酸、强碱，遇水能产生大量的热，不可用水扑救。对于遇水产生酸性烟雾的腐蚀品，也不能用水扑救，可用干粉、干砂扑救。遇腐蚀品容器泄漏，在火灾被扑灭后应将泄漏的腐蚀品收集到专用容器中，并进行堵漏措施。

## 5.3 实验室废物的处理

实验室化学废物是指实验室内产生的有毒有害的废液、残渣、废旧试剂、空瓶等。实验室废物按照其形态分为废液、废气、固体废物三类，简称“三废”。为保障教学、科研实验的顺利进行，保护参加实验的教师、学生的身体健康，防止环境污染，实验室废物的处理应遵守以下规定：

① 产生实验废物的单位都有对危险实验废物做科学、合理的收暂存和无害化处理的责任。

② 不同废液在倒进废液桶前要了解其相容性，再分门别类倒入相应的废液桶中，禁止将不相容的废液混装在同一废液桶内，以防因发生反应而出现放热、燃烧、爆炸等现象，杜绝事故的发生。废液桶应放在专门指定的位置。

图 5-6 危险实验废物

③ 试剂空瓶中不得含有固体或液体废物，试剂瓶等固体废物必须用牢固的纸箱装好，并贴上标签，注明实验室门牌号、责任人及内装物。对危险实验废物（图 5-6）应分类收集、妥善贮存，在收集容器外加贴标签并标明废物品名等信息，要确保容器密闭可靠，不破碎、不泄漏。对未达到要求的废物，收储点将不予接收和处置。

④ 严禁将危险实验废物随意排入下水道以及任何水源；严禁乱丢乱弃危险实验废物，严禁将其堆放在走廊、过道以及其他公共区域，应与生活垃圾分类存放。废液必须分类收集，分别装入废液桶中，废液面与桶口间距在 10cm 以上以防溢出，盖紧内盖、外盖，并贴上标签，注明实验室门牌号、责任人及废液组分。

⑤ 实验室必须指定专人负责化学废物的安全管理工作，做好实验室化学废液、固废、试剂空瓶等的收集、存放、处置、台账记录等管理工作，保障安全，确保无事故发生。

⑥ 全体师生要树立环境保护意识，不能随意掩埋、丢弃、倾倒各类化学废物，不得将化学废物混入生活垃圾和其他非危险废物中。

⑦ 对化学废物应先进行减害性预处理或回收利用，减少化学废物的体积、重量并降低其危险程度，减轻后续处理处置的负荷。化学废物回收利用应达到国家和地方有关规定要

求，避免二次污染。

## 5.3.1　实验室废气处理方法

实验室的废气主要来源于实验过程中化学试剂的挥发、分解、泄漏等，具体包括挥发性试剂的挥发物、实验分析过程的中间产物、泄漏或排空的标准气等。依据对人体危害的不同，废气可具体分为两类：一是刺激性的有毒气体，通常对人的眼睛和呼吸道黏膜有很大的刺激作用，如氨气、二氧化硫、氯气及氟氧化物等；二是会造成人体缺氧性休克的窒息性气体，如硫化氢、一氧化碳、甲烷、乙烯等。

有少量有毒气体生成的实验应在通风橱内进行，通过排风系统把有毒气体排到室外（排风处理，大气稀释），避免污染室内空气。通风橱排气口应避开居民点并有一定高度，使之易于扩散，以不影响居民身心健康为原则。毒气量大的实验必须备有吸收或处理装置，如 $NO_x$、$SO_2$、$Cl_2$、HF 等可用导管将其通入碱液中使有毒气体被吸收，CO 可点燃转化成 $CO_2$，可燃性有机废气可在燃烧炉中通氧气完全燃烧。对于实验室废气的处理，可概括为以下几种方法：

**（1）吸收法**

吸收法是指通过采用合适的液体作为吸收剂除去废气中的有毒有害气体的方法，分为物理吸收和化学吸收两种。比较常见的吸收溶液有水、酸性溶液、碱性溶液、有机溶液和氧化剂溶液，可用于净化含有 $SO_2$、$Cl_2$、$NO_x$、$H_2S$、HF、$NH_3$、HCl、酸雾、汞蒸气、各种有机蒸气和沥青烟等的废气。这些溶液吸收废气后又可以用于配制某些定性化学试剂的母液。

**（2）固体吸附法**

固体吸附法是废气中的污染物质（或吸收质）在固体吸收剂表面经过充分的振荡或久置，被固体吸收剂吸附从而达到分离目的的方法。此法适用于废气中低浓度污染物质的净化，例如，常见的有机及无机气体可以选择活性炭或新制取的木炭粉作为固体吸收剂，选择性吸收 $H_2S$、$SO_2$ 和汞蒸气需要使用硅藻土，选择性吸收 $NO_x$、$CS_2$、$H_2S$、$NH_3$、$CCl_4$ 等就要用到分子筛。

**（3）回流法**

易液化的气体可以通过特定的装置使挥发的废气在装置中空气的冷却下液化，再沿着容器内壁回流到反应装置内，这就是回流法。比如制取溴苯时可以在装置上连接足够长的玻璃管冷却溴蒸气并回流。

**（4）燃烧法**

通过燃烧去除有毒有害气体是一种有效处理有机气体的方法，尤其适用于排量大且浓度低的苯类、酮类、醛类、醇类等各种有机废气的去除，如对于 CO 尾气的处理、对 $H_2S$ 的处理等。

**（5）颗粒物的捕集**

去除或捕集以固态或液态形式存在于空气中的颗粒污染物的过程称为除尘。根据颗粒物的分离原理，除尘装置一般可以分为过滤式除尘器、机械式除尘器、湿式除尘器。此外，实验室空气净化主要通过通风来完成。

## 5.3.2 实验室废液处理方法

实验室产生的废液包括化学性实验废液和一般废水。化学性实验废液来源主要有：多余的样品、标准溶液、样品分析残液、失效的贮藏液和洗液以及大量的洗涤液，如各种酸碱废液、含氧废液、重金属废液等。一般废水主要来源于仪器清洗用水、实验室的清扫用水以及大量使用的洗涤用水等。实验性废液主要是实验产生的各种废水，如有机试剂作溶剂时排放的液体。废液会对其周围的环境产生极大的不良影响，甚至会危及人和其他生物的生命，所以需要进行妥善处理。

根据废液的不同化学特性，可以将实验室废液分类后再贮存到规定的容器中，并对废液的种类和贮存的时间进行标明。依据废液的性质及其组成成分，可采用絮凝沉淀、酸碱中和或者氧化剂氧化等方法进行处理或回收。实验室如果没有能力处理废液，要将其收集起来，定期联系具有处理资格的单位进行统一处理；同时，要注意选择合适的容器收集废液。

对于简单废液，处理方式包括以下几种：

**(1) 絮凝沉淀法**

絮凝沉淀法主要适用于处理含有重金属离子的无机废弃液。在确定废弃液中各离子的沉降特性后，选择合适的絮凝剂，如石灰、铁盐或铝盐等，在弱碱性条件下形成含 $Fe(OH)_3$ 和 $Al(OH)_3$ 成分的絮胶状沉淀，絮状沉淀物可吸附废弃液中的重金属离子、色素及其他污染物等。

**(2) 硫化物沉淀法**

硫化物沉淀法主要针对含有汞、铅、镉等重金属较多的废液的处理，一般先调节 pH，用 $Na_2S$ 或 NaHS 把废液中的此类重金属转化为难溶于水的金属硫化物，再加入 $FeSO_4$ 作为共同沉淀剂共同沉淀，最后静置，达到过滤分离的目的。

**(3) 氧化还原中和沉淀法**

氧化还原中和沉淀法适用于处理含有六价铬或其他还原性物质的有毒物质，如氰根离子等。

**(4) 活性炭吸附法**

活性炭吸附法可去除微量溶解的有机物。有机废液的主要成分是烷烃类、芳香类或是能够使溶液表面自由能降低的一类物质，废液浓度高、量少、呈酸性时，可用活性炭进行吸附处理，还可以同时吸附部分无机重金属离子。

**(5) 铁氧体沉淀法和 GT 铁氧体法**

铁氧体指的是化学通式为 $M_2FeO_4$ 或 $MOFe_2O_3$（M 代表其他金属）的复合金属氧化物，一般为呈尖晶石状的立方结晶构造，其中，$Fe^{2+}:Fe^{3+}=1:2$（物质的量的比值）时最理想的 pH 条件为 8.0～9.0。铁氧体特有的包裹和夹带作用可以使重金属离子在进入铁氧体的晶格后形成复合的铁氧体，复合的铁氧体稳定性很好，在一般的酸碱条件下能一次性脱除废液中的各种金属离子，如 $Cr^{3+}$、$Fe^{3+}$、$Pb^{2+}$、$As^{3+}$、$Zn^{2+}$、$Hg^{2+}$、$Cd^{2+}$、$Mn^{2+}$、$Cu^{2+}$ 等，使废液中的有害重金属不会浸出。

GT 铁氧体法是为了克服常规铁氧体法的缺点而研究出的一种改进的铁氧体法。其原理是在废水中加入 $Fe^{3+}$，然后将含 $Fe^{3+}$ 的部分废水通过装有铁屑的反应塔，在反应塔中

$Fe^{3+}$在常温下与铁屑反应生成$Fe^{2+}$，再将反应塔中废水与原废水混合，在常温下加碱，数分钟后即生成黑棕色的铁氧体。GT铁氧体法处理电镀含铬废水时，与铁氧体法相比，工艺简单，操作方便，节约能源。

对于高浓度有机废水，处理方式包括以下几种：

**(1) 焚烧法**

对具有可燃性的有机溶剂、有机残液或废料液等可采取焚烧法来进行处理，其在高温条件下氧化分解，生成水和二氧化碳等对环境无害的产物，尤其是对浓度高、组分复杂、无回收利用价值且热值比较高（易燃烧）的废液，可考虑直接采用焚烧法进行处理。焚烧法是最容易实现工业化的方法之一。

**(2) 氧化分解法**

氧化分解法是让废液经过一系列氧化还原反应后，使高毒性的污染物质转化为低毒性的污染物质，然后再通过混凝和沉淀的方法将污染物从当前的反应体系中分离出去的方法。

**(3) 水解法**

水解法属于厌氧生物处理方法，适用于高浓度废液的初步处理。细菌利用污染物为营养物质进行生长，从而消耗水中的污染物，使废水得到净化。

**(4) 溶剂萃取法**

溶剂萃取法是利用化合物在两种互不相溶的溶剂中溶解度或分配系数不同，将化合物从一种溶剂转移到另外一种溶剂中，经过反复多次萃取后可提取出来大部分化合物的方法。对于亲水性的有机溶剂，与水做两相萃取的效果很差，这是因为较多的亲水性杂质也随之被萃取出来，影响有效成分的进一步提取。

**(5) 生物化学处理法**

生物化学处理法是利用微生物的代谢使废液中溶解或呈胶体状态的有机污染物质转化为无害的污染物质从而达到净化的方法，分为需氧型生物处理法和厌氧型生物处理法两种。

## 5.3.3 实验室固体废物处理方法

固体废物不能随便乱放，以免发生事故。能放出有毒气体或能自燃的危险废料不能丢进废品箱内或排进废水管道中；不溶于水的固体废物不能直接倒入垃圾桶，必须将其在适当的地方烧掉或用化学方法处理成无害物；碎玻璃和其他有棱角的锐利废料要收集于利器盒内交由专业人员处理。

实验室所产生的固体废物包括残留的或失效的固体化学试剂、沉淀絮凝所产生的沉淀残渣以及消耗和破损的实验用品（如玻璃器皿、包装材料等），另外还包括实验室的常用滤纸和办公耗材等。这些固体废物大多组成成分复杂，对环境的危害较大，尤其是一些过期失效的化学药剂。在对固体废物进行进一步的综合利用和最终的处理之前，通常需要先对其进行预处理。固体废物的预处理一般包括固体废物的筛分、破碎、压缩、粉磨等程序。对固体废物的处理包括以下几种方法：

**(1) 物理法**

物理法是根据固体废物的物理性质和物理化学性质，用合适的方法从其中分选或者分离出有用和有害的固体物质的方法。常用的分选方法有重力分选、电力分选、磁力分选、弹道分选、光电分选、浮选和摩擦分选等。

**(2) 化学法**

化学法是指固体废物发生一系列的化学变化后转换成能够回收的有用物质或能源的方法。常见的化学处理方法包括煅烧、焙烧、烧结、热分解、溶剂浸出、电离辐射和焚烧等。

**(3) 生物法**

生物法是利用微生物本身的生物-化学作用，使复杂的固体有机废物分解为简单的物质，使其从有毒的物质转化为无毒的物质的方法。常见的生物处理法有沼气发酵和堆肥。

对于没有利用价值的有毒有害固体废物，常见的最终处理方法有焚化法、掩埋法和海洋投弃法等。固体废物在掩埋和投弃入海之前都需要进行无害化处理。掩埋处理时，要深埋在远离人群聚集的指定地点，并对掩埋地点做记录。

## 5.4 实验室常用装置的安全防护

化学实验中经常会使用到多种实验装置，在正确操作并精心维护的条件下，这些仪器是不具备危险性的，但是如果对仪器操作不当或维护不当，这些仪器会给实验室带来极大的安全隐患。应注意的是，装置所需的能量越高，它的危险性就越大。因此，在使用高温、高压、高速、强磁及高负荷之类的装置时，必须做好充分的防护措施，谨慎地进行操作。

### 5.4.1 加热装置的使用

在化学实验中，经常会用到如电炉、高低温循环泵、加热套等高温、低温、加热装置，并且常常需要高压、低压等操作条件。在这样的条件下进行实验，如果操作错误，除发生烧伤、冻伤等事故外，还会引起火灾或爆炸等。因此，操作这类装置必须十分谨慎，严格遵守操作过程，防止事故的发生。

**(1) 电热板**

电热板是化学实验中最常用的一种电加热设备，它实际上就是一个封闭的电炉，一般外形为长方形，可调节温度实现恒温加热，板上可同时放置比较多的待加热物体，而且没有明火，具有性能稳定、使用灵活、可靠性高、维护简单等优点。

**(2) 电加热套**

电加热套是加热圆底烧瓶进行蒸馏的专用设备，外壳做成半球形，内部由电热丝、绝缘材料和绝热材料等组成。要根据烧瓶大小选用合适的电加热套，使用电加热套时常连接自耦调节器，以调节所需温度。电热板、电加热套的使用注意事项如下：

① 电加热套最高加热温度可达400℃。使用该类电热器件必须注意，电热板持续使用工作温度应低于240℃，瞬时温度不超过300℃。

② 电源电压应与电热板和电加热套本身规定的电压相符，电源插座应采用三孔安全插座，并安装地线。

③ 使用过程中应防止加热介质溢出器皿，损坏电器。

④ 使用中如出现故障应切断电源再进行检修。

⑤ 电热套内严禁滴入水或有机溶剂，防止电器短路。

⑥ 禁止空烧。

**(3) 电热恒温水（油）浴锅**

电热恒温水（油）浴锅常作蒸发和恒温加热用，有单孔和多孔两种。电热恒温水（油）浴锅一般都采用水槽式结构，分内外两层，内层用铝板或不锈钢板制成内胆；内胆底部设有电热管和托架；电热管是铜质管，管内装有电炉丝并用绝缘材料包裹，有导线连接温度控制器；外壳用薄钢板制成，外壳与内胆之间填充石棉等绝热材料。温度控制器的全部电器部件均装在水（油）浴锅右侧的电器箱内，控制器所带的感温管则插在内胆中；电器箱表面有显示和操作面板；水（油）浴锅左下侧有放水（油）阀门。

水浴锅使用注意事项如下：

① 切记水位一定保持不低于电热管，否则将立即烧坏电热管。

② 控制箱内部不可受潮，以防漏电和损坏控制器。

③ 使用时应随时注意水箱是否有渗漏现象。

油浴锅使用注意事项如下：

① 在向油浴锅内注入液体时，要控制液位，严防过量溢出；夏天室内与室外温差大，当实验温度达到 300℃时，液位应控制在容积的 80%左右。

② 禁止使用可燃性、挥发性高的油，所使用的油要根据温度和实验要求来定；温度低的用甘油，温度高的用棉籽油。

③ 油浴锅不要在通风差的场所使用，要远离火源和易产生火花的地点，以免引发火灾。

④ 禁止无油的情况下空烧，会引起漏电，烧坏加热管，甚至发生火灾。

⑤ 禁止用湿手在湿气过多的地方进行操作，有漏电、触电的危险；电源必须使用接地插头。

**(4) 马弗炉**

马弗炉是实验室常用的加热设备（图 5-7），主要用于各种有机物和无机物的灰化、熔融、热处理以及灼烧残渣等高温加热实验，也可用于高温固相合成。

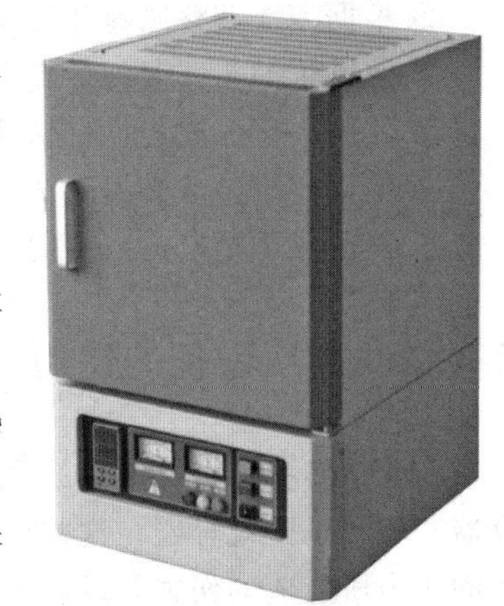

图 5-7　马弗炉

马弗炉操作注意事项：

① 密闭式加热设备必须在没有导电尘埃、爆炸性气体或腐蚀性气体的场所工作。

② 加热材料有大量挥发性气体时，将影响和腐蚀电热元件表面，应及时预防和做好密封，或适当开孔加以排除。可膨胀的液体或者液化的样品不能在密闭容器中加热，确保样品不产生易燃或者对人体有害的气体。

③ 使用时炉温不得超过最高温度或急冷急热，以免烧毁或损坏电热元件。要经常照看，防止自控失灵造成事故。在马弗炉加热时，炉外套也会变热，应使炉子远离易燃物，并保持炉外易散热。

④ 使用马弗炉时，须注意安全，取放样品时，应使用相应防护器具，谨防烫伤。

⑤ 确保坩埚在设定温度内结构上不会变形或者被破坏。

⑥ 使用过程中，马弗炉炉膛有龟裂属正常现象，应经常保持炉膛清洁，及时清除炉内

产生的氧化物及其他遗撒的物质。

⑦ 定期检修马弗炉的线路和马弗炉的安全状况。

图 5-8　烘箱

**(5) 烘箱**

烘箱与马弗炉类似，是实验室常用的加热设备（图 5-8）。烘箱使用的温度较低，但可提供更为稳定、均匀的热源。常用于对物品长时间的加热，例如烘干各式玻璃仪器、用具、样品等，也可作为水热、溶剂热反应的热源。在使用烘箱时应注意以下几点：

① 烘箱作为密闭式加热设备，同样遵守马弗炉使用安全规则，详见马弗炉注意事项中的①～④。

② 烘箱内不许放置纸类等易燃物质，不许放入含有乙醇、丙酮、石油醚等高挥发性易燃溶剂的物品，以免溶剂气体被点燃发生爆炸。经过以上溶剂润洗的器皿也应尽可能除掉溶剂后，再放入烘箱烘干。

③ 烘箱使用时不得超过额定最高温度，使用完毕应切断电源，使其自然降温。

④ 经常保持内部清洁，及时清除灰尘。

**(6) 热风枪**

热风枪是一种类似家用电吹风的功率大、风口温度高的加热工具，多数依靠电炉丝加热。有些无水无氧实验要求对玻璃仪器进行除水操作，通常推荐在烘箱里 80℃下烘半小时后趁热放入保干器冷却，再用真空油泵抽真空、氮气洗，再以反复多次抽洗的方式来除水除氧。如果使用热风枪进行除水操作，应该注意正确的操作方法：

① 使用中应严格按照说明书进行，使用时先将热风枪插头插在与其功率匹配的电源插座上。

② 根据需要调整风速和设定温度，不得长时间加热，加热中人不得离开。

③ 热风枪的头部温度最高可达 650℃，要求佩戴耐热手套操作使用。

④ 使用中确保周边没有易燃物品。

⑤ 使用完毕，务必关闭开关、拔掉插头，稳妥放置于大小合适的铁圈中冷却。

⑥ 热的热风枪应远离溶剂废液等，以防失火。

## 5.4.2 高压设备的使用

在化学实验室中，常用的高压装置包括实验室小型高压釜、高压气瓶和一般受压的玻璃仪器。相较于常规容器，这些压力容器具有较大的危险性，其易引发的事故包括由气体、液体的压力所造成的伤害，以及由此引发的火灾、爆炸等事故。因此，学习并掌握高压装置的安全知识与相关操作是十分必要的。

**(1) 高压反应釜**

在实验室的高压实验中使用最广泛的是小型高压反应釜。高压反应釜除高压容器主体外，往往还与压力计、高压阀、安全阀、电热器及搅拌器等附属器械构成一个整体。在使用高压釜时，应注意以下几点：

① 在反应釜中做不同介质的反应，应首先查清介质对主体材料有无腐蚀。对瞬间反应

剧烈，产生大量气体，高温、易燃易爆的化学反应，以及超高压、超高温或介质中含氯离子、氟离子等对不锈钢腐蚀严重的反应需要特殊订货。

② 装入反应介质时液面应不超过实验室反应釜釜体的 2/3。

③ 运转时如搅拌内部有异常声响，应停机放压，检查搅拌系统有无异常情况；定期检查搅拌轴的摆动量，如摆动量太大，应及时更换轴承或轴套。

④ 高压釜要在指定的地点使用，并按照使用说明进行操作。

⑤ 查明刻于主体容器上的试验压力、使用压力及最高使用温度等条件，要在其容许的条件范围内进行使用。压力计所使用的压力最好在其标明压力的 1/2 以内，同时应经常将压力计与标准压力计进行比较并加以校正。放入高压釜的原料不可超过其有效容积的 1/3。

⑥ 盖上盘式法兰盖时，要将位于对角线上的螺栓一对一对地依次同样拧紧。

⑦ 做好维护保养工作，高压釜内部及衬垫部位要保持清洁。高压釜的使用安全与其维护保养工作密切相关。维护保养的目的在于提高设备的完好率，使其能保持在稳定状态下完好地运行，从而提高使用效率，延长使用寿命。

⑧ 为确保高压釜的正常运行，要对其进行定期检验，即在其设计使用期限内，每隔一定的时间对其承压部件和安全装置进行检查或检验。要使用经过定期检查并符合规定要求的器械。

⑨ 要对高压釜进行档案管理，对其设计、制造、使用和检修的全过程做好文字记录；每次使用必须进行登记，记录仪器的运行情况，从而保证高压釜的可靠运行。

**（2）高压气瓶**

高压气瓶（气体钢瓶）是储存压缩气体的特制压力容器。由于钢瓶的内压很大，而且盛装的有些气体易燃或有毒，所以使用钢瓶时应注意以下几点：

① 应从有正规资质的厂家购买钢瓶。使用任何气体或气体混合物之前，要了解气体的物理化学性质和安全防范措施，认识到潜在的危险，并对可能出现的意外做好防范预案。

② 钢瓶应直立存放在阴凉、干燥、通风的地方，远离热源，使用铁链固定，防止钢瓶倾倒。易燃、易爆、有毒气体钢瓶应存放在室外或者气瓶柜内，并做专有气路，安装气体泄漏报警器，有条件的可安装气体报警强排风联动系统。可燃性气体钢瓶与氧气钢瓶不能同放一室。重新灌装压缩气体钢瓶只能由有资质的压缩气体制造商来做。

③ 搬运钢瓶应使用钢瓶车，要小心轻放，禁止拖拽、转动，钢瓶帽要旋好。使用钢瓶时须配备减压阀，各种气体的减压阀不得混用。绝不可使油或其他易燃性有机物沾在氧气瓶上（特别是气门嘴和减压阀），也不得用棉、麻等物堵漏，以防燃烧引起事故。

④ 开启总阀门时，不要将头或身体正对总阀门，防止阀门或压力表冲出伤人。不可将钢瓶内的气体全部用完。

⑤ 使用时应先打开钢瓶总阀门，此时高压表显示出瓶内贮气总压力，再慢慢地顺时针转动调压手柄，至低压表显示出实验所需压力为止。停止使用时，先关闭总阀门，待减压阀中余气逸尽后，再关闭减压阀。

⑥ 钢瓶应定期检验，不合格的钢瓶不可继续使用。

⑦ 钢瓶存放在室外时，应保持通风良好，避免直晒，避免放在空调外机下方。在使用中若发生管路着火，立即关闭总阀门并选择相应的灭火器材进行扑救。

⑧ 对于可燃气体的管路一定要安装回火防止器，并定期更换新的回火防止器。

⑨ 注意钢瓶的报废年限和检测要求，及时报废检测。钢瓶的配件不得自己修理。

### (3) 高压灭菌锅

高压灭菌锅，又名高压蒸汽灭菌锅。在密闭的蒸锅内，随着压力不断上升，水的沸点不断提高，锅内温度也随之增加。在0.1MPa的压力下，锅内温度达121℃，维持压力20min。在此条件下，可以杀死各种细菌及高度耐热的芽孢。对于实验室环境，高压灭菌是一种方便、快速、有效的去除病原微生物的办法。

目前实验室级别较高的高压蒸汽灭菌锅都设定有固定的工作程序，先升温升压，压力和温度达到设定值后维持20min，然后降压到1个大气压（压力表显示为零），温度低于60℃。在此之前，安全锁锁死无法打开，只有在压力表降到零和温度低于60℃以后，安全锁才会自动打开，方可以开启高压锅盖取出物品。在异常情况下，主动切断电源再次开启后，安全锁会失效，这时候开启高压锅盖，会引起激烈的减压沸腾，使容器中的液体四溢，严重时锅内高温蒸汽可致烫伤。只有当压力表降到零后，才能开盖取出物品。但是，一旦放置过久，由于锅内有负压，盖子反而不容易打开。这时将放气阀打开，大气压入使内外压力平衡，盖子便容易打开了。

高压锅工作过程中，有两个阶段会向外排气：

1）升温升压阶段

完全排出锅内空气，使锅内全部是水蒸气，灭菌才能彻底。高压灭菌放气有几种不同的做法，但目的都是要排净空气，使锅内均匀升温，保证灭菌彻底。在选择程序高压锅开始工作后，会自动关闭放气阀，待压力上升到0.05MPa时，打开放气阀，放出空气，待压力表指针归零后，再关闭放气阀。关阀后，压力表上升达到0.1MPa时，开始计时，在压力0.1～0.15MPa下维持20min。

2）降温降压阶段

到达保压时间后，高压锅会缓慢降压放出蒸汽，压力降低太快，会引起激烈的减压沸腾，使容器中的液体四溢。

在使用高压锅前，要检查和确认以下事项：

① 出气管口插入并且固定在塑料瓶内。

② 水箱的水位在安全水位线内。

③ 高压锅内的水位在要求的、安全的水位处。在检查确认符合要求后才能使用高压锅。

④ 根据被高压灭菌的物品性质选择高压模式。高压固体类使用＜SOLID MODEL＞；高压液体类使用＜LIQUID MODEL＞；如果固体类和液体类一起高压，一般选择＜LIQUID MODEL＞。

⑤ 高压灭菌任何瓶子或者液体类，要将瓶盖松开，或者用透气瓶塞。禁止用塑料胶塞将瓶子盖拧紧后进行高压灭菌。

⑥ 必须等灭菌全过程结束，高压锅内温度降低到安全温度后，才能打开高压锅盖。禁止在高压过程中强制打开高压锅，以免烫伤。

⑦ 禁止私自随意改动高压模式。

⑧ 禁止在任何不安全情况下使用高压锅。

⑨ 定期由有资质的工程师对高压灭菌锅进行年检并保留记录，达到使用年限的高压灭菌锅应及时淘汰。

## 5.4.3 真空或减压设备的使用

### (1) 真空干燥箱

真空干燥箱不同于普通电烘箱。真空干燥箱可以比较快速地干燥一些高温容易分解或熔点低易熔融的化合物。使用注意事项如下：

① 使用真空干燥箱时，必须先抽真空到要求的真空度，再加热升温。

② 物品若比较潮湿，须在真空箱与真空泵之间加过滤器或冷阱，防止溶剂被直接抽进真空泵。干燥样品时用含针孔的滤纸包扎盖好，以免干燥后喷到干燥箱里。

③ 真空泵不能长时间工作。当真空度达到干燥物品要求时，应先关真空阀，再停真空泵。待真空度达不到干燥物品要求时，再打开真空泵电源及真空阀，继续抽真空，反复数次。

④ 箱内不得放干燥、易燃、易爆、易产生腐蚀性的气体或减压下易分解爆炸的样品。

⑤ 真空干燥箱不得当普通烘箱使用。

⑥ 不可无人状态下加热过夜。

### (2) 真空油泵

真空油泵是实验室常用的抽真空的设备之一。真空油泵长时间使用或使用不当，如倒吸或积累高沸点的液体等，将导致真空度下降，需要清洗换油。清洗换油时应注意：

① 应咨询专业人员并由他人陪同完成，应做好防护，在通风良好处进行。

② 废油小心收集并倒入废液桶，贴好标签及时联系处理厂回收处理。

③ 沾染的物品、地面应及时用卫生纸擦拭干净。

④ 泵体中残留的不干净的废油可加少量石油醚浸泡 10min，其间可以手动转动泵轴，让残液充分接触石油醚，拧开放油口将废油放出。重复以上操作至流出物清亮。

⑤ 将泵晾几个小时后加入少量新的泵油，转动泵轴几圈，然后把油放干净。加入适量新的泵油至观察窗半高为止。如果泵油高于观察窗，就放出一部分泵油。

⑥ 转动泵轴只能手动，严禁插电驱动，以免引起着火或废油喷出伤及眼睛。

⑦ 全过程不得将泵放到圆凳、台面等位置高的地方，以防泵因油污滑下来。

### (3) 减压蒸馏设备

减压蒸馏是分离和提纯有机化合物的一种重要方法，适用于常压蒸馏时未达沸点就已受热分解、氧化或聚合的物质。减压蒸馏装置如图 5-9 所示。

当选用油泵进行减压时，为了保护泵油和机件免受易挥发有机溶剂、酸性物质和水汽污

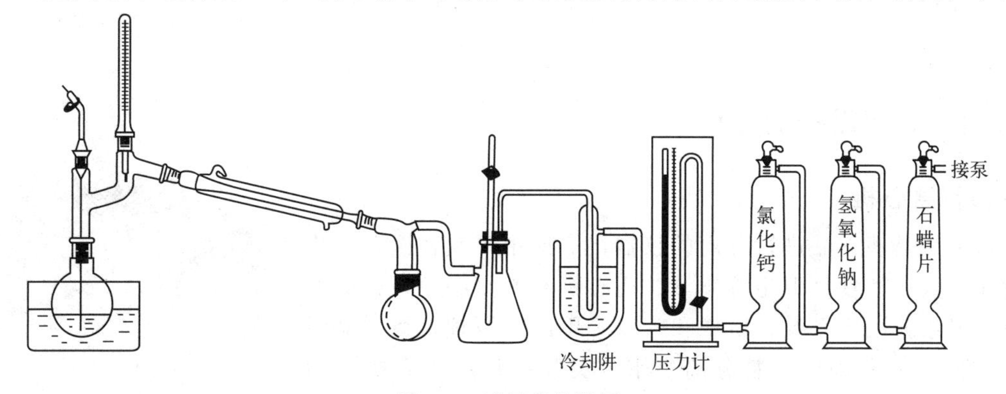


图 5-9 减压蒸馏装置

染，应在馏液接收器与油泵之间依次安装冷阱和吸收塔。吸收塔通常设三个，第一个装无水$CaCl_2$或硅胶，吸收水汽；第二个装粒状NaOH，吸收酸性气体；第三个装切片石蜡，吸收烃类气体。可以用隔膜泵替代油泵，低温金属浴替代冷阱，但价格较贵。当选用水泵进行减压时，安全瓶可直接连接水泵，安全瓶应保持洁净干燥。可在水泵箱里加入适量的冰块以获取较低的真空度，当发现水泵箱内水质混浊、起泡变质，应及时更换，尤其是有低沸点有机溶剂被抽入的应及时换水。

常用的减压蒸馏系统可分为蒸馏、抽气（减压）、安全系统和测压四部分。整套仪器必须装配紧密，所有接头须润滑并密封，这是保证减压蒸馏顺利进行的先决条件。但润滑剂不宜多，以免污染体系。

在减压蒸馏设备中，电磁搅拌通过磁子的搅拌带动液体的旋转，有助于形成气化中心。接收器可用圆底烧瓶或梨形瓶，切不可用平底烧瓶或锥形瓶。蒸馏时若要收集不同的馏分又不中断蒸馏，可用两尾或多尾接收管。如果蒸馏的液体量不多且沸点很高，或是低熔点的固体，可不用冷凝管，将克氏蒸馏头的支管通过接收管直接接收。蒸馏沸点较高的液体时，最好用保温材料包裹蒸馏瓶，以减少散热。

仪器安装好后，须先测试系统是否漏气，检查仪器不漏气后，加入待蒸馏的液体，待蒸馏液体量不少于蒸馏瓶容积的1/3，不超过蒸馏瓶容积的1/2。可选择水浴、油浴等热浴加热蒸馏，控制浴温比待蒸馏液体的沸点高20～30℃。蒸馏时陆续开动搅拌，开启冷凝水，启动减压泵减压至压力稳定，调整加热至适宜温度。接收时馏出速度以1～2滴每秒为宜，在整个蒸馏过程中，要密切注意温度计和压力表的读数并及时记录。

蒸完后，应先移去加热浴，待蒸馏瓶完全冷却后再慢慢开启安全瓶活塞放气。因有些化合物较易氧化形成过氧化物，若加热时突然放入大量空气，有可能导致发生爆炸事故。放气后再关水泵或油泵。

使用注意事项如下：

① 在减压蒸馏系统中切勿使用有裂缝或薄壁的玻璃仪器，尤其不能用不耐压的平底瓶（如锥形瓶）。因为减压抽真空时瓶体各部分受力不均匀易使瓶体炸裂。

② 减压蒸馏最重要的是系统不漏气，压力稳定，平稳沸腾。建议采用分段检测压力法来判断系统气密性。有些化合物遇空气极易氧化，在减压时，可由毛细管通入氮气或二氧化碳保护。

③ 蒸出液接收部分通常使用燕尾管连接两个梨形瓶或圆底烧瓶。需要称量产物时应在安装接收瓶前先称好每个瓶的质量，并作记录以便计算产量。

④ 在使用水泵时应注意观察真空度的变化，若真空度突然降低，有可能导致馏分倒吸。为了防止这种情况发生造成损失，事先须在水泵和蒸馏系统间安装安全瓶。

## 5.4.4 高速设备的使用

### (1) 离心机

离心机是使样品进行分离的仪器，广泛用于生物医药、化学化工、农业和食品卫生等领域。离心机利用离心力，根据混合物中各组分沉降系数、质量和密度等不同的原理，将样品混合物中的液体和固体颗粒分离出来。实验室常用离心机见图5-10。离心机按转速可分为低速离心机、高速离心机和超高速

图5-10 实验室常用离心机

离心机等；按温度可分为冷冻离心机和常温离心机；按容量可分为微量离心机、大容量离心机和超大容量离心机；按外形可分为台式离心机和落地式离心机。

使用离心机必须保证安全，离心机失控会造成很大的破坏。因此要注意离心管是否平衡，转速是否超过设置，转子是否有腐蚀等问题。离心机安全操作流程如图5-11所示。

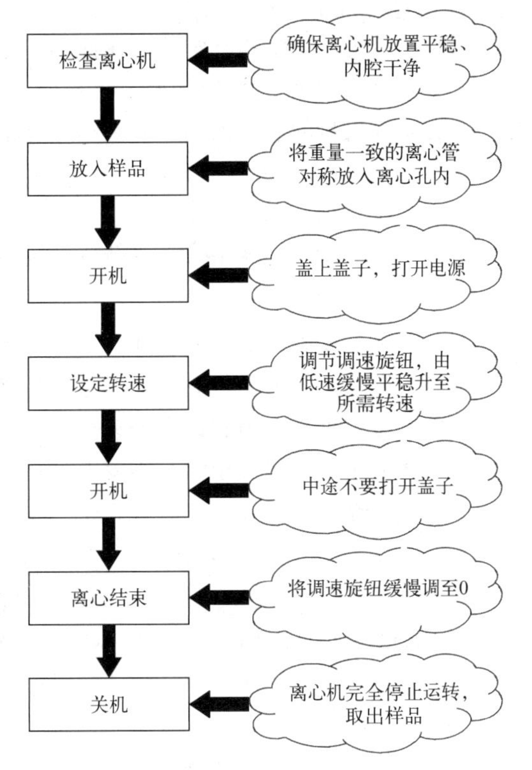


图5-11　离心机安全操作流程

离心机使用注意事项如下：

① 使用各种离心机时，必须事先在天平上精密地平衡离心管和其内容物，平衡时质量之差不得超过各个离心机说明书上所规定的范围，转头中装载的管数不能为单数，且负载应均匀地分布在转头的周围。

② 在低于室温的条件下离心时，转头在使用前应放置在冰箱或置于离心机的转头室内预冷。离心机在预冷状态时，机盖必须关闭。离心结束后取出的转头应倒置于实验台上，擦干腔内余水。

③ 离心过程中不得随意离开，应随时观察离心机上的仪表是否正常工作，如有异常的声音，操作人员不能直接切断电源（“POWER”键），要立即按“STOP”键停机后检查，及时排除故障。

④ 每个转头各有其较高允许转速和使用累计时限，每一个转头都有使用档案，记录累计使用时间，若超过该转头的较高使用时限，则须按规定降速使用。

⑤ 根据待离心液体的性质及体积选用合适的离心管。有的离心管无盖，液体不得装得过多，以防离心时甩出，造成转头不平衡、生锈或被腐蚀。制备型超高速离心机的离心管常常要求必须将液体装满，以免离心时塑料离心管的上部凹陷变形。

⑥ 每次使用后，必须仔细检查转头，及时清洗擦干；转头是离心机中须重点保护的部件，不能碰撞，避免造成伤痕；转头长时间不用时，要涂上一层上光蜡保护；严禁使用变形、损伤或老化的离心管。

⑦ 转头盖在拧紧后一定要用手指触摸转头与转盖之间，查看是否有缝隙，如有缝隙，要拧开重新拧紧，直至确认无缝隙方可启动离心机。因为一旦误启动，转头盖就会飞出，造成事故。

**（2）高速冷冻离心机**

高速冷冻离心机转速可达10000r/min以上，除具有冷冻离心机的性能和结构外，其所用的角式转头多采用钛合金或铝合金制成，离心管为具盖聚乙烯硬塑料制品。这类离心机多用于收集微生物、细胞碎片、硫酸沉淀物以及免疫沉淀物等。由于转动速度快，要防止离心机在转动期间因不平衡或吸垫老化时边工作边移动，以致其从实验台掉下来，或离心机盖子未盖好，离心管因振动而破裂后飞出，造成事故。因此操作高速冷冻离心机的实验人员须经过专门的培训，同时应注意以下事项：

① 高速冷冻离心机套管底部要垫上棉花，使用前需登记使用者、转头、转速和时间；离心时间一般为1～2min，实验者在此期间不准离开。

② 一定要平衡好离心管，放入转头时也要注意位置的平衡。若只有一支样品管，要用另外一支装等质量的装水的离心管进行配平替代。

③ 通常离心状况是否正常，可以从噪声大小和振动情形得知，如噪声过大或机身振动剧烈，应立即停机，及时排除故障。

④ 使用硫酸铵等高盐溶液样本后，一定要将转头清洗干净，也要清理离心机转舱。

**(3) 超速离心机**

离心机是借离心力分离液相非均一体系的设备。根据物质的沉降系数、质量、密度等的不同，用强大的离心力使物质分离、浓缩和提纯的方法称为离心。转速在30000r/min以上的离心称为超速离心。因超速离心速度非常快，要求样品质量一定要严格配平，且保证超速离心机腔室干净。初次使用者必须要先经过培训。

1) 使用前

① 检查转头和机盖是否干净，有无划痕、变形和破损；检查密封圈是否完整，有无老化，若不完整或者老化，及时更换；检查所用离心管的质量。

② 必要时在密封圈上抹真空密封脂，在转头螺纹上涂润滑油。

③ 根据样品需求选择是否预冷转头与离心腔。

④ 配平样品。

⑤ 根据需要选择转头和离心管，根据离心管的大小适量加样。装完样品的离心管必须把管子外壁擦干，再放入转头腔内。对应离心管中溶液质量应相等，且离心管对称地放入转头内。

⑥ 使用水平转头时吊桶须对号入座，必须挂上所有的吊桶。离心样品对称放置，其他的吊桶空置。没有装样品的水平吊桶严禁放入空样品管，运行前务必检查所有的吊桶，确保摆放正确。

2) 使用后

① 清洁离心机腔体和转头。

② 如有样品外漏，需用中性洗涤剂清洗转头，并用清水冲洗干净，再将转头倒置晾干。

③ 将所有的离心管和适配器从转头中取出，并将转头从离心机中取出，存放在固定的位置。

④ 关机，登记使用人、使用时间、使用位置及仪器状态。如有问题，及时联系仪器负责人。

3) 离心机日常保养要求

① 如离心管盖子密封性差，液体就不能加满（针对高速离心且使用角度头），以防外溢。外溢的后果是会污染转头和离心腔并失去平衡，影响感应器正常工作。

② 超速离心时，液体一定要加满离心管。因超离时需抽真空，只有加满才能避免离心管变形。

③ 使用角度头时别忘盖转头盖。如未盖，离心腔内会产生很大的涡流阻力和摩擦升温，这等于给离心机的电机和制冷剂增加了额外负担，影响离心机的使用寿命。

### 5.4.5 辐射设备的使用

在化学实验过程中，有时也会用到放射性物质及设备，如激光器、X衍射仪、放射性同位素等。首先应该对所使用的物质及设备有充分的了解，并采取相应的安全防范措施，制定完善的制度，再进行相关的实验。

**(1) 激光器**

在某些实验中需要使用激光器，激光器可放出强大的激光光线（可干涉性光线），所以若用眼睛直接观看，会烧坏视网膜，甚至还会失明。同时，人体还有被烧伤的危险。使用激光器的注意事项如下：

① 使用激光器时，必须佩戴防护眼镜。

② 常常会有意料不到的反射光射入眼睛，故需要十分关注射出光线的方向，必须查明确实没有反射壁面之类的东西存在，最好把整个激光装置都覆盖起来。

③ 对放出强大激光光线的装置，要配备捕集光线的捕集器。

④ 使用高压电源激光装置时必须加以注意。

**(2) X 射线发射装置**

发出放射性射线的装置常见的有：

① 加速电荷粒子的装置，如回旋加速器、电磁感应加速器以及各种加速装置等；

② 发射 X 射线的装置，如 X 射线发生装置、X 射线衍射仪、X 射线荧光分析仪等；

③ 盛载放射性物质的装置。

关于上述装置的处理，应符合政府颁布的法令或政令中规定的相应义务和限制。通常进行上述实验时，必须进行周密的准备和细心的操作。在上述装置中，由于 X 射线装置加速电压低，装置比较小型，而且运转也简单，所以使用较广泛。进行实验时，实验者本人及其周围的人都要倍加注意，防止被 X 射线照射。实验者要遵照管理装置的负责人或管理人员的指示进行使用，决不可随意进行操作。

**(3) 放射性射线及防护**

放射性射线常见的有：α 射线、氘核射线及质子射线；β 射线及电子射线；中子射线；γ 射线及 X 射线。

1) α 射线

α 射线也称“甲种射线”，是放射性物质所放出的 α 粒子流。它可由多种放射性物质（如镭）发射出来。α 粒子的动能可达 4～9MeV。从 α 粒子在电场和磁场中偏转的方向，可知它带有正电荷。从 α 粒子的质量和电荷的测定，可确定 α 粒子就是氦的原子核。由于 α 粒子的质量比电子大得多，通过物质时极易使其中的原子电离而损失能量，所以它穿透物质的本领比 β 射线弱得多，在空气中的射程只有几厘米，容易被薄层物质所阻挡，只要一张纸或健康的皮肤就能挡住。α 射线是一种带电粒子流，它所到之处很容易引起电离，其较强的电离本领既可被利用，也会带来一定的破坏，如 α 粒子对人体内组织破坏能力较大。只释放出 α 粒子的放射性同位素在人体外部不构成危险，然而释放 α 粒子的物质（镭、铀等）一旦被吸入或注入，那将是十分危险的，它能直接破坏内脏的细胞。

2) β 射线

β 射线是一种带电荷、高速运行、从核素放射性衰变中释放出的粒子。人类会受到来源于人造或自然界 β 射线的照射。β 射线比 α 射线更具有穿透力，但在穿过同样距离时，其引起的损伤更小。一些 β 射线能穿透皮肤，引起放射性伤害，但它一旦进入体内引起的危害更大。β 粒子能被体外衣服消减、阻挡或被一张几毫米厚的铝箔完全阻挡。

3）中子射线

中子射线是不带电的粒子流。它的辐射源为核反应堆、加速器或中子发生器，是原子核受到外来粒子轰击时产生核反应，从原子核里释放出来的中子流。中子按能量大小分为快中子、慢中子和热中子。

中子电离密度大，常常引起基因大的突变。目前在辐射育种中，应用较多的是热中子和快中子。

4）γ射线

γ射线又称γ粒子流，是原子核能级跃迁时释放出的射线，是波长短于0.2Å（1Å=$10^{-10}$m）的电磁波。γ射线有很强的穿透力，工业中可用来探伤或流水线的自动控制；对细胞有杀伤力，医疗上可用来治疗肿瘤。

5）电离辐射

电离辐射是一种有足够能量使电子离开原子所产生的辐射。这种辐射来源于一些不稳定的原子，这些放射性的原子（放射性核素或放射性同位素）为了变得更稳定，原子核释放出次级和高能光量子（γ射线），这个过程称为放射性衰变。例如，自然界中存在的天然核素镭、氡、铀、钍。放射性衰变也存在于人类活动（例如在核反应堆中的原子裂变），与自然界活动一样也释放出电离辐射。在衰变过程中，辐射的主要产物有α、β和γ射线。X射线是另一种由原子核外层电子引起的辐射。

电离辐射能引起细胞化学平衡的改变，某些改变会引起癌变。电离辐射能引起体内细胞中遗传物质DNA的损伤，这种影响甚至可能传到下一代，导致新生一代畸形、先天白血病等。在大量辐射的照射下，能在几小时或几天内引起病变，甚至导致死亡。

6）X射线

X射线是波长介于紫外线和γ射线间的电磁辐射，由德国物理学家W.C.伦琴于1895年发现，故又称伦琴射线，是由X射线机产生的高能电磁波。X射线波长比γ射线长，射程略近，穿透力不及γ射线，具有危险性，应用几毫米厚的铅板来屏蔽。

X射线室必须有明显的标志，同时应做到：

① 入口标志在X射线室入口的门上，必须标明安置的机器名称及其额定输出功率。

② 危险区域标志。对每周超出30mrem[1]照射剂量的危险区域（管理区域），必须作出明确的标志。

③ 指示灯标志在X射线室外的走廊里，安装表明X射线装置正在使用的红灯标志。当使用X射线装置时，保持红灯常亮。

使用X射线时应注意的事项如下：

① 凭证使用。实验者及进入实验室的人员，必须佩戴X射线室专用的证件，证件定期调换，将其被照射的剂量，记入放射线同位素使用者的记录簿中。

② 出口方向。通常从X射线装置出口处射出的X射线剂量率（R/min）很大，应注意防止直接被照射。在确定X射线射出口的方向时，要选择向着没有人居住或出入的区域。

③ 屏蔽射线。尽管对X射线装置充分加以屏蔽，但要完全防止X射线泄漏或散射是非常困难的，必须经常检测工作地点X射线的剂量，发现泄漏时，要及时加以遮盖。

---

[1] 1rem=$10^{-2}$Sv。

④ X 射线管理。需要调整 X 射线束的方向或试样的位置以及进行其他的特殊实验时，必须取得 X 射线装置负责人的许可，并遵照其指示进行操作。装置出现异常、发生事故或感受到 X 射线照射时，要立刻停止发射 X 射线，并向装置的负责人报告并接受指示。

⑤ 人员防护。实验人员应按照实验的要求，穿戴好防护衣、防护眼镜等适当的防护用具。实验前，实验人员要认真研究实验步骤，并做好充分的准备，注意尽量缩短发射 X 射线的时间。实验人员应经常测定进入区域的 X 射线的照射剂量，要考虑在 X 射线工作场所的允许剂量（30mR/周）以内，安排实验时间。使用 X 射线的人员，要定期进行健康检查。

7）放射线的防护措施

针对辐射的来源、辐射的危害，实验人员应保护自己免受过量照射。在辐射防护中有三个主要因素：时间、距离、屏蔽。

① 时间。在辐射源附近时，必须尽可能缩短停留的时间，以减少辐射的照射。

② 距离。距离辐射源越远，受到的辐射越少，越是靠近辐射源，受到损伤的概率越大。β 粒子一般具有较强的穿透能力，在空气中射程为几百厘米，应保持适当的距离。

③ 屏蔽。在辐射源周围增加屏蔽将减少其对人员的辐射。

8）放射线的基本单位介绍

① R（伦琴）。它是指电离 0℃、101.325Pa 的干燥空气 $1cm^3$ 产生 1 静电单位正负离子的 X 射线（γ 线）的照射量。

② rem（雷姆）。当人体吸收一定量的放射线所显示出的效果，与吸收 γ 射线时的生物学效果相等时，就把这个剂量当量叫作 1rem。它与受到 1R 的照射量大致相等。

# 第六章

# 压力容器与机电设备

## 6.1 压力容器概述

《国务院关于修改〈特种设备安全监察条例〉的决定》于 2009 年 1 月 14 日国务院第 46 次常务会议通过并自 2009 年 5 月 1 日起施行，其中规定："压力容器，是指盛装气体或液体，承载一定压力的密闭设备，其范围规定为最高工作压力大于或者等于 0.1MPa（表压），且压力与容积的乘积大于或者等于 2.5MPa·L 的气体、液化气体和最高工作温度高于或者等于标准沸点的液体的固定式容器和移动式容器；盛装公称工作压力大于或者等于 0.2MPa（表压），且压力与容积的乘积大于或者等于 1.0MPa·L 的气体、液化气体和标准沸点等于或者低于 60℃液体的气瓶、氧舱等。"

压力容器广泛应用于石油、化工、冶金、机械、轻纺、医药、民用、军工以及科学研究等各个领域，在国民经济发展中占有重要地位。化学实验室的压力容器主要是各种气体钢瓶和各种高压反应釜、反应罐、反应器等。

### 6.1.1 压力容器的安全操作与维护

#### (1) 压力容器安全操作

1）基本要求

① 平稳操作

加载和卸载应缓慢，并保持运行期间载荷的相对稳定。压力容器开始加载时，速度不宜过快，尤其要防止压力的突然升高。过快的加载速度会降低材料的断裂韧性，可能使存在微小缺陷的容器在压力的快速冲击下发生脆性断裂。高温容器或工作温度在 0℃以下的容器，加热和冷却都应缓慢进行，以减小壳壁中的热应力。操作中压力频繁和大幅度地波动对容器的抗疲劳强度是不利的，应尽可能避免，保持操作压力平稳。

② 防止超载

防止压力容器过载主要是防止超压。压力来自外部（如气体压缩机、蒸汽锅炉等）的容器，超压大多是操作失误引起的。为了防止操作失误，除了装设连锁装置外，可实行安全操作挂牌制度。在一些关键性的操作装置上挂牌，牌上用明显标记或文字注明阀门等的开闭方向、开闭状态、注意事项等。对于通过减压阀降低压力后才进气的容器，要密切注意减压装置的工作情况，并装设灵敏可靠的安全泄压装置。

由于内部物料的化学反应而产生压力的容器，往往因加料过量或原料中混入杂质，使反应后生成的气体密度增大或反应过速而造成超压。要预防这类容器超压，必须严格控制每次投料的数量及原料中杂质的含量，并有防止超量投料的严密措施。

对于贮装液化气体的容器，为了防止液体受热膨胀而超压，一定要严格计量。对于液化气体贮罐和槽车，除了密切监视液位外，还应防止容器意外受热，造成超压。如果容器内的介质是容易聚合的单体，应在物料中加入阻聚剂，并防止混入可促进聚合的杂质。物料贮存的时间也不宜过长。除了防止超压以外，压力容器的操作温度也应严格控制在设计规定的范围内，长期的超温运行也会直接或间接地导致容器被破坏。

2）容器运行期间的检查

容器专职操作人员在容器运行期间应经常检查容器的工作状况，以便及时发现设备上的不正常状况，采取相应的措施进行调整或消除，防止异常情况扩大或延续，保证容器安全运行。对运行中的容器进行检查，包括工艺条件、设备状况以及安全装置等方面。

在工艺条件方面，主要检查操作压力、操作温度、液位是否在安全操作规程规定的范围内，还要检查容器工作介质的化学组成，特别是影响容器安全（如产生应力腐蚀、使压力升高等）的成分是否符合要求。

在设备状况方面，主要检查各连接部位有无泄漏、渗漏现象，容器的部件和附件有无塑性变形、腐蚀以及其他缺陷或可疑迹象，容器及其连接管件有无振动、磨损等现象。

在安全装置方面，主要检查安全装置以及与安全有关的计量器具是否保持在完好状态。

3）容器的紧急停止运行

压力容器在运行中出现下列情况时，应立即停止运行：容器的操作压力或壁温超过安全操作规程规定的极限值，而且采取措施仍无法控制，并有继续恶化的趋势；容器的承压部件出现裂纹、鼓包变形、焊缝或可拆连接处泄漏等危及容器安全的迹象；安全装置全部失效、连接管件断裂、紧固件损坏等，难以保证安全操作；操作岗位发生火灾，威胁到容器的安全操作；高压容器的信号孔或警报孔存在泄漏。

**（2）容器的维护保养**

做好压力容器的维护保养工作，可以使容器经常保持完好状态，提高工作效率，延长容器使用寿命。容器的维护保养主要包括以下几方面的内容：

1）保持完好的防腐层

工作介质对材料有腐蚀作用的容器，常采用防腐层来防止介质对器壁的腐蚀，如涂漆、喷镀或电镀、衬里等。如果防腐层损坏，工作介质将直接接触器壁而产生腐蚀，所以要常检查，保持防腐层完好无损。若发现防腐层损坏，即使是局部的，也应该先经修补等妥善处理以后再继续使用。

2）消除产生腐蚀的因素

有些工作介质只有在某种特定条件下才会对容器的材料造成腐蚀，因此要尽力避免或消除能引起腐蚀的，特别是应力腐蚀的条件。例如，一氧化碳气体只有在含水分的情况下才可能对钢制容器产生应力腐蚀，操作中应尽量采取干燥、过滤等措施避免水分存在；碳钢容器的碱脆需要具备温度、拉伸应力和较高的碱液浓度等条件，盛放含有稀碱液的容器，必须采取措施消除使稀液浓缩的条件，如接缝渗漏、器壁粗糙或存在铁锈等多孔性物质等；盛装氧气的容器，常因底部积水造成水和氧气交界面的严重腐蚀，要防止这种腐蚀，最好使氧气干燥或在使用中经常排放容器中的积水。

3）消灭容器的“跑、冒、滴、漏”

要经常保持容器的完好状态。“跑、冒、滴、漏”不仅浪费原料和能源，污染工作环境，还常常造成设备的腐蚀，严重时还会引起容器的破坏事故。

4）加强容器在停用期间的维护

对于长期或临时停用的容器，应加强维护。停用的容器，必须将内部的介质排除干净，容器要经过排放、置换、清洗等技术处理，防止容器的死角积存腐蚀性介质。

要经常保持容器的干燥和清洁，防止大气腐蚀。试验证明，在潮湿的情况下，钢材表面有灰尘、污物时，大气对钢材有腐蚀作用。

5）经常保持容器的完好状态

容器上所有的安全装置和计量仪表，应定期进行调整校正，使其始终保持灵敏、准确；容器的附件、零件必须保持齐全和完好无损，连接紧固件残缺不全的容器，禁止投入运行。

## 6.1.2 压力容器破坏形式和缺陷修复

### (1) 压力容器破坏形式

1）过度的塑性变形

当压力载荷大大超过设计数值时，容器的器壁变薄，最后达到不稳定点，即当压力稍许增加时，容器就会因过度塑性变形而发生破裂。当容器发生过度塑性变形破裂时，断口为撕断状，容器破坏时不产生碎块或者仅有少量碎块，爆破口的大小视容器爆破的膨胀能量而定。除压力的影响以外，金属材料在高温下的蠕变也是引起塑性变形的一个重要原因，在蠕变过程中，材料发生连续的塑性变形，塑性变形积累相当长的时间后，容器最终将破裂。

2）过度的弹性变形

弹性变形是固体在外力的作用下表现出的一种形变，当外力撤去后，物体能够恢复原来形状的能力被称为弹性性质，容器具有的这种可逆性的变形就叫作弹性变形。过度的弹性变形可能使容器呈现不稳定状态，甚至达到失稳状态。

3）大应变疲劳

压力容器在交变应力的作用下，位于容器的某些局部区域（如开孔接管周围、局部结构不连续处等）受力最大的金属晶粒将会产生滑移并逐渐发展成为微小裂纹，且裂纹两端不断扩展，最终导致容器的疲劳破坏。疲劳首先出现在上述高应力的局部区域，即出现在这些高应力引起的大应变的地方，这种破坏就称大应变疲劳。压力容器的疲劳破坏一般具有以下特征：

① 容器没有明显的变形；

② 破裂的断口存在于两个区域：疲劳裂纹产生及扩展区、最后断裂区；

③ 容器常因开裂泄漏而失效；

④ 疲劳破坏总是在容器经过反复的加载和卸载以后发生。

4）腐蚀疲劳

腐蚀疲劳是金属材料在腐蚀和应力的共同作用下引起的一种破坏形式。在材料的腐蚀疲劳中，一方面腐蚀使得金属表面局部损坏并促使疲劳裂纹的产生和发展；另一方面，交变的拉伸应力破坏金属表面的保护膜并促使表面腐蚀的产生。在交变应力的作用下，被破坏的保护膜无法再次形成，沉积在腐蚀坑中的腐蚀产物又阻止氧的扩散使保护膜难以恢复。所以腐蚀坑的底部始终处在活性状态之下，构成了腐蚀电池的阳极。就这样在腐蚀与交变应力的联合作用下，裂纹不断发展直至金属最后断裂。

5）应力腐蚀

应力腐蚀是金属材料在腐蚀介质和拉伸应力的共同作用下产生的一种破坏形式。金属发生应力腐蚀时，腐蚀和应力这两个因素是相互促进的。一方面，腐蚀使金属的有效截面积减小和表面形成缺口，使应力集中；另一方面，应力的存在加速了腐蚀的进展，使表面的腐蚀缺口向深处扩展，最后导致断裂。

6）脆性破裂

工程上把没有明显塑性变形的断裂统称为脆性断裂或破裂，而压力容器的脆性破裂是指由塑性材料制成的压力容器，破裂时呈脆性破裂特征。破裂容器的工作应力远远低于材料的强度极限，甚至低于材料的屈服极限。压力容器发生脆性断裂的特征如下：

① 容器器壁没有明显的伸长变形，容器的厚度一般没有改变；

② 断口呈金属光泽的结晶状，裂口齐平，与主应力方向垂直；

③ 脆性破裂的容器常呈碎块状，且常有碎片飞出；

④ 破裂事故多数在温度较低的情况下发生；

⑤ 脆性断裂更容易在高强度钢制的压力容器和用中、低强度制造的厚壁容器上发生。

7）氢腐蚀破坏

在高温高压下，吸附在钢表面的氢分子部分分解为氢原子或离子，吸附于钢表面层并向钢内扩散，它以氢脆和氢腐蚀两种方式影响着钢的性能。氢脆是由于氢扩散并溶解于金属晶格中，使钢在缓慢变形时产生脆性，此时钢的塑性显著降低。氢腐蚀是指氢原子或离子扩散进入钢中，部分与微孔壁上的碳或碳化物及非金属夹杂物产生化学反应，这些不易溶解的气体生成物聚积在晶界原有的微隙内，形成局部高压，造成应力集中，使晶界变宽，发展成微裂纹，降低了钢的机械性能。

### (2) 压力容器缺陷修复

1）压力容器缺陷检测

以某大型加氢反应器为例，在对其容器缺陷检测过程中对焊缝缺陷检测进行全面分析。该加氢反应器总质量大于600t，容器壳体厚度达到202mm，容器主体材料为Cr-Mo钢，容器内壁采用不锈钢堆焊，厚度为6mm，容器工作压力为15.2MPa。在对该加氢反应器缺陷检测中发现，焊缝缺陷宽28mm，主要焊缝类型为U形坡口环焊缝。检测方法为利用100%超声检测，通过超声检测可知这个环焊缝整体存在缺陷，主要范围在150～200mm。这个环焊缝缺陷当量不够，在承压设备检测下可知，该焊缝缺陷为Ⅰ级。

① 焊缝缺陷检测准备工作

针对大型加氢反应器的缺陷检测主要采用CTS-22型模拟超声波探伤仪。由于该压力容器为大型工件，厚度大，为达到超声横波穿透要求以及达到其横波灵敏度标准，要选择 45°折射角，所用晶片标准为 20mm×20mm，频率为 2.5MHz，探头型号为 2.5Z 20×20 K1，选择 CSK-ⅣA-4 试块。横波斜探头主要检测面包括两个部分，即探头移动区和探头检测区，实现对该压力容器焊缝缺陷的有效检测。探头区宽度是 303mm，检测区宽度是焊缝宽度+焊缝两侧 10mm。

在焊缝缺陷检测前要将检测表面的氧化皮以及油污杂物清理干净。要对检测器进行合理调节，主要方法为：通过深度定位和 CSK-ⅠA 试块对仪器进行定位扫描，扫描宽度为满屏幕的 200mm；将检测器的灵敏度控制在标准水平，找到 CSK-ⅣA-3 试块中 25%、50%及 75%深度位置的 9.5mm×40mm 长横孔，记录其反射回波的最大值，作出 DAC 曲线，最后再把灵敏度调整到 14dB。

② 检测实施过程

在压力容器焊缝缺陷检测过程中，以超声波为检测依据，主要流程为：超声波检测→扫查出焊缝缺陷→全面扫查缺陷波→观察焊缝缺陷动态波形→测出焊缝缺陷当量→判断出焊缝缺陷分布方向。

利用斜探头（折射角为 45°、频率为 2.5MHz）进行检测，焊缝缺陷在荧光屏上显示为一系列明显的波形信号，这些信号通常偏向荧光屏的右侧。该检测没有在调整完灵敏度后进行缺陷波形处理，因此检测获得的缺陷波形信号不准确。所以应当将压力容器焊缝缺陷的当量控制在 9.5mm×40mm-16dB～9.5mm×40mm-10dB。

2）焊缝缺陷检测分析

当检测表明某些明显缺陷波的位置后，应当利用气切割取样，并通过机械加工方式去掉试样表面的淬硬层，通过打磨与抛光完成表面处理工作，处理完成后通过超声波进缺陷定位，能够知道四处缺陷主要分布在融合线附近。

在完成上述检测后，通过金相显微镜进行进一步观察，采取某一焊缝缺陷试块观察（保证该缺陷试块已做好抛光处理），能够明显发现该位置存在少量尖端杂质，并与裂纹同时存在。利用扫描电镜放大缺陷区域，对网状裂纹进行成分定性，可知该缺陷 S、Cr 以及 Ti 元素较多，以 S 元素为主。因此，该大型加氢反应器的焊缝缺陷是 Ti 元素的 C 与 N 非平衡化合物与杂质 S 元素沿晶界偏聚造成的。

3）压力容器缺陷补焊修复分析

① 焊缝缺陷表面处理工作

根据相关标准可知压力容器在焊缝裂纹深度小于 4mm 时通常不会引起断裂，因此，当压力容器的表面裂纹小于 3mm 时无须进行补焊修复，只要通过手动打磨即可。打磨处理要求手法要平稳，不能过于剧烈，以保证焊缝裂纹端口处理得更加圆润，杜绝出现棱角现象。

当压力容器表面裂纹深度大于 4mm 要进行补焊修复。修复前同样需要进行磨平处理，利用角向磨光机对坡口处理，处理到裂纹两端 10～15mm 的位置。为更好进行补焊作业，要对坡口位置做好杂质清理和硬化层处理。

② 焊缝裂纹补焊修复

针对压力容器焊缝裂纹的补焊处理是其整体修复的关键环节。补焊工作要对其裂缝成因进行分析，然后进行消氢和打磨。要作出准确的安全评定，再通过热处理方式提高容器的使用性能，对压力容器的裂纹进行有效补焊处理。消除缺陷也有可能出现新生问题，如未熔合或气孔等。因此必须严格控制补焊工艺，要以控制残余应力增加为前提，杜绝出现新裂纹；要控制好残余应力和热应力，避免出现马氏体组织；另外要对焊缝以及范围内的氢含量进行严格控制。

### 6.1.3　压力容器安全状况等级评价

根据压力容器的安全状况。将新压力容器划分1、2、3三个等级，再用压力容器划分为2、3、4、5四个等级，每个等级划分原则如下：

1级：压力容器出厂技术资料齐全；设计、制造质量符合有关法规和标准的要求；在规定的定期检验周期内，在设计条件下能安全使用。

2级：①新压力容器：出厂技术资料齐全；设计、制造质量基本符合有关法规和要求；存在某些不危及安全但难以纠正的缺陷，出厂时已取得设计单位、使用单位和使用单位所在地安全监察机构同意；在规定的定期检验周期内，在设计规定的操作条件下能安全使用。②在用压力容器：技术资料基本齐全；设计制造质量基本符合有关法规和标准的要求；根据检验报告，存在某些不危及安全但不易修复的一般性缺陷；在规定的定期检验周期内，在规定的操作条件下能安全使用。

3级：①新压力容器：出厂技术资料基本齐全；主体材料、强度、结构基本符合有关法规和标准的要求；制造时存在的某些不符合法规和标准的问题或缺陷，出厂时已取得设计单位、使用单位和使用单位所在地安全监察机构同意；在规定的定期检验周期内，在设计规定的操作条件下能安全使用。②在用压力容器：技术资料不够齐全；主体材料、强度结构基本符合有关法规和标准的要求；制造时存在的某些不符合法规和标准的问题或缺陷，焊缝存在超标的体积性缺陷，根据检验报告，未发现缺陷发展或扩大；其检验报告确定在规定的定期检验周期内，在规定的操作条件下能安全使用。

4级：主体材料不符合有关规定或材料不明，或虽选用正确，但已有老化倾向；主体结构有较严重的不符合有关法规和标准的缺陷，强度经校核尚能满足要求；焊接质量存在线性缺陷；根据检验报告，未发现缺陷由于使用因素而发展或扩大；使用过程中产生了腐蚀、磨损、损伤、变形等缺陷，其检验报告确定为不能在规定的操作条件下或在正常的检验周期内安全使用。对该类压力容器必须采取相应措施进行修复和处理，提高安全状况等级，否则只能在限定的条件下短期监控使用。

5级：由无制造许可证的企业或无法证明原制造单位具备制造许可证的企业制造；缺陷严重、无法修复或难以修复、无返修价值或修复后仍不能保证安全使用。对该类压力容器，应予以判废，不得继续作承压设备使用。

注意：

① 安全状况等级中所述缺陷，是该压力容器最终存在的状态。如缺陷已消除，则以消除后的状态来确定该压力容器的安全状况等级。

② 技术资料不全的压力容器，按有关规定由原制造单位或检验单位经过检验验证后补全技术资料，且能在检验报告中作出结论的，可按技术资料基本齐全对待。无法确定原制造单位具备制造资格的，不得通过检验验证补充技术资料。

③ 安全状况等级中所述问题与缺陷，只要确认其具备最严重之一者即可按其性质确定该压力容器的安全状况等级。

## 6.2 高压工艺管道的安全技术管理

在化工生产中，工艺管道把不同工艺功能的机械和设备连接在一起，以完成特定的化工工艺过程，达到制取各种化工产品的目的。工艺管道与机械设备一样，伴有介质的化学环境和热学环境，在复杂的工艺条件下运行，设计、制造、安装、检验、操作、维修的任何失误，都有可能导致管道过早失效或发生事故。特别是高压工艺管道，由于承受高压，加上化工介质的易燃、易爆、有毒、强腐蚀和高低温特性，一旦发生事故，就更具危险性。高压工艺管道较为突出的危险因素是超温、超压、腐蚀、磨蚀和振动。管道的超温、超压与反应容器的操作失误或反应异常过载有关；腐蚀、磨蚀与工艺介质中腐蚀物质或杂质的含量和流体流速等有关；振动和转动机械动平衡不良与基础设计不符合规定有关，但更主要的是管道中流体流速高、转弯过多、截面突变等因素，也可能导致运行过程中产生振动。腐蚀、磨蚀会逐渐削弱管道和管件的结构强度；振动易造成管道连接件的松动泄漏和疲劳断裂。即使是很小的管线、管件或阀门的泄漏或破裂，都可能造成较为严重的灾害，如火灾、爆炸或中毒等。多年实践证明，高压管道事故的发生频率及危害性不亚于压力容器事故，必须引起充分注意。

根据《中华人民共和国特种设备安全法》和《特种设备安全监察条例》的规定，原国家质量监督检验检疫总局（现国家市场监督管理总局）修订了《特种设备目录》，其中，对压力管道的定义修改如下：

压力管道，是指利用一定的压力，用于输送气体或者液体的管状设备，其范围规定为最高工作压力大于或者等于0.1MPa（表压），介质为气体、液化气体、蒸汽或者可燃、易爆、有毒、有腐蚀性、最高工作温度高于或者等于标准沸点的液体，且公称直径大于或者等于50mm的管道。公称直径小于150mm，且其最高工作压力小于1.6MPa（表压）的输送无毒、不可燃、无腐蚀性气体的管道和设备本体所属管道除外。

对压力容器、压力管道的日常维护保养必须由有资格的人员进行，无特种设备维护保养资格的单位，必须委托取得特种设备维护保养资格的单位进行日常保养。

### 6.2.1 高压管道的设计、制造和安装

**（1）高压管道的设计**

高压工艺管道的设计应由取得与高压工艺管道工作压力等级相应的、有三类压力容器设计资格的单位承担。高压工艺管道的设计必须严格遵守工艺管道有关的国家标准和规范。设计单位应向施工单位提供完整的设计文件、施工图和计算书，并由设计单位总工程师签发方为有效。

**（2）高压管道的制造**

高压工艺管道、阀门管件和紧固件的制造必须由经过省级以上主管部门鉴定和批准的有资格的单位承担。制造单位应具备下列条件：

① 有与制造高压工艺管道、阀门管件相适应的技术力量、安装设备和检验手段。

② 有健全的制造质量保证体系和质量管理制度，并能严格执行有关规范标准，确保制造质量。制造厂对出厂的阀门、管件和紧固件应出具产品质量合格证，并对产品质量负责。

#### (3) 高压管道的安装

高压工艺管道的安装单位必须由取得与高压工艺管道操作压力相应的三类压力容器现场安装资格的单位承担。拥有高压工艺管道的工厂只能承担自用高压工艺管道的修理改造安装工作。高压工艺管道的安装修理与改造必须严格执行相关国家标准以及设计单位提供的设计文件和技术要求。施工单位对提供安装的管道、阀门、管件、紧固件要认真管理和复检，严防错用或混入假冒产品。施工中要严格控制焊接质量和安装质量并按工程验收标准向用户交工。高压管道交付使用时，安装单位必须提交下列技术文件：

① 高压管道安装竣工图；

② 高压钢管检查验收记录；

③ 高压阀门试验记录；

④ 安全阀调整试验记录；

⑤ 高压管件检查验收记录；

⑥ 高压管道焊缝焊接工作记录；

⑦ 高压管道焊缝热处理及着色检验记录；

⑧ 管道系统试验记录。

试车期间，如发现高压工艺管道振动超过标准，由设计单位与安装单位共同研究，采取消振措施，消振合格后方可交工。

### 6.2.2 高压管道的操作与维护

高压工艺管道是连接机械和设备的工艺管线，应列入相应的机械和设备的操作岗位，由机械和设备操作人员统一操作和维护。操作人员必须熟悉高压工艺管道的工艺流程、工艺参数和结构。操作人员培训教育考核必须有高压工艺管道内容，考核合格者方可操作。

高压工艺管道的巡回检查应和机械设备一并进行。高压工艺管道检查时应注意以下事项：

① 机械和设备出口的工艺参数不得超过高压工艺管道设计或缺陷评定后的许用工艺参数，高压管道严禁在超温、超压、强腐蚀和强振动条件下运行；

② 检查管道、管件、阀门和紧固件有无严重腐蚀、泄漏、变形、移位和破裂以及保温层的完好程度；

③ 检查管道有无强烈振动，管与管、管与相邻件有无摩擦，管卡、吊架和支承有无松动或断裂；

④ 检查管内有无异物撞击或摩擦的声响；

⑤ 安全附件、指示仪表有无异常，发现缺陷及时报告，妥善处理，必要时停机处理。

高压工艺管道严禁下列作业：

① 严禁利用高压工艺管道作电焊机的接地线或吊装重物受力点；

② 高压管道运行中严禁带压紧固或拆卸螺栓。开停车有热紧要求者，应按设计规定热紧处理；

③ 严禁带压补焊作业；

④ 严禁热管线裸露运行；

⑤ 严禁借用热管线做饭或烘干物品。

### 6.2.3 高压管道的技术检验

高压工艺管道的技术检验是掌握管道技术现状、消除缺陷、防范事故的主要手段。技术检验工作由企业锅炉压力容器检验部门或外委有检验资格的单位进行，并对其检验结论负责。高压工艺管道技术检验分外部检查、探查检验和全面检验。

**(1) 外部检查**

车间每季度至少检查一次，企业每年至少检查一次。检查项目包括：

① 管道、管件、紧固件及阀门的防腐层、保温层是否完好，可见管表面有无缺陷；

② 管道振动情况，管与管、管与相邻物件有无摩擦；

③ 吊卡、管卡、支承的紧固和防腐情况；

④ 管道的连接法兰、接头、阀门填料、焊缝有无泄漏；

⑤ 检查管道内有无异物撞击或摩擦声。

**(2) 探查检验**

探查检验是针对高压工艺管道不同管系可能存在的薄弱环节，实施对症性的定点测厚及连接部位或管段的解体检查。

1) 定点测厚

测点应有足够的代表性，找出管内壁的易腐蚀部位，流体转向的易冲刷部位，制造时易拉薄的部位，使用时受力大的部位，以及根据实践经验选点。充分考虑流体流动方式，如三通，有侧向汇流、对向汇流、侧向分流和背向分流等流动方式，流体对三通的冲刷腐蚀部位是有区别的，应对症选点。

将确定的测定位置标记在绘制的主体管段简图上，按图进行定点测厚并记录。定期分析对比测定数据并根据分析结果决定扩大或缩小测定范围和调整测定周期。根据已获得的实测数据，研究分析高压管段在特定条件下的腐蚀、磨蚀规律，判断管道的结构强度，制定防范和改进措施。

高压工艺管道定点测厚周期应根据腐蚀、磨蚀年速率确定。腐蚀、磨蚀速率小于0.10mm/a，每四年测厚一次；0.10～0.25mm/a，每两年测厚一次；大于0.25mm/a，每半年测厚一次。

2) 解体抽查

解体抽查主要是根据管道输送的工作介质的腐蚀性能、热学环境、流体流动方式，以及管道的结构特性和振动状况等，选择可拆部位进行解体检查，并把选定部位标记在主体管道简图上。

一般应重点查明法兰、三通、弯头、螺栓以及管口、管口壁、密封面、垫圈的腐蚀和损伤情况，同时还要抽查部件附近的支承有无松动、变形或断裂。对于全焊接高压工艺管道只能靠无损探伤抽查或修理阀门时用内窥镜扩大检查。解体抽查可以结合机械和设备单体检修时或企业年度大修时进行，每年选检一部分。

**(3) 全面检验**

全面检验是结合机械和设备单体大修或年度停车大修时对高压工艺管道进行鉴定性的停机检验，以决定管道系统继续使用、限制使用、局部更换或报废。全面检验的周期至少为

10～12年，但不得超过设计寿命之末。遇有下列情况者全面检验周期应适当缩短。

① 工作温度大于180℃的碳钢和工作温度大于250℃的合金钢的临氢管道或探查检验发现有氢腐蚀倾向的管段；

② 通过探查检验发现腐蚀、磨蚀速率大于0.25mm/a，剩余腐蚀余量低于预计全面检验时间的管道和管件，或发现有疲劳裂纹的管道和管件；

③ 使用年限超过设计寿命的管道；

④ 运行时出现超温、超压或鼓胀变形，有可能引起金属性能劣化的管段。

全面检验主要包括以下一些项目：

1）表面检查

表面检查是指宏观检查和表面无损探伤。宏观检查是用肉眼检查管道、管件、焊缝的表面腐蚀，以及各类损伤深度和分布，并详细记录。表面探伤主要采用磁粉探伤或着色探伤等手段检查管道管件焊缝和管头螺纹表面有无裂纹、折叠、结疤、腐蚀等缺陷。

对于全焊接高压工艺管道可在阀门拆开时利用内窥镜检查；无法进行内壁表面检查时，可用超声波或射线探伤法检查代替。

2）解体检查和壁厚测定

管道、管件、阀门、丝扣、螺栓和螺纹的检查，应按解体要求进行。按定点测厚选点的原则对管道、管件进行壁厚测定。对于工作温度大于180℃的碳钢和工作温度大于250℃的合金钢的临氢管道、管件和阀门，可用超声波能量法或测厚法根据能量的衰减或壁厚“增厚”来判断氢腐蚀程度。

3）焊缝埋藏缺陷探伤

对制造和安装时探伤等级低的、宏观检查成型不良的、有不同表面缺陷的或在运行中承受较高压力的焊缝，应用超声波探伤或射线探伤检查埋藏缺陷，抽查比例不小于待检管道焊缝总数的10%。但与机械和设备连接的第一道口径不小于50mm或主支管口径比不小于0.6的焊接三通的焊缝，抽查比例应不小于待检件焊缝总数的50%。

4）破坏性取样检验

对于使用过程中出现超温、超压，有可能影响金属材料性能，以蠕变率控制使用寿命、蠕变率接近或超过1%，有可能引起高温氢腐蚀或氮化的管道、管件、阀门，应进行破坏性取样检验。检验项目包括化学成分、机械性能、冲击韧性和金相组成等，根据材质劣化程度判断邻接管道是否继续使用、监控使用或判废。

# 第七章

# 化学实验室事故分析与处理

## 7.1 事故类型与案例分析

### 7.1.1 实验室安全事故主要类型

#### (1) 火灾事故

1) 事故原因

火灾是在时间或空间上失去控制的燃烧。高校实验室中会使用一些易燃、易爆药品以及各类电气设备，如易燃液体、易燃固体、遇湿易燃物品等，使用不当时可能会发生火灾、爆炸、烧伤等安全事故，且化学药品本身及其燃烧产物大多具有较强的毒害性和腐蚀性，在燃烧过程中会释放有毒气体或烟雾，进而发生人员中毒、烧伤事故。火灾事故与其他安全事故相比，其发生后果更为严重，是最常见的威胁公众安全和社会发展的事故之一，极易造成重大伤亡和重大经济损失。同时，火灾事故的发生具有普遍性，几乎所有的实验室都有发生火灾的可能性。绝大多数情况下，实验室的火灾是由设施维护不及时和实验人员操作不当导致的，发生火灾的主要原因有以下几种：

① 忘记切断电源，致使实验设备或用电仪器长时间处于通电状态，温度过高从而引发火灾；

② 实验操作不慎或药品使用不当，使火源接触到易燃物质引发火灾；

③ 设备供电线路老化或违规接线、接电超负荷运行，导致线路发热着火；

④ 易燃、易爆化学品存放或使用不当，遇电火花引发火灾。

2) 事故预防

① 排除发生火灾爆炸事故的物质条件，即控制可燃物，防止形成火灾和爆炸的介质，具体体现在：易燃易爆化学品在生产、储存、运输、使用等过程中，应防止泄漏、扩散或与空气形成爆炸性混合气体；在可能积聚可燃气体、蒸气、粉尘的场所，应设有通风除尘装置。

② 控制和消除点火源，主要包括：消除明火火源，实验室内严禁携带烟火；消除电气火花，必须使用合格电气产品，电器在不使用时应当断电并拔下电源插头，电源线路应穿管

保护；电源插座应当固定；严禁私拉乱接电线；在易燃易爆场所选用防爆型或封闭式电气设备和开关等。

③ 控制火势蔓延。控制火势蔓延的途径有：在易燃易爆化学物品储存仓库之间、油罐之间设置适当的防火间距；设置防油堤、防液堤、防火水封井、防火墙；在建筑物内设防火分区、防火门窗等。

④ 限制爆炸波的冲击、扩散。限制爆炸波的冲击、扩散的措施有：含有可燃气体、液体蒸气和粉尘的实验室应设泄压门窗、轻质屋顶；在放热、产生气体、形成高压的反应器上安装安全阀、防爆片；在燃油、燃气、燃煤类的燃烧室外壁或底部设置防爆门窗、防爆球阀；在易燃物料的反应器、反应塔、高压容器顶部装设放空管等。

### （2）爆炸事故

1）事故原因

爆炸是物质在外界因素激发下发生物理和化学变化，瞬间释放出巨大的能量和大量气体，发生剧烈的体积变化的一种现象，即物质迅速发生反应，在瞬间以机械功的形式放出巨大的能量和发出声响，或气体在瞬间发生剧烈膨胀的现象。所有储存和使用爆炸物的实验室应当严格加强管理和防控，相关实验人员必须掌握基础的爆炸物安全知识，杜绝爆炸事故的发生。爆炸事故多发生在具有易燃易爆物品和压力容器的实验室，常见原因有以下几种：

① 违反操作规程使用设备、压力容器，导致爆炸；

② 设备老化、存在故障或缺陷，造成易燃易爆物品泄漏，遇火花引起爆炸；

③ 粉尘引起爆炸、气体泄漏引起爆炸；

④ 对易燃易爆物品处理不当，导致燃烧爆炸。

2）事故预防

① 定期检查设备的绝缘情况，力争及早发现漏电等隐患并及时消除；

② 在开关或发热设备附近，不要放置易燃性或可燃性的物质；

③ 要防止室内充满可燃性气体或粉尘类物质。如果室内有可燃性气体或粉尘，必须安装防爆装置或危险警报器；

④ 绝缘性能高的塑料类物质，由于静电作用，容易产生放电火花，应将其导体化接上地线，以减少带电量；

⑤ 实验前要预先考虑到停电、停水时的应对措施；

⑥ 发生电气事故而引起火灾时，一般要先切断电源，再开始灭火；

⑦ 因特殊情况，需要在通电的情况下直接灭火时，应采用粉末灭火器或二氧化碳灭火器进行灭火；

⑧ 不能切断电源进行灭火的场合，必须预先制订相应的事故应急预案。

### （3）触电事故

1）事故原因

实验室电源主要包括照明电源和电力电源两部分，其中电力电源主要用于各类实验仪器、排气设备等的供电。每个实验室内都有三相交流电源和单相交流电源，且要设置总电源控制开关，当实验室内无人进行实验操作时，应当切断室内电源。实验室的配电箱一般设计在靠近门口的墙上，以方便关闭总电源。对于固定位置的用电设备，如烘箱、马弗炉等，应当在实验结束时就停止使用，其可连接在该实验室的总电源上；若需长时间不间断使用，则应设有专用供电电源，确保不会因为切断实验室总电源而影响其继续运行。每个实验台上都应设置一定数量的电源插座，至少有1个三相插座，单相插座可以设置2～4个。插座应有开关控制和保险装置，万一发生短路时不会影响室内的正常供电。插座可设置在实验桌桌面上或桌子边上，但应远离水池和气瓶等的喷嘴口，并且不影响实验台上仪器的放置和操作。

为了配合实验台、通风橱、烘箱等的布置，在实验室四面墙壁上的适当位置要安装多处单相和三相插座，这些插座一般在踢脚线以上，以使用方便为原则进行安装。化学实验室因有腐蚀性气体，配电导线应采用铜芯线，其他实验室可以用铝芯线。对于敷线方式，以穿暗管敷设为宜，不仅可以保护导线，而且还使室内整洁，不易积尘，并且检修更换方便。动力配电线五线制，U、V、W、零线、地线的色标分别为黄、绿、红、蓝、双色线。单相三芯线电缆中的红线代表火线。实验室内电器较多，几乎所有实验室都有可能发生触电危险。从触电事故的原因来看，多为电器漏电。触电事故常见原因有以下几种：

① 违反操作规程，乱拉电线等；

② 因设备设施老化而存在故障和缺陷，造成漏电、触电；

③ 装有电路的实验室外墙、密封水管等漏水、渗水；

④ 没有采取触电保护措施。

2）事故预防

① 绝缘防护。使用绝缘材料将导电体封闭起来，保证电气设备及线路能够正常工作，防止人体意外触电；

② 安装屏护。可利用遮栏、护罩、护盖等将带电体同外界隔绝；

③ 仪器设备外壳保持良好接地。当电气设备一旦漏电或被击穿时，金属外壳会意外带电，极易发生触电事故。电气设备保持良好接地会降低触电危险；

④ 安装漏电保护装置。在发生漏电或接地故障时切断电源，在人体不慎触电时，能在0.1s内切断电源；

⑤ 其他措施。如保持环境干燥、防止静电产生、悬挂警示标识等。

### (4) 中毒事故

1）事故原因

毒害性事故多发生在有剧毒物质或毒气排放的实验室。发生这类事故的直接原因可能有以下几种：

① 将食物带进有毒物的实验室，造成误食中毒；

② 设备设施老化，存在故障或缺陷，造成有毒物质泄漏或有毒气体排放不出而留在实验室，引起中毒；

③ 管理不善、操作不慎或违规操作，实验后有毒物质处理不当，造成有毒物品散落流失，引起人员中毒或环境污染；

④ 废水排放管路受阻或失修、改道，造成有毒废水未经处理而流出，引起环境污染和中毒。

2）事故预防

① 尽量减少或避免剧毒、有毒化学品的使用，或以无毒、低毒的化学品或工艺代替剧毒或有毒的化学品或工艺；

② 实验前应了解所用药品的毒性和其他性能；做好预防措施，加强个人防护，个人防护用品不得带出实验室；

③ 实验中要采取隔离操作和自动控制等，防止人和有毒物质直接接触；

④ 实验中尽量避免吸入任何药品和溶剂蒸气。处理硫化氢、二氧化氮、氯气、液溴、一氧化碳、二氧化硫、三氧化硫、氯化氢、氢氟酸、浓硝酸、发烟硫酸、浓盐酸、乙酰氯等具有刺激性、恶臭和有毒的化学药品时，必须在通风橱中进行。通风橱开启后，不要把头伸进橱内，并保持实验室通风良好；

⑤ 实验中应避免用手直接接触化学品，严禁用手直接接触剧毒品，必须佩戴橡胶手套、护目镜等。沾在皮肤上的有机物应当立即用大量清水和肥皂水清洗，切勿用有机溶剂清洗沾在皮肤上的化学药品，否则会提高化学品渗入皮肤的速度；

⑥ 溅落在桌面或地面上的有毒物质应及时除去。如不慎损坏水银温度计，洒落在地上的水银应尽量收集起来，并用硫黄粉盖在洒落的地方；

⑦ 实验中所用的剧毒物质由各课题组技术负责人负责保管，适量发给使用人员并要回收剩余；装有有毒物质的器皿要贴标签注明，用后及时清洗器皿；经常使用有毒物质的实验操作台及水槽要注明；

⑧ 实验后的有毒残渣、废液等必须按照实验室规定进行处理，不准乱丢，离开实验室要洗手。

**(5) 化学品烧伤事故**

化学品烧伤是指皮肤直接接触强腐蚀性物质、强氧化剂、强还原剂引起的局部外伤。例如溴、白磷、浓酸、浓碱对人体皮肤和眼睛具有强烈的腐蚀作用，有些固态化学物质（如重铬酸钾）在研磨时扬起的细尘对人体皮肤和视神经也有破坏作用。因此，进行任何实验都应佩戴护目镜保护眼睛，使其不受任何试剂侵蚀。发生化学品烧伤时，首先应迅速解除衣物，清除皮肤上的化学药品，并根据具体情况迅速用大量干净的水冲洗，再用能清除该药品的溶液或药剂处理。化学品烧伤事故多发生在使用危险化学品的实验室，尤其是在使用腐蚀性强、剧毒物质的实验过程中，化学品烧伤事故的常见原因有以下几种：

① 违反操作规程将食物带进实验室，误食、误吸化学品；

② 化学品泄漏或有毒气体聚集；

③ 管理不善，危险废物随意丢弃或排放；

④ 实验人员不了解危险化学品的性质，操作不规范导致误伤；

⑤ 仪器设备老化、存在故障或因通风设施故障，有毒气体无法排放到室外，致使实验人员被烧伤。

烧伤一般是指由热力（包括热液、蒸汽、高温气体、火焰、电能、化学物质、放射线、灼热金属液体或固体等）所引起的组织损害。主要是指皮肤或黏膜的损害，严重者会伤及其下组织。化学烧伤是实验室常见的事故之一，是化学物质及化学反应热引起的对皮肤、黏膜刺激、腐蚀的急性损害。化学烧伤可由各种刺激性和有毒的化学物质引起，常见的致伤物有强腐蚀性物质、强氧化剂、强还原剂，如浓酸、浓碱、氢氟酸、钠、溴、苯酚、甲苯（有机溶剂）、二氯二乙硫醚、磷等，可引起组织坏死并在人体烧伤后几小时慢慢扩展。按临床分类有体表（皮肤）化学烧伤、呼吸道化学烧伤、消化道化学烧伤、眼化学烧伤。某些化学物质在致伤的同时可经皮肤、黏膜吸收引起中毒，如黄磷烧伤、酚烧伤、氯乙酸烧伤，甚至引起死亡。化学性眼烧伤可能会导致失明，易造成失明的常见化学物质有硫酸、烧碱、氨水、三氯化磷、重铬酸钠等。

### (6) 放射事故

放射性是指物质能从原子核内部自行不断地放出具有穿透力、人们不可见的射线（高速粒子）的性质。随着科技的发展和核技术在各个领域的应用日益广泛，放射性物质的种类和数量不断增加，人们对放射性物质的需求不断扩大，其辐射危害也不断出现。放射事故是指放射性同位素丢失、被盗或者射线装置失控导致的工作人员或者公众受到意外、非自愿的异常照射。放射事故一般按类别分为人员受到超剂量照射事故和放射性物质丢失事故。放射性物质泄漏时，人们无法用化学方法中和或者其他方法使放射性物质不放出射线，只能用适当的材料予以吸收或屏蔽，救援时个人要穿戴防护用具、防护服。发生核事故泄漏时人们应尽量留在室内，关闭门窗和所有通风系统；衣服或皮肤被污染或可能被污染时，小心地脱去衣服，迅速用肥皂水洗刷 3 次并淋浴；身体受到污染时，大量饮水，使放射性物质尽快排出体外，并尽快就医。放射事故预防措施如下：

① 要严格管理放射性物质，使用放射性物质时要遵守安全条约，应按实验室的规定办理审批手续后领取，并说明使用放射物的地点和使用者；

② 使用时严格按照标准程序进行操作，避免操作不慎或违规操作；

③ 实验后要妥善处理，避免放射性物质处理不当，造成其散落流失，引起人员受伤、环境污染。

### (7) 割伤事故

1）事故原因

化学实验室中主要使用玻璃仪器组装成各种化学反应装置。玻璃仪器破裂时，很容易割伤或扎伤人的皮肤，导致试剂渗入伤口，且不易痊愈。因此在实验室里应特别注意避免被割伤。实验室发生割伤事故的常见原因有以下几种：

① 实验操作不慎，导致玻璃管碎裂，迸溅至皮肤上，割伤皮肤；

② 玻璃仪器没有安全放置，导致其破裂，割伤、扎伤人体皮肤；

③ 玻璃管碎裂后没有及时处理，误伤后续操作人员；

④ 实验安全意识淡薄，错误使用玻璃仪器装置，割伤皮肤。

2）事故预防

① 折断玻璃管时，要用布包住手或戴上手套后再操作；

② 实验人员在使用玻璃仪器前，应对仪器进行基础检查，不要使用有裂痕或破口的玻璃仪器，以免被割伤；

③ 非耐热性玻璃容器（试剂瓶、容量瓶等）不可在电炉上加热，否则容易受热而炸裂；

④ 溶解放热性化学物质时，须将物质先在烧杯中溶解并冷却后，再转入容量瓶中，如果直接在容量瓶中溶解可能会因过热而导致炸裂；

⑤ 用电炉加热烧杯或烧瓶等玻璃仪器时，下部应垫有石棉网，以免受热不均匀而发生炸裂。

### (8) 冻伤事故

液氮和干冰是最常用的冷却剂。异丙醇、乙醇、丙酮通常和干冰混合使用，一般可达到−78℃的低温。制冷剂一般会因低温引起皮肤冻伤，因此，使用时必须戴上手套或用钳子、铲子、铁勺等工具进行操作。实验室冻伤事故的预防措施如下：

① 进行低温设备操作时，作业人员应穿戴好防护用品（帽子、护目镜、防冻鞋、防冻

手套、工作服），且防护用品应干燥，不要使肢体和皮肤裸露，防止液体飞溅时落到皮肤上；

② 进行低温设备检修作业时，要先将设备加热至常温，对未加热的设备进行检修作业时，作业人员应采取必要的防冻措施，防止发生冻伤事故；

③ 低温容器设备或管道要有良好的保温防护措施，不得裸露；

④ 加强工艺操作，避免因误操作导致设备损坏和管道阀门中液氧、液氮泄漏。

## 7.1.2 实验室安全事故案例分析

### (1) 火灾事故

案例一：北京市某大学组培室火灾事故

1）事故经过

2020 年 8 月 9 日，北京某高校组培室发生火灾，事故造成组培架被烧毁。

2）事故原因

事故现场勘察报告显示，事故发生的直接原因主要有两点：一是该培养室线路及电子元器件老化起火；二是培养室组培架及过道上存放了大量报纸、泡沫、塑料垫、纸箱等可燃物。

间接原因是实验室安全管理不到位，主要体现在两方面：一是没有日常安全检查记录，没有经常性开展实验室日常安全检查；二是没有设备设施定期检修和维护记录，未对实验室安全设备设施进行定期检修和维护。

3）安全警示

① 强化实验室工作人员的安全意识，对设备、水、电等定期检查维修，确保安全。

② 需加强对实验室内部消防通道、重点位置的安全管理，禁止占用消防通道，危险区域禁止堆放易燃、可燃物品。

案例二：北京市某大学违规操作安全险情

1）事故经过

2020 年 8 月 20 日 13：00，北京某高校生物楼的动物生理学实验室开展包埋实验，使用水浴锅加热石蜡，中途学生离开了实验室。13：20 左右，生物楼保安员收到该实验室烟感报警，并及时赶到现场切断了电源，开窗通风。

2）事故原因

直接原因：实验期间实验人员脱岗离开实验室，实验无人值守，水浴锅加热石蜡干烧冒烟引发烟感报警，无明火。

间接原因：实验室安全管理及安全教育培训不到位。

3）安全警示

① 加强实验室安全管理，实验过程中严禁擅自离岗。

② 夜间禁止独自一人单独实验。

案例三：南京市某大学“2·27”火灾

1）事故经过

2019 年 2 月 27 日 0：42，南京市某大学生物与制药工程学院楼 3 楼的一个实验室突然发出一阵响声，随后有明火蹿出窗户，火势迅速蔓延至实验楼 5 楼楼顶，整栋大楼浓烟滚滚（图 7-1），学校立即报警。随后，南京市消防支队调派 9 辆消防车、43 名消防员赶赴现场，消防员用水枪喷射扑灭明火并降温，28 日凌晨 1：15 火势得到控制，1：30 火灾被扑灭。3 层楼的外墙面被熏黑，窗户全部破碎，警方和学校保卫部门紧急封锁现场。火灾烧毁了 3 楼热处理实验室内办公物品及楼顶风机，不过所幸当时没有人在大楼里，没有人员受伤。

图 7-1 南京市某大学“2·27”火灾

2）事故原因

事发实验室的电源未关闭，导致实验室电路发生火灾。

3）安全警示

① 离开实验室时前一定要记得关闭所有仪器设备、水源、电源和气源等。

② 定期检查实验室电路，及时消除电路安全隐患。

### 案例四：某高校实验室废弃金属钠燃烧事故

1）事故经过

某高校学生在实验中不慎踢翻了废钠试剂瓶，之后用湿拖把拖地，钠立即自燃并点燃了室内的甲苯，整个房间在不到 1 分钟时间内一片漆黑。好在及时使用了灭火器，否则持续蔓延的大火会引爆实验室钢瓶，后果不堪设想。

2）事故原因

活泼金属试剂（如氢化钠、氢化钙、金属钾、金属钠、金属锂、正丁基锂、特丁基锂、氢化铝锂、氨基锂等）具有极强的还原性，遇水、氧化剂均极易发热燃烧。

3）安全警示

要熟悉实验过程中使用的试剂、药品特性，并了解应急处置措施。

### (2) 爆炸事故

#### 案例一：南京市某大学实验室爆炸

1）事故经过

2021 年 10 月 24 日 15：52，南京市某大学材料科学与技术学院材料实验室发生爆燃，引发火情（图 7-2）。当地消防救援站第一时间到达现场进行处置，及时扑灭明火。学校第一时间将 11 名受伤人员送往医院救治，最后 9 人受伤，可能都面临着严重烧伤，2 人经抢救无效死亡。

图 7-2　南京市某大学实验室爆炸

2）事故原因

爆燃实验室所在的教学楼是一栋新楼，事故前一年才建好投入使用。爆燃实验室是位于 3 楼的粉末冶金实验室，爆燃原因可能与镁铝粉爆燃有关。镁铝粉遇到水、氧化铜，都会迅速发热并爆炸，威力巨大。人的脸一旦被爆炸威力伤害，很难恢复原色。

3）安全警示

① 实验人员在进入实验室之前应参加相应的安全教育和培训，学生应认真遵守学校及实验室的各项规章制度和仪器设备操作规程，并做好安全防护。

② 学生应在老师指导下进行实验研究，不得单独从事易燃、易爆、高压、有毒、有害等危险性实验。

## 案例二：中国某研究所爆炸事故

1）事故经过

2021 年 3 月，中国某研究所发生实验室安全事故，实验室的学生使用高压反应釜合样，合样完成后还未等反应釜完全冷却时就强行外力打开反应釜，导致反应釜发生爆炸，该学生当场去世。

2）事故原因

此次事故发生的直接原因是学生实验操作不当，未等待高压反应釜冷却至室温时就强行打开反应釜。

3）安全警示

① 加强学生安全事故处理能力，提高安全意识。

② 增强学生的爆炸事故应急处理能力。

## 案例三：广州某大学实验室烧瓶炸裂事故

1）事故经过

2021 年 7 月 27 日，广州某大学药学院发生一起实验安全事故（图 7-3）。一名博士生在实验室清理通风柜时发现之前毕业生遗留在烧瓶内的未知白色固体，于是拿水对烧瓶进行冲洗，烧瓶突然炸裂，炸裂产生的玻璃碎片刺穿该生手臂动脉血管。经治疗，该生伤情得到控制，无生命危险。

图 7-3 广州某大学药学院爆炸事故

2）事故原因

经过调查，导致炸裂的未知白色固体中可能含有氢化钠或氧化钙，遇水发生剧烈反应而炸裂。

3）安全警示

① 学生要牢记安全培训内容，禁止私自处置不明化学试剂，同时，要在做好个人实验防护的前提下开展实验。

② 毕业生要严格按照试剂交接程序和接手的同学完成试剂交接。

## 案例四：北京市某大学“12·26”爆炸事故

1）事故经过

2018 年 12 月 26 日，北京市某大学市政与环境工程实验室发生爆炸燃烧事故，事故造成2名博士生和1名硕士生当场死亡（图7-4）。当日9：00，刘某辉、刘某轶、胡某翠等6名学生陆续进入实验室，准备进行垃圾渗滤液硝化载体制作实验。实验使用搅拌机（通过网络购买的饲料搅拌机）对镁粉和磷酸进行搅拌，搅拌过程中，搅拌机料斗内上部形成了氢气（镁与磷酸反应产物）、镁粉、空气的气固两相混合区，料斗下部形成了镁粉、磷酸镁、氧化镁（镁与水反应产物）等物质的混合物搅拌区。视频监控录像显示：当日9：27：45，刘某辉、刘某轶、胡某翠进入一层模型室；9：33：21，模型室内出现强烈闪光；9：33：25，模型室内再次出现强烈闪光，并伴有大量火焰，随后视频监控中断。9：43，消防站人员先后到场。现场指挥员第一时间组织两个搜救组分别从东西两侧楼梯间出入口进入建筑内搜救被困人员，并成立两个灭火组设置保护阵地堵截实验室东西两侧蔓延的火势。

图7-4　北京市某大学“12·26”爆炸事故

2）事故原因

直接原因：搅拌机转轴盖片与护筒摩擦、碰撞产生了火花，点燃了料斗内上部氢气和空气的混合物并发生爆炸（第一次爆炸），爆炸冲击波超压作用到搅拌机上部盖板，使活动盖板的铰链被拉断，活动盖板向东侧飞出。同时，冲击波将搅拌机料斗内的镁粉裹挟到搅拌机上方空间，形成镁粉粉尘云并发生爆炸（第二次爆炸）。爆炸产生的冲击波和高温火焰迅速向搅拌机四周传播，并引燃其他可燃物（实验室内存放大量的镁粉、磷酸和过硫酸钠）。

间接原因：

① 事发科研项目负责人违规实验、作业；违规购买、违法储存危险化学品；违反实验室技术安全管理办法等规定，未采取有效安全防护措施；未告知实验的危险性，明知危险仍冒险作业。

② 事发实验室管理人员未落实校内实验室相关管理制度；未有效履行实验室安全巡视职责，未有效制止事发项目负责人违规使用实验室；未发现违法储存的危险化学品。

③ 学院对实验室安全工作重视程度不够；未发现违规购买、违法储存易制爆危险化学品的行为；对实验室存放的危险化学品底数不清，报送失实；对违规使用教学实验室开展实验的行为，未及时查验、有效制止并上报；未对申报的横向科研项目开展风险评估；未按学校要求开展实验室安全自查；在事发实验室主任岗位空缺期间，未按规定安排实验室安全责任人并进行必要培训。

④ 学校未能建立有效的实验室安全常态化监管机制；未发现事发科研项目负责人违规购买危险化学品，并运送至校内的行为；对学院购买、储存、使用危险化学品、易制爆危险

化学品情况底数不清、监管不到位；实验室日常安全管理责任落实不到位，未能通过检查发现学院相关违规行为；未对事发科研项目开展安全风险评估；未落实教育部关于实验室安全现场检查发现问题并整改的有关要求。

3）安全警示

① 全方位加强实验室安全管理。完善实验室管理制度，实现分级分类管理，加大实验室基础建设投入；明确各实验室开展实验的范围、人员及审批权限，严格落实实验室使用登记制度；结合实验室安全管理实际，配备具有相应专业能力和工作经验的人员负责实验室安全管理。

② 全过程强化科研项目安全管理。健全学校科研项目安全管理各项措施，建立完备的科研项目安全风险评估体系，对科研项目涉及的安全内容进行实质性审核；对科研项目实验所需的危险化学品、仪器器材和实验场地进行备案审查，并采取必要的安全防护措施。

③ 全覆盖管控危险化学品。建立集中统一的危险化学品全过程管理平台，加强对危险化学品的购买、运输、储存、使用管理；严控校内运输环节，坚决杜绝不具备资质的危险品运输车辆进入校园；设立符合安全条件的危险化学品储存场所；建立危险化学品集中使用制度，严肃查处违规储存危险化学品的行为；开展有针对性的危险化学品安全培训和应急演练。

案例五：2018年泰州某大学爆炸事故

1）事故经过与原因

2018年11月11日10：00左右，泰州某大学一实验室的学生进行有机实验萃取操作，操作不当导致实验过程中发生爆燃。强烈的冲击波将实验室大门炸飞，玻璃碎碴四处飞溅，致使当时身处实验室的多名老师和学生受伤。

2）安全警示

① 加强实验室安全教育知识培训，保障实验室人员安全。

② 相关人员定期对实验室电路进行维护和保修。

**（3）中毒事故**

案例：2018年法国某大学实验室二氯甲烷中毒事故

1）事故经过

实验人员用注射器吸取二氯甲烷移入反应烧瓶后，意外将针头刺到手指上，残留不足100$\mu$L的二氯甲烷一瞬间进入其体内。两个小时后，在医院等候医生处理伤口的实验人员疼痛难忍，手指淤血迅速扩散，伤口发黑发烫。为防止伤情进一步扩散恶化，减小随后感染和坏疽的可能性，主治医生穿刺了该实验人员的伤口皮肤，割去伤口周围的组织并彻底清洁。做完处理，该实验人员的手指只剩下1/2。

2）事故原因

伤害该实验人员的二氯甲烷是一种广泛使用的有机溶剂，能直接或通过其代谢产物一氧化碳直接影响人体中枢神经系统，引起急性和慢性毒性。

3）安全警示

① 强化实验室人员的安全意识，在使用仪器、药品时，确保安全。

② 进行实验操作时，应佩戴好防护用品，以免受伤。

③ 对于危险化学品的使用，应加强药品管理，以确保人员的安全。

**(4) 化学品烧伤事故**

案例一：2022 年 12 月香港某大学化学实验室化学品烧伤事故

1）事故经过与原因

2022 年 12 月 6 日，香港某大学化学楼 4 楼的一间实验室发生一起实验室事故。一名博士生因实验失当，设置实验反应装置后，离开了实验室，导致一个装有非常高浓度的氢化钠的双磨口圆底烧瓶炸开，化学品喷射至两三米外，意外溅到另一名女博士生的脸上。伤者眼角膜受损流脓，多处皮肤严重烧伤，估计至少需要一年康复期，甚至面临永久性视力受损和毁容的风险。

2）安全警示

① 实验的化学品危险性相对较大，实验前一定要了解安全规程，实验时必须严格依照规程操作，同时按相关要求配置消防设施和器材。

② 妥善保存和处理易燃易爆和危险化学物品，杜绝化学品烧伤事故发生。

案例二：湖南某大学实验室学生烧伤事故

1）事故经过

2022 年 4 月 20 日，湖南某大学实验室发生爆燃事故。该校材料科学与工程学院一名博士生在事故中受伤，身体大面积烧伤。

2）事故原因

据知情同学透露，事故的起因可能是这位博士生在当天的实验中，使用了具有一定可燃性和爆炸性的铝粉，加之当时实验环境温度较高，最终导致了这起实验室事故发生。

3）安全警示

① 实验室内的易燃易爆物品必须远离火源及电源，不得随意堆放、使用和储存。

② 使用易燃易爆化学品时，应当确保实验环境的安全性，在进行实验操作过程中，应当熟知化学品的物理化学特性，安全操作，以免受伤。

③ 高校应当加强实验室的管理，对于实验人员应定期进行培训、考试，增强其实验安全意识，确保其人身安全。

④ 实验室必须存放一定的消防器材，并指定专人管理。

案例三：台湾某大学化工系实验室烧伤、烫伤事故

1）事故经过与原因

2023 年 8 月 17 日 11：51 左右，台湾某大学化工系学生因实验操作不慎而引起爆炸，其所在的实验室发生火警（图 7-5）。依照现场学生描述，实验室之所以发生爆炸，主要是燃煤油引发气爆。当地消防局接到报警后立即出动消防前往救援。消防人员抵达现场后发现，起火的是一栋 3 层楼的 2 楼，疑似化学物质碰到热油造成起火喷溅，导致多名学生呛伤及烧烫伤。12：25 火灾被扑灭，无人受困，本次火警总计疏散 11 人，有 9 名学生受伤送医，但皆轻伤，意识清楚。经救护人员在外初步检伤治疗后，2 名烧烫伤、7 名吸入性呛伤的学生被转送医院急诊室做后续治疗，其中包括 2 名外籍学生。该校随即启动重大伤员机制。实验室财损状况及起火原因正由相关单位确定中。

图 7-5 台湾某大学化工系实验室烧伤、烫伤事故

2）安全警示

高校应持续加强倡导实验时应注意的安全防护措施，未来学校更应强化实验相关安全训练，努力把意外风险降到最低。

**（5）割伤事故**

案例一：2022 年深圳某大学玻璃仪器爆炸事故

1）事故经过与原因

2022 年 6 月 7 日傍晚，深圳一所高校的实验室内一名博士生正在做实验，收尾时无任何征兆，玻璃瓶突然爆炸，散碎的玻璃碴飞射。炸裂的碎玻璃如利剑般割伤了一名博士生的面部、颈部、手臂多处，该同学只听到“砰”的一声，整个人瞬间被震得浑身发麻，耳朵也有点嗡嗡的。他迅速冷静下来，摸到脖子在流血，意识到身上应该有不少伤口。这时，身旁的几位同学也迅速赶来，赶紧帮助他简单包扎按压，将他送到医院急诊科。经过初步诊治，该博士生身上的十多处伤口主要集中在上半身正面，除了最危险的颈部伤口之外，其眼眶周围、下巴、耳朵、手指、肩膀、前胸等，都有不同程度的受伤，手指肌腱暴露，玻璃存留在多处创面上。其中，出血最大、最深的伤口在右侧下颌，皮肤直接被炸出大约一指节深的洞。经过检查，医生判断他没有伤到颈动脉或其他重要的血管神经，并决定立即实施手术。术中医生发现其颈动脉鞘已全部被割开，颈动脉血管已经直接暴露，如果玻璃片再深 0.2mm，将直接割到颈动脉，而颈动脉一旦被割开，病人会在几分钟之内大出血，导致休克死亡。所幸该生被及时送往医院手术，现已在恢复中。

2）安全警示

① 佩戴护目镜、手套和防护面罩，始终穿着实验服。

② 在实验前应仔细检查产生压力的实验玻璃容器。

③ 考虑在防护盾或通风橱门后进行实验以保护头部和身体。

④ 封闭玻璃仪器实验前，应先估算反应可能产生的气体，以及主副反应可能产生的气体压力和温度；对于反应温度超过溶剂沸点较多的反应，推荐使用高压反应釜。

案例二：北京市某大学低温冰箱维修事故

1）事故经过

2020 年 1 月 6 日 00：18 左右，北京某高校发生一起因维修超低温冰箱引起的事故，事故造成 2 名维修人员受伤。

2）事故原因

维修人员在维修过程中违规操作。

3）安全警示

① 提升全体师生对特种设备危险性的了解，杜绝违规操作。

② 严格通过程序选择专业的实验室仪器供应商，规范维修作业流程，落实管理责任，做好实验室仪器设备的日常管理、维护工作。

## 7.2 实验室安全事故处理

### 7.2.1 机械性损伤的应急处理

实验室常发生的机械性损伤包括割伤、刺伤、绞伤、挤压伤、挫伤、撕裂伤、撞伤、砸伤、扭伤等，严重时可能发生神经损伤、肌腱损伤或骨折等。本小节介绍机械性损伤的通用急救处理方法及常见的割伤、挤压伤、骨折急救处理方法。

**(1) 通用处理方法**

1）通用处理流程

① 首先立即关闭机械设备，停止现场作业活动。

② 若在场人不具备急救知识或条件，请立即拨打 120 急救电话；如遇到人员被机械、墙壁等卡住的情况，请立即拨打 119 火警电话，由消防队来实施解救行动。

③ 在救援人员到场前，按照受伤情况进行具体急救步骤。

2）轻伤急救流程

对于轻伤，处理的关键是清创、止血、防感染。具体步骤如下：

① 立即关闭运转机械，停止现场作业活动，保护现场。

② 对伤者进行消毒、止血、包扎、止痛等临时措施。

③ 尽快将伤者送医院进行防感染和防破伤风处理，或根据医嘱作进一步检查。

3）重伤急救流程

当伤势较重，伤者出现呼吸骤停、窒息、大出血、开放性或张力性气胸、休克等危及生命的紧急情况时，在医护人员到场前，应临时实施心肺复苏、控制出血、包扎伤口、骨折固定等应急措施。

① 立即关闭运转机械，停止现场作业活动，保护现场。

② 迅速拨打 120 急救电话。

③ 立即对伤者进行包扎、止血、止痛、消毒、固定等临时措施，防止伤情恶化。

4）通用止血操作

止血是创伤急救技术之一。外伤出血易被发现，易处理，是现场急救的重点。

① 常用止血材料

常见的止血材料有消毒敷料、绷带、止血带等，紧急情况下可用干净的毛巾、衣物。禁用绳索、电线或铁丝等物。

② 出血分类及特征

a. 动脉出血，特征是颜色鲜红，有搏动或呈喷射状，量多，出血速度快，不易止住。动脉出血需立刻拨打 120 急救电话，再进行紧急处理。急救时可采取先指压，必要时用止血带，并尽早请医护人员改用钳夹、结扎等方法处理。

b. 静脉出血，特征是血色暗红，血流出缓慢，多不能自愈。静脉出血可采用加压包扎止血，若血流不止，请立刻拨打 120 急救电话。

c. 毛细血管出血，特征是血红色，血液呈点状或片状渗出，可自愈。毛细血管出血可采用加压包扎止血。

图 7-6 指压锁骨下动脉止血法

③ 动脉出血——指压动脉止血法

指压动脉止血法主要适用于头部和四肢某些部位中等或较大的动脉出血。基本方法是用手指、手掌或拳头压迫伤口近心端的动脉，将动脉压向深部的骨骼上，阻断血液流通，达到临时止血的目的。根据出血部位不同，常见出血点的止血法如下：

a. 肩部、腋部、上臂出血止血法。用拇指压迫同侧锁骨上窝中部的搏动点，即锁骨下动脉，将其压向第一肋骨，见图 7-6。

b. 手掌、手背出血止血法。压迫手腕横纹上方的内、外侧搏动点，即尺桡动脉，见图 7-7。

c. 足部出血止血法。可用双手食指或拇指压迫足背中部近脚腕处的搏动点，即胫前动脉跟足跟与内踝之间的搏动点——胫后动脉，见图 7-8。

d. 手指、脚趾出血止血法。用拇指和食指分别压迫手指（脚趾）两侧的指（趾）动脉，阻断血流。

④ 静脉与毛细血管出血——加压包扎止血法

加压包扎止血法较常用于小动脉、中小静脉或毛细血管等部位出血的止血。基本方法为：先将无菌敷料覆盖在伤口上，再用绷带或三角巾以适当压力包扎，其松紧度以能达到止血目的为宜，不易包扎过紧，一般 20min 即可止血。

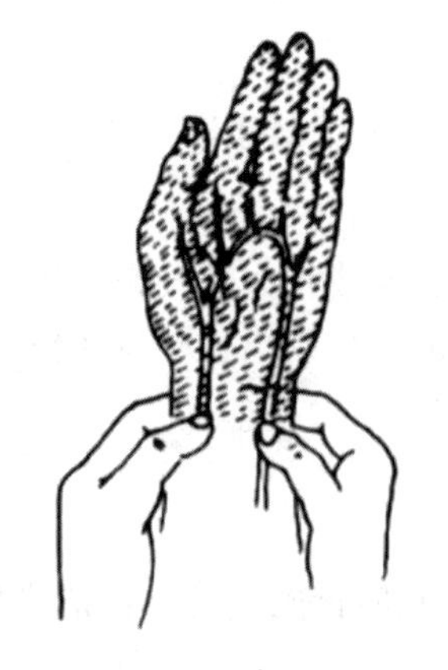

图 7-7 指压尺桡动脉止血法

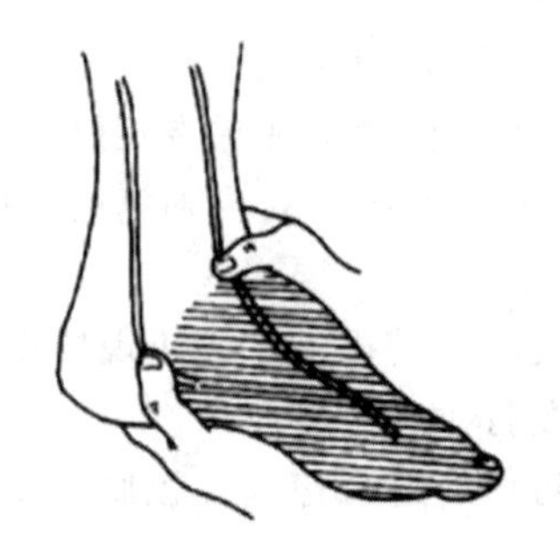

图 7-8 指压胫前胫后动脉止血法

### (2) 割伤急救处理方法

一般割伤的处理关键是清创、止血、防感染。割伤急救处理方法可分为一般割伤急救处理方法和严重割伤急救处理方法。

1）一般割伤急救处理方法

一般割伤是指伤口很浅、出血不多、伤口较干净、伤指仍能作伸屈活动的情况，急救处理步骤如下：

① 关闭事故机械

立即关闭运转机械，停止现场作业活动，保护现场。

② 清洁伤口

较小或较表浅的伤口，应先用冷开水或洁净的自来水冲洗，但不要去除已凝结的血块。

③ 消毒

可用医用碘伏消毒伤口及其周围皮肤，等待晾干。

④ 包扎

用消毒纱布或创可贴覆盖包扎伤口。

⑤ 及时换药

创可贴和纱布按时更换，如果粘在伤口上，可以用生理盐水沾湿，轻轻揭下。若创可贴和纱布被打湿、弄脏，须及时换新。

2）严重割伤急救处理方法

严重割伤时，请先立即关闭运转机械，然后拨打 120 急救电话请求支援，并在医护人员到场前进行以下分类急救措施：

① 断肢、断指

a. 如果手指不幸被切断，应立即将伤指上举，然后用干净的纱布直接加压包扎伤口止血。具体实施请根据通用处理中指压动脉止血法处理。

b. 断指应立即用无菌辅料（无条件时可选择干净毛巾、手绢、布片代替）包好并用冰块或冰棒等降温物品封存放入干净塑料袋中扎紧，与伤者一起送至医院。

c. 不得将断肢、断指浸泡在酒精、碘酒及其他任何消毒剂中，因为会使断肢（指）体蛋白质凝固，不易成活，迅速坏死。

d. 立刻前往医院救治。

② 血液呈喷射状涌出

若伤口流血严重，血液甚至呈喷射状涌出时，考虑动脉出血，根据受伤部位具体急救操作详见通用处理中指压动脉止血法处理。

③ 流血缓慢但流血不止

若伤口流血缓慢并呈暗红色，考虑静脉出血，可采用加压包扎止血法，具体急救操作详见通用处理中加压包扎止血法处理。

④ 出现休克征兆

若割伤后进行压迫止血 10min 后，伤者仍然血流不止并出现休克征兆，考虑进行心肺复苏，具体实施方法详见 6.7.2 小节。

⑤ 割伤器械有污染

若割伤人的器械表面有污染，例如生锈、污渍多等情况，在伤者止血后入院请将现场割伤器械的污染情况告知医生，考虑注射破伤风疫苗。

⑥ 伤口有异物

若伤口处有玻璃片、小刀等异物插入时，千万不要去触动、压迫和拔出，可将两侧创缘挤拢，用消毒纱布、绷带包扎后，立即去医院处理。

#### （3）挤压伤急救处理方法

挤压伤是指四肢、躯干等肌肉丰富的部位遭受重物长时间挤压后造成的肌肉肿胀或缺血损伤。挤压伤一般是与伤者的多发伤、复合伤并存，挤压伤严重者在解除挤压后可能还会出现急性肾衰竭，因此挤压伤也必须受到重视。具体急救处理步骤如下：

① 立即关闭运转机械，停止现场作业活动，保护现场。

② 立即拨打 110、119 和 120 电话，110 疏通道路，119 进行破拆，120 进行急救转运。

③ 救援人员到场前，对伤者进行心理抚慰与镇静、止痛，运用有效沟通手段稳定伤者情绪。

④ 119 解除肢体和身体压迫后，先抢救伤者危及生命的严重创伤，如窒息、严重割伤、骨折等。

⑤ 救援过程中尽量避免伤者的任何活动，使其保持静止。

⑥ 专业急救医护人员到场进行现场救治。

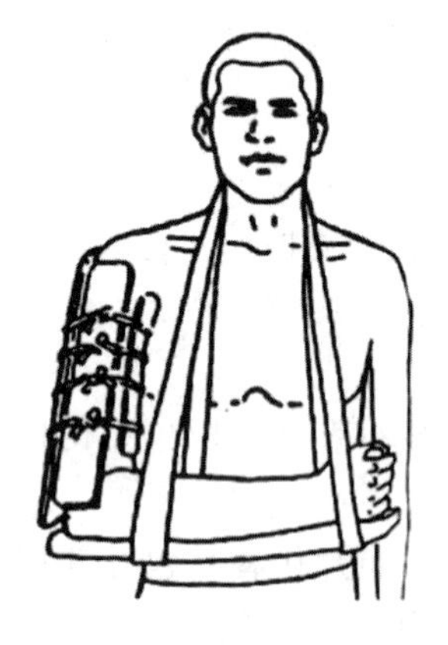

图 7-9 肱骨骨折固定图示

#### （4）骨折急救处理方法

使用机械设备时，若意外发生骨折情况，须在短时间内进行骨折临时固定，具体急救处理步骤如下：

① 立即关闭运转机械，停止现场作业活动，保护现场。

② 若骨折极其严重无法转移，立即拨打 120 急救电话。

③ 若有出血，先进行出血处理，再进行骨折固定。固定前禁止盲目复位，极易造成二次损伤。

④ 固定前，使用棉花、毛巾等软物垫好硬物与身体接触的地方，再使用干净的木板、木棍、铁板、塑料夹板或竹片将断骨的上、下两个关节使用绷带固定起来，使断骨不再有活动余地。根据不同伤处，采取不同的固定办法，具体见图 7-9、图 7-10、图 7-11。

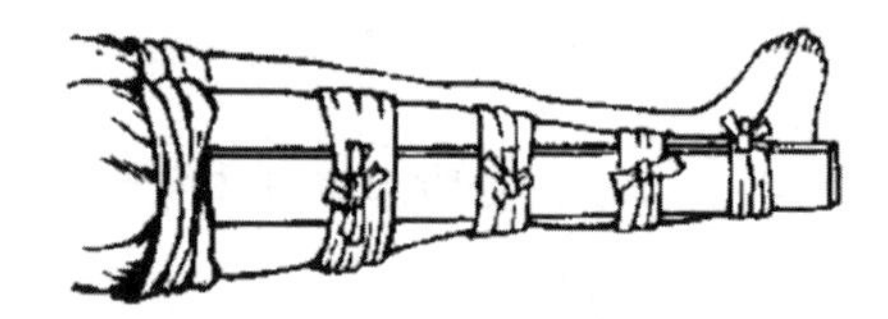

图 7-10 小腿骨折固定图示

图 7-11 大腿骨折固定图示

⑤ 基本伤情处理完后，安全转运伤者。若病情较轻，且转运路程短，可采取徒手搬运法，如扶持法、抱扶法；若病情较重或转运路程长，需要多人搬运，只能使用器械搬运法。

⑥ 尽快去医院进行专业治疗。

### 7.2.2 心脏复苏和简单包扎方法

#### （1）心脏复苏

心肺复苏首先应确认患者有无意识，并检查心跳及呼吸是否存在，确定呼吸、心跳停止后呼喊周围人拨打急救电话，并摆正患者体位，使患者平躺，双上肢置于身体两侧，解开患者衣领、腰带，依次进行胸外按压、开放气道、人工呼吸等操作。

1）急救步骤

① 胸外按压：使患者胸部完全暴露，确定按压部位，即两乳头连线中点，抢救者一手掌根部置于推压部位，另一手掌根部重叠于前者之上，两臂伸直，利用上肢力量垂直下压，按压深度为5～6cm，按压频率为100～120次/min；

② 开放气道：采用仰头抬颏法，抢救者一只手的手掌小鱼际置于患者前额下压，使其头后仰，另一只手的食指、中指抬起患者下颏，并快速清除口鼻内异物（包括假牙），使患者呼吸道通畅；

③ 人工呼吸：抢救者用置于患者前额的手的拇指与食指捏住患者鼻孔，深吸一口气后对准患者口内用力吹气，每次吹完后将手指与口移开，每次吹气时间应＞1s。每30次胸外按压之后，应进行2次人工呼吸，保持30∶2的比例等待急救人员的到来，或者患者生命体征恢复。

2）注意事项

① 操作过程中时刻观察患者呼吸、心跳恢复情况，恢复后可以停止操作；

② 以上步骤应持续5～6次，尽量维持至患者呼吸、心跳恢复或专业医疗人员到来；

③ 严格按照以上步骤进行规范操作，避免操作有误导致急救失败；

④ 胸外按压过程中可能出现肋骨骨折的情况，由于断骨刺穿心肺的概率较小，多数骨折为接近胸肋关节处的肋软骨，此时大多需继续按压。

### (2) 简单包扎

绷带包扎是外伤现场应急处理的重要措施之一。及时正确地包扎，可以达到压迫止血、减少感染、保护伤口、减少疼痛等目的。

1）环形包扎法

环形包扎法是各种绷带包扎中最基本的方法，此法用于绷带包扎的起始和结束，也用于手腕部、肢体粗细相等的部位。具体操作步骤如下：

① 伤口用无菌或干净的敷料覆盖，固定敷料；

② 将绷带打开，第一圈环绕稍作斜状，大致倾斜45°，并将第一圈斜出一角压入环形圈内环绕第二圈；

③ 加压绕肢体4～5圈，每圈盖住前一圈，绷带缠绕范围要超出敷料边缘；

④ 最后将绷带多余的部分剪掉，用胶布粘贴固定，也可将绷带尾端从中央纵向剪成两个布条，然后打结。

2）螺旋包扎法

螺旋包扎法多用于粗细相同的肢体、躯干处。包扎时应用力均匀，由内而外扎牢。包扎完成时应将盖在伤口上的敷料完全遮盖。具体操作步骤如下：

① 伤口用无菌或干净的敷料覆盖，固定敷料；

② 先按环形法缠绕两圈；

③ 从第三圈开始上缠，每圈盖住前圈1/3或1/2，呈螺旋形；

④ 最后以环形包扎结束。

3）螺旋反折包扎法

螺旋反折包扎法应用于肢体粗细不等处。具体操作步骤如下：

① 伤口用无菌或干净的敷料覆盖，固定敷料；

② 先按环形法缠绕两圈；

③ 然后将每圈绷带反折，盖住前圈 1/3 或 2/3，依此由下而上地缠绕；

④ 折返时按住绷带上面正中央，用另一只手将绷带向下折返，再向后绕并拉紧，绷带折返处应避开患者伤口；

⑤ 最后以环形包扎结束。

4）“8”字绷带包扎法

“8”字绷带包扎法适用于手掌、踝部和其他关节处伤口，选用弹力绷带最佳。具体操作步骤如下：

① 伤口用无菌或干净的敷料覆盖，固定敷料；

② 包扎时从腕部开始，先环形缠绕两圈；

③ 经手和腕“8”字形缠绕；

④ 最后将绷带尾端在腕部固定。

直径不一的部位或屈曲的关节，如肘、肩、髋、膝等的操作步骤：

① 屈曲关节后在关节远心端环形包扎两周；

② 右手将绷带从右下越过关节向左上绷扎，绕过后面，再从右上（近心端）越过关节向左下绷扎，使呈“8”字形，每周覆盖上周 1/3～1/2；

③ 环形包扎两周固定。

5）回返包扎法

回返包扎法主要用于包扎没有顶端的部位，如指端、头部、截肢残端。具体操作步骤如下：

① 伤口用无菌或干净的敷料覆盖，固定敷料；

② 环形包扎两周；

③ 右手将绷带向上反折与环形包扎垂直，先覆盖残端中央，再交替覆盖左右两边，左手固定住反折部分，每周覆盖上周 1/3～1/2；

④ 再将绷带反折环形包扎 2 周固定。

6）注意事项

① 做每项操作时，都要确认现场环境是否安全，做好个人防护。只有现场环境安全了才可以进行救护。

② 包扎伤口动作要轻、快、准、牢，先盖后包，不盖不包。轻指包扎动作要轻，不要碰撞伤口，以免增加伤病人的疼痛和出血；快指发现伤口要快，包扎动作要快，以免造成伤口的进一步感染和增加病人痛苦；准指包扎部位要准确、严密，对准伤口，不宜漏伤；牢指包扎要牢固，松紧适宜，以免妨碍血液流通和压迫神经。

③ 绷带不能太松，不然会固定不住纱布。如果没经验，打好绷带后，看看身体远端有没有变凉、浮肿等情况。

④ 打结时，不要在伤口上方，也不要在身体背后。

⑤ 在没有绷带而必须包扎的情况下，可用毛巾、手帕、床单（撕成窄条），长筒尼龙袜子等代替绷带包扎。

### 7.2.3 触电急救措施与方法

如果遇到触电情况，要沉着冷静，针对不同伤情采取相应的急救方法，争分夺秒，直到医护人员到来。触电急救的要点是动作迅速、救护得法。发现有人触电，首先要使触电者尽快脱离电源，然后根据具体情况，进行相应的救治。

**(1) 脱离电源**

① 如开关箱在附近，可立即拉下电闸开关或拔掉插头，断开电源。

② 如距离电闸开关较远，应迅速用绝缘良好的电工钳或有干燥木柄的利器（刀、斧、锹等）砍断电线，或用干燥的木棒、竹竿、硬塑料管等迅速将电线挑离触电者。

③ 若现场无任何合适的绝缘物可利用，救护人员亦可用几层干燥的衣服将手包裹好，站在干燥的木板上，拉触电者的衣服，使其脱离电源。

④ 对高压触电，应立即通知有关部门停电，或迅速拉下电闸开关，或由有经验的人员采取特殊措施切断电源。

**(2) 对症救治**

对于触电者，可按以下三种情况分别处理：

① 对触电后神志清醒者，要有专人照顾、观察，伤者情况稳定后，方可正常活动；对轻度昏迷或呼吸微弱者，可针刺或掐人中、十宣、涌泉等穴位，并送医院救治。

② 对触电后无呼吸但心脏有跳动者，应立即采用口对口人工呼吸；对有呼吸但心脏停止跳动者，应立刻采用胸外心脏按压法进行抢救，并拨打120急救电话。

③ 如触电者心跳和呼吸都已停止，则须同时采取人工呼吸和俯卧压背法、仰卧压胸法、心脏按压法等措施交替进行抢救，并拨打120急救电话。

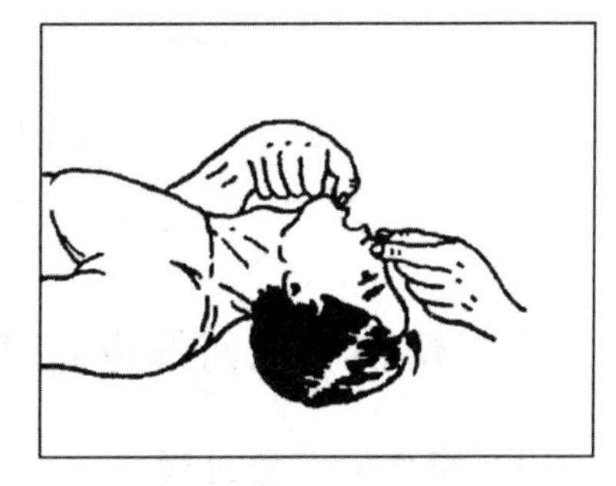

图 7-12　人工呼吸

人工呼吸（7-12）。将伤员下颌托起，捏住鼻孔，急救者深吸气后，紧贴伤员的口，用力将气吹入，看到伤员胸壁扩张后停止吹气，之后迅速离开嘴，如此反复进行，每分钟约20次。如果伤员的口腔紧闭不能打开，也可用口对鼻吹气法。

俯卧压背法（图 7-13）。被救者俯卧，头偏向一侧，一臂弯曲垫于头下。救护者两腿分开，跪跨于病人大腿两侧，两臂伸直，两手掌心放在病人背部。拇指靠近脊柱，四指向外紧贴肋骨，以身体重量压迫病人背部，然后身体向后，两手放松，使病人胸部自然扩张，空气进入肺部。按照上述方法重复操作，每分钟16～20次。

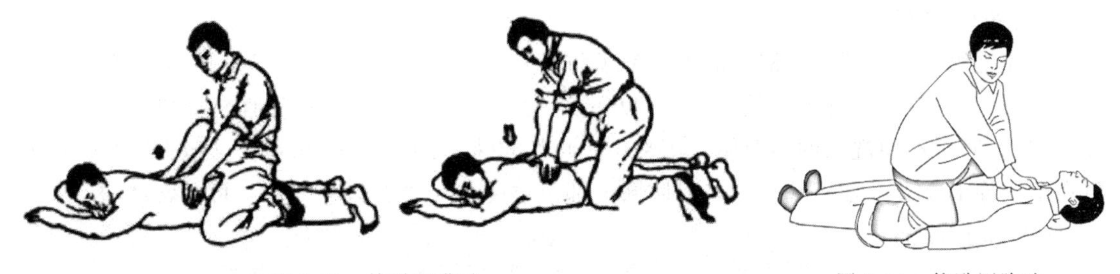

图 7-13　俯卧压背法

图 7-14　仰卧压胸法

仰卧压胸法（图 7-14）。被救者仰卧，背后放一个枕垫，使胸部突出，两手伸直，头侧向一边。救护者两腿分开，跪跨在病人大腿上部两侧，面对病人头部，两手掌心压放在病人的胸部，大拇指向上，四指伸开，自然压迫被救者胸部，被救者肺中的空气被压出。救护者把手放松，被救者胸部依其弹性自然扩张，空气进入肺内。这样反复进行，每分钟16～20次。

心脏按压法（图 7-15）。触电者心跳停止时，必须立即用心脏按压法进行抢救。将触电者衣服揭开，使其仰卧在地板上，头向后仰，姿势与口对口人工呼吸法相同。救护者跪在触电者的腰部一侧，两手相叠，手掌根部放在触电者心窝上方，胸骨下 1/3 处。掌根用力垂直向下，向脊背方向挤压，对成人应压陷 3～4cm，每秒挤压 1 次，每分钟挤压 60 次为宜。挤压后，掌根迅速全部放松，让触电者的胸部自动复原，每次放松时掌根不必完全离开胸部。上述步骤反复操作。如果触电者的呼吸和心跳都停止了，应同时进行口对口人工呼吸和胸外心脏按压。如果现场仅一人抢救，两种方法应交替进行。每吹气 2～3 次，再按压 10～15 次。

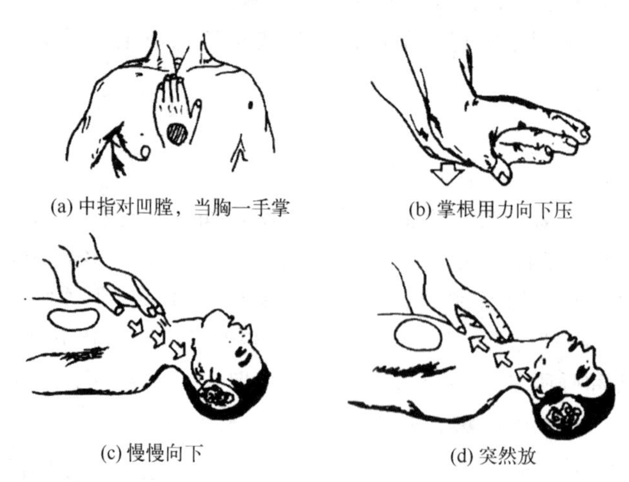

(a) 中指对凹膛，当胸一手掌　(b) 掌根用力向下压

(c) 慢慢向下　(d) 突然放

图 7-15　心脏按压法

## 7.2.4　烧伤及冻伤的应急处理

### (1) 烧伤的应急处理

1）迅速脱离致伤源

迅速脱去着火的衣服或用水浇灌，也可卧倒打滚熄灭火焰。切忌奔跑喊叫，以防增加头面部、呼吸道损伤。

2）立即冷疗

冷疗是用冷水冲洗、浸泡或湿敷。为了防止发生疼痛和损伤细胞，烧伤后应迅速采用冷疗的方法。该法 6h 内有较好效果。冷却水的温度应控制在 10～15℃为宜，冷却时间至少要 0.5～2h。对于不便洗涤的脸及躯干等部位，可用自来水润湿 2～3 条毛巾，包上冰片，把它敷在烧伤面上，并经常移动毛巾，以防同一部位过冷。若患者口腔疼痛，可口含冰块。

3）保护创面

现场烧伤创面无需特殊处理。尽可能使水疱皮保留完整，不要撕去腐皮，同时用干净的被单进行简单包扎。创面忌涂有颜色的药物及其他物质，如龙胆紫、红汞、酱油等，也不要涂膏剂，如牙膏等，以免影响对创面深度的判断和处理。

4）镇静止痛

严格按照医生要求，由医护人员进行处理。

5）液体治疗

烧伤面积达到一定程度，患者可能发生休克。若伤者出现口渴饮水的早期休克症状，可少量饮用淡盐水，一般一次口服不宜超过 50mL。不要让伤者大量饮用白开水或糖水，以防胃扩张或脑水肿。深度休克等情况必须紧急入院治疗。

6）转送治疗

原则上就近急救，若遇危重患者，当地无条件救治，须及时转送至条件好的医院。

**(2) 冻伤的应急处理**

冻伤是由低温寒冷侵袭引起的身体损伤。化学实验室经常用到液氮、干冰等制冷剂。若操作不小心，会引发不同程度的冻伤事故。冻伤对皮肤的损伤与冻伤的程度有关，轻度冻伤时，皮肤会出现红肿不适感，数小时后即会恢复，皮肤损害处不留痕迹；中度冻伤时，伤及真皮浅层，皮肤表面除红肿外，还会产生水疱，伤处疼痛；严重冻伤时，已伤及皮肤全层，皮肤变黑，还会出现溃烂，伤口不易愈合，且愈合后皮肤留有痕迹。

冻伤的应急处理是尽快脱离低温环境，除去潮湿的衣物，把冻伤部位放入温水（不要超过 40℃）浸泡 20～30min。恢复到正常温度后，仍需把冻伤部位抬高，在正常温度下不需要绷带包扎。对于颜面冻伤，可用 37～40℃恒温水浸湿毛巾，进行局部热敷。在无温水的情况下或者冻伤部位不便浸水，如耳朵等部位，可将冻伤部位置于自身或救助者温暖的部位，如腋下、腹部或胸部，以达到复温的目的。切忌用雪、冰水摩擦取暖，同时注意不可做运动。

## 7.2.5　化学品烧伤及化学中毒的应急处理

**(1) 化学药品烧伤的应急处理**

化学药品烧伤时，要根据烧伤部位及药品性质采取相应措施。

1）眼部烧伤

① 强酸烧伤

强酸溅入眼内，在现场立即就近用大量清水或生理盐水彻底清洗。冲洗时应将头置于水龙头下或用洗眼器冲洗，使冲洗后的水自伤眼的一侧流下，这样既避免水直冲眼球，又不会使稀释后的酸液进入另一只眼睛。冲洗时应拉开上下眼睑，使酸不至于留存眼内和下穹隆形成留酸无效腔。如无冲洗设备，可将眼浸入盛清水的盆内，拉开上下眼睑，摆动头部，洗掉酸液，切忌惊慌或因疼痛而紧闭眼睛，冲洗时间不应少于 15min。经上述处理后，立即送伤者前往医院眼科进行治疗。

② 强碱烧伤

其处理方法与眼部被酸烧伤的冲洗方法相同。彻底冲洗后，可用 2%～3%硼酸液进一步冲洗。

2）皮肤烧伤

① 强酸烧伤皮肤

硫酸、盐酸、硝酸都具有强烈的刺激性和腐蚀作用。硫酸烧伤的皮肤一般呈黑色，硝酸烧伤的皮肤呈灰黄色，盐酸烧伤的皮肤呈黄绿色。被酸烧伤后应立即用大量流动清水冲洗，冲洗时间一般不少于 15min。彻底冲洗后，可用 2%～5%碳酸氢钠溶液、淡石灰水、肥皂水等进行中和，切忌未经大量流水彻底冲洗，就用碱性药物在皮肤上直接中和，这会加重皮肤的损伤。处理后的创面治疗按烧伤处理原则进行。

② 碱烧伤皮肤

在现场立即用大量清水冲洗至皂样物质消失，然后用1%～2%醋酸或3%硼酸溶液进一步冲洗。Ⅱ、Ⅲ度烧伤可用2%醋酸湿敷后，再按一般烧伤进行创面处理和治疗。

③ 氢氟酸烧伤皮肤

氢氟酸对皮肤有强烈的腐蚀性，渗透作用强，对组织蛋白有脱水及溶解作用。皮肤及衣物被腐蚀者，先立即脱去被污染衣物，皮肤用大量流动清水彻底冲洗，继用肥皂水或2%～5%碳酸氢钠溶液冲洗，再用葡萄糖酸钙软膏涂敷按摩，然后再涂以33%氧化镁甘油糊剂、维生素AD软膏或可的松软膏等。

④ 酚烧伤皮肤

酚与皮肤发生接触者，应立即脱去被污染的衣物，用10%的酒精反复擦拭皮肤，再用大量清水冲洗，直至无酚味为止，然后用饱和硫酸钠湿敷。烧伤面积大，且酚在皮肤表面滞留时间较长者，注意是否存在吸入中毒的问题，应及时送医治疗。

⑤ 黄磷烧伤皮肤

皮肤被黄磷烧伤时，应及时脱去被污染的衣物，并立即用清水（由五氧化二磷、五硫化磷、五氧化磷引起的烧伤禁止用水洗）、5%硫酸铜或3%过氧化氢溶液冲洗，再用5%碳酸氢钠溶液冲洗，中和所形成的磷酸，然后用1∶5000的高锰酸钾溶液或2%的硫酸铜溶液湿敷，以使皮肤上残存的黄磷颗粒形成磷化铜。注意：烧伤创面禁用含油敷料。

**（2）化学品中毒的应急处理**

1）现场应急救护方法

① 首先将伤者转移到安全地带，解开衣领和袖口，使其呼吸新鲜空气，保证呼吸通畅；脱去被污染的衣服，彻底清洗被污染的皮肤和毛发，但应注意保暖。

② 实验中沾在皮肤上的有机物应当立即用大量清水和肥皂洗去。

③ 对于呼吸困难或呼吸停止者，应立即进行人工呼吸，有条件时给予吸氧。

④ 心搏骤停者应立即继续胸外心脏按压术。现场抢救成功的心肺复苏伤者或重症伤者，如昏迷、惊厥、休克、深度发绀等，应立即送医院治疗。

2）不同类别中毒的应急处理方法

① 吸入有毒气体的应急处理方法

若中毒较轻，通常只需要将中毒者转移到室外空气新鲜的地方，解开衣领和纽扣，让中毒者安静休息，必要时让其吸入氧气。待呼吸好转后，立即将其送往医院治疗。若吸入了氯气或者溴蒸气，可用2%～5%碳酸钠溶液雾化吸入、吸氧。

② 口服化学物品中毒的应急处理方法

a. 如果是少量化学物品溅入口内，应立即吐出并用大量清水漱口。

b. 严禁在实验时饮食，实验台附近绝不放置任何食物，实验结束后应彻底洗手、洗脸。如果误吞化学物品，须立即引吐、洗胃及导泻，如伤者清醒且合作，宜饮大量清水引吐，亦可用药物引吐。对引吐效果不好或者昏迷者，应立即送医院洗胃。

催吐禁忌证包括：昏迷状态；中毒引起抽搐、惊厥未控制之前；误服腐蚀性毒物，催吐有引起食管及胃穿孔的可能；食管静脉曲张、主动脉瘤、溃疡病出血等。孕妇慎用催吐救援。

### 7.2.6 化学品泄漏的控制和处理

危险化学品的泄漏，容易发生中毒或转化为火灾爆炸事故，因此泄漏处理要及时、得当，避免重大事故的发生。要成功地控制化学品的泄漏，必须事先进行计划，并且对化学品的化学性质和反应特性有充分的了解。泄漏事故控制一般分为泄漏源控制和泄漏物处理两部分。

进入泄漏现场进行处理时，应注意以下几项：进入现场的人员必须配备必要的个人防护器具；如果泄漏物化学品是易燃易爆的，应严禁火种；扑灭任何明火及任何其他形式的热源和火源，以降低发生火灾爆炸的危险性；应急处理时严禁单独行动，要有监护人，必要时用水枪、水炮掩护；应从上风、上坡处接近现场，严禁盲目进入。

**(1) 泄漏源的控制**

容器发生泄漏后，应采取措施修补和堵塞裂口，制止化学品的进一步泄漏，其措施包括关闭阀门、停止作业、启动事故应急放置池（罐）、改变工艺流程、物料走副线、局部停车、打循环、减负荷运行等。

泄漏被控制后，要及时对现场泄漏物进行覆盖、收容、稀释、处理，使泄漏物得到安全可靠的处置，防止二次事故的发生。具体可采用以下方法。

1）稀释与覆盖

向有害物蒸气云喷射雾状水，加速气体向高空扩散。对于可燃物，也可以在现场施放大量水蒸气或氮气，破坏燃烧条件。对于液体泄漏，为降低物料向大气中的蒸发速度，可用泡沫或其他覆盖物品覆盖外泄的物料，在其表面形成覆盖层，抑制其蒸发。

2）收容（集）

对于大型泄漏，可选择用隔膜泵将泄漏出的物料抽入容器或槽车内，当泄漏量较小时，可用沙子、吸附材料、中和材料等吸收中和。

3）围堤堵截

修筑围堤是控制陆地上的液体泄漏物最常用的收容方法。常用的围堤有环形、直线形、V 形等。通常根据泄漏物流动情况修筑围堤拦截泄漏物。如果泄漏发生在平地上，则在泄漏点的周围修筑环形堤；如果泄漏发生在斜坡上，则在泄漏物流动的下方修筑 V 形堤。

4）挖掘沟槽收容泄漏物

挖掘沟槽也是控制陆地上液体泄漏物的常用收容方法。通常根据泄漏物的流动情况挖掘沟槽收容泄漏物。如果泄漏物沿一个方向流动，则在其流动的下方挖掘沟槽；如果泄漏物是四散而流，则在泄漏点周围挖掘环形沟槽。

修围堤堵截和挖掘沟槽收容泄漏物的关键除了泄漏物本身的特性外，就是确定围堤堵截和挖掘沟槽的地点。这个地点既要离泄漏点足够远，保证有足够的时间在泄漏物到达前修挖好，又要避免离泄漏点太远，使污染区域扩大，带来更大的损失。如果泄漏物是易燃物，操作时要特别小心，避免发生火灾。

5）废弃

将收集的泄漏物运至废物处理场所处置。用消防水冲洗剩下的少量物料，冲洗水排入污水系统处理或收集后委托有条件的单位处理。

**(2) 泄漏物的处理**

在泄漏源得到控制后，需要对泄漏的危险化学品进行处理，具体包括以下几种常见的泄漏物处理方法。

1) 固化法

通过加入能与泄漏物发生化学反应的固化剂或稳定剂使泄漏物转化成稳定形式，以便于处理、运输和处置。有的泄漏物变成稳定形式后，由原来的有害变成了无害，可原地堆放不需进一步处理，有的泄漏物变成稳定形式后仍然有害，必须运至废物处理场所进一步处理或在专用废弃场所掩埋。常用的固化剂有水泥、凝胶、石灰。

① 水泥固化

通常使用普通硅酸盐水泥固化泄漏物。对于含高浓度重金属的场合，使用水泥固化非常有效。许多化合物会干扰固化过程，如锰、锡、铜和铅等的可溶性盐类会延长凝固时间，并大大降低其物理强度，特别是高浓度硫酸盐对水泥有不利的影响，有高浓度硫酸盐存在的场合一般使用低铝水泥。酸性泄漏物固化前应先中和，避免浪费更多的水泥。相对不溶的金属氢氧化物，固化前必须防止可溶性金属从固体产物中析出。

② 凝胶固化

凝胶是由亲液溶胶和某些憎液溶胶通过胶凝作用而形成的冻状物，没有流动性，可以使泄漏物形成固体凝胶体，形成的凝胶体仍是有害物，需进一步处置。选择凝胶时，最重要的问题是凝胶必须与泄漏物相容。

③ 石灰固化

使用石灰作固化剂时，加入石灰的同时需加入适量的细粒硬凝性材料，如粉煤灰、研碎的高炉炉渣或水泥窑灰等。

2) 吸附法

所有的陆地泄漏和某些有机物的水中泄漏都可用吸附法处理。吸附法处理泄漏物的关键是选择合适的吸附剂。常用的吸附剂有活性炭、天然有机吸附剂、天然无机吸附剂、合成吸附剂。

① 活性炭

活性炭是从水中除去不溶性漂浮物（有机物、某些无机物）最有效的吸附剂。活性炭有颗粒状和粉状两种形状。清除水中泄漏物用的是颗粒状活性炭。被吸附的泄漏物可以通过解吸再生回收使用，解吸后的活性炭可以重复使用。

② 天然有机吸附剂

天然有机吸附剂由天然产品如木纤维、玉米秆、稻草、木屑、树皮、花生皮等纤维素和橡胶组成，可以从水中除去油类和与油相似的有机物。

天然有机吸附剂的使用受环境条件如刮风、降雨、降雪、水流流速、波浪等的影响，在此条件下，不能使用粒状吸附剂。粒状吸附剂只能用来处理陆上泄漏和相对无干扰的水中不溶性漂浮物。

③ 天然无机吸附剂

天然无机吸附剂有矿物吸附剂（如珍珠岩）和黏土类吸附剂（如沸石）。矿物吸附剂可用来吸附各种类型的烃、酸及其衍生物、醇、醛、酮、酯和硝基化合物，黏土类吸附剂只适用于陆地泄漏物，对于水体泄漏物，黏土类吸附剂只能清除酚。

④ 合成吸附剂

合成吸附剂能有效地清除陆地泄漏物和水体中的不溶性漂浮物。对于有极性且在水中能溶解或能与水互溶的物质，不能使用合成吸附剂清除。常用的合成吸附剂有聚氨酯、聚丙烯和有大量网眼的树脂。

3）泡沫覆盖

使用泡沫覆盖阻止泄漏物的挥发，降低泄漏物对大气的危害和泄漏物的燃烧性。泡沫覆盖必须和其他的收容措施如围堤、沟槽等配合使用。通常泡沫覆盖只适用于陆地泄漏物。

选用的泡沫必须与泄漏物相容。实际应用时，要根据泄漏物的特性选择合适的泡沫。常用的普通泡沫只适用于无极性和基本上呈中性的物质；对于低沸点，能与水发生反应，具有强腐蚀性、放射性或爆炸性的物质，只能使用专用泡沫；对于极性物质，只能使用属于硅酸盐类的抗醇泡沫；用纯柠檬果胶配制的果胶泡沫对许多有极性和无极性的化合物均有效。

对于所有类型的泡沫，使用时建议每隔 30～60min 再覆盖一次，以便有效地抑制泄漏物的挥发。在需要的情况下，这个过程可能一直持续到泄漏物处理完毕。

4）中和

中和，即酸和碱的相互反应，反应产物是水和盐，有时是二氧化碳气体。现场应用中和法要求最终 pH 值控制在 6～9，反应期间必须监测 pH 值变化。只有酸性有害物和碱性有害物才能用中和法处理。对于泄漏入水体的酸、碱或泄漏入水体后能生成酸、碱的物质，可考虑用中和法处理。对于陆地泄漏物，如果反应能控制，常常用强酸、强碱中和，这样比较经济；对于水体泄漏物，建议使用弱酸、弱碱中和。

常用的弱酸有乙酸、磷酸二氢钠，有时可用气态二氧化碳。磷酸二氢钠几乎能用于所有的碱泄漏，当氨泄漏入水中时，可以用气态二氧化碳处理。

常用的强碱有碳酸钠水溶液、氢氧化钠水溶液。这些物质也可用来中和泄漏的氯。有时也用石灰、固体碳酸钠中和酸性泄漏物。常用的弱碱有碳酸氢钠、碳酸钙。碳酸氢钠是缓冲盐，即使过量，反应后的 pH 值也只有 8.3。碳酸钠溶于水后，碱性较强，若过量，pH 值可达 11.4。碳酸钙与酸的反应速率虽然比钠盐慢，但因其不向环境加入任何毒性元素，反应后的最终 pH 值总是低于 9.4 而被广泛采用。

对于水体泄漏物，如果中和过程中可能产生金属离子，必须用沉淀剂清除。中和反应常常是剧烈的，且会因放热和生成气体产生沸腾和飞溅，所以应急人员必须穿防酸碱工作服、戴防烟雾呼吸器。可以通过降低反应温度和稀释反应物来控制飞溅。

如果非常弱的酸和非常弱的碱泄漏入水体中，pH 值能维持在 6～9，建议不使用中和法处理。

5）低温冷却

低温冷却是将冷冻剂散布于整个泄漏物的表面上，减少有害泄漏物的挥发。在许多情况下，冷冻剂不仅能降低有害泄漏物的蒸气压，而且能通过冷冻将泄漏物固定住。影响低温冷却效果的因素有：冷冻剂的挥发、泄漏物的物理特性及环境因素。

① 影响低温冷却效果的因素

a. 冷冻剂的挥发将直接影响冷却效果。喷洒出的冷冻剂不可避免地要向可能的扩散区域分散，并且速度很快。冷冻剂整体挥发速率的高低与冷却效果成正比。

b. 泄漏物的物理特性，如当时温度下泄漏物的黏度、蒸气压及挥发速率对冷却效果的影响与其他影响因素相比很小，通常可以忽略不计。

c. 环境因素，如雨、风、洪水等将干扰、破坏形成的惰性气体膜，严重影响冷却效果。

② 常用的冷冻剂

常用的冷冻剂有二氧化碳、液氮和湿冰。选用何种冷冻剂取决于冷冻剂对泄漏物的冷却效果和环境因素。应用低温冷却时必须考虑冷冻剂对随后采取的处理措施的影响。

a. 二氧化碳。二氧化碳冷冻剂有液态和固态两种形式。液态二氧化碳通常装于钢瓶中或装于带冷冻系统的大槽罐中，冷冻系统用来将槽罐内蒸发的二氧化碳再液化。固态二氧化碳又称干冰，是块状固体，因为不能储存于密闭容器中，所以在运输中损耗很大。液态二氧化碳应用时，先使用膨胀喷嘴将其转化为固态二氧化碳，再用雪片鼓风机将固态二氧化碳播撒至泄漏物表面。干冰应用时，先将其破碎，然后用雪片播撒器将破碎好的干冰播撒至泄漏物表面。播撒设备必须选用能耐低温的特殊材质。

液态二氧化碳与液氮相比，因为二氧化碳槽罐装备了气体循环冷冻系统，所以是无损耗储存；二氧化碳罐是单层壁罐，液氮罐是中间带真空绝缘夹套的双层壁罐，这使得二氧化碳罐的制造成本低，在运输中抗外力性能更优；二氧化碳更易播撒；二氧化碳虽然无毒，但是大量使用可使大气中缺氧，从而对人产生危害，随着二氧化碳浓度的增大，危害就逐步加大；二氧化碳溶于水后，水中 pH 值降低，会对水中生物产生危害。

b. 液氮。液氮温度比干冰低得多，几乎所有的易挥发性有害物（氢除外）在液氮温度下皆能被冷冻，且蒸气压均能降至无害水平。液氮不同于二氧化碳，它不会对水中生物的生存环境造成危害。

要将液氮有效地利用起来是很困难的。若用喷嘴喷射，液氮一离开喷嘴就全部挥发为气态；若将液氮直接倾倒在泄漏物表面上，局部会形成冰面，冰面上的液氮立即沸腾挥发，冷冻力的损耗很大。因此，液氮的冷冻效果大大低于二氧化碳，尤其是固态二氧化碳。液氮在使用过程中产生的沸腾挥发，有导致爆炸的潜在危害。

c. 湿冰。在某些有害物的泄漏处理中，湿冰也可用作冷冻剂。湿冰的主要优点是成本低、易于制备、易播撒；主要缺点是湿冰不是挥发而是溶化成水，从而增加了需要处理的污染物的量。

# 第八章

# 化工生产安全

## 8.1 化工生产概述

化学工业是运用化学方法从事产品生产的工业，它历史悠久，产品种类繁多，在国民经济中占有重要地位。数千年以前人们就开始进行制陶、酿造、造纸、染色等与化学相关的工艺过程。近代化学工业的发展始于十八世纪下半叶，以硫酸、烧碱、氯气等无机化学品的生产为标志，随后又发展了化肥、农药及炸药等重要的化学产品。

人们的衣食住行等各方面都离不开化工产品。化肥和农药为农作物增产提供了保障；合成纤维在世界纤维材料消费总量中占的比例不断增加，化工产品不但在一定程度上缓解了粮棉争地的矛盾，而且大大地提高了人们的生活水平，因此深受人们的喜爱；合成药品种类日益增多，提高了人们战胜部分疾病的能力；合成材料普遍应用在建筑业，汽车、轮船、飞机制造业上，它们具有耐高温、耐腐蚀、耐磨损、强度高、绝缘性高等特殊性能，是发展近代航天技术、核技术及电子技术等尖端科学技术不可缺少的材料。

化工产品品种繁多，分类方法也有很多，有的按原材料来源分类，有的按产品特征分类，有的按产品用途分类。化学工业习惯上被分为无机化学工业和有机化学工业两大门类。

### 8.1.1 无机化学工业

无机化学工业主要包括以下几个方面：

① 基本无机化学工业（无机酸、碱、盐及化学肥料的生产）；

② 精细无机化学工业（稀有元素、药品、催化剂、电子材料等的生产）；

③ 电化学工业（食盐水电解，烧碱、氯气、氢气的生产；熔融盐电解生产金属钠、镁、铝；电热法生产电石；化学反应生产氯化钙；电解法从磷酸盐中生产磷等）；

④ 冶金工业（钢铁、有色金属和稀有金属的生产）；

⑤ 硅酸盐工业（玻璃、水泥、陶瓷、耐火材料的生产）；

⑥ 矿物性颜料工业。

### 8.1.2 有机化学工业

① 基本有机合成工业（以甲烷、一氧化碳、氢气、乙烯、丙烯、丁二烯以及芳香烃为基础原料，合成醇、醛、酸、酮、酯等基本有机原料）；

② 精细有机合成工业（染料、医药、有机农药、香料、试剂、合成洗涤剂，塑料、橡胶的添加剂，以及纺织印染的助剂的生产）；

③ 高分子工业（塑料、合成纤维、合成橡胶等高分子材料的合成）；

④ 燃料化学加工工业（石油、天然气、煤、木材、泥炭等的加工）；

⑤ 食品化学工业（糖、淀粉、油脂、蛋白质、酒类的加工）；

⑥ 纤维素化学工业（以天然纤维素为原料的纸张、人造纤维、胶片等的生产）。

上述分类随着生产分工、管理改变等，发生了一些变化，如冶金工业成为一个单独的部门，水泥、玻璃等被划归为建材工业部门，合成纤维、人造纤维归纺织工业部门，造纸、食品酿造等归轻工部门。

20 世纪初，兴起了以石油、天然气为原料生产有机化工产品的石油化学工业，它以石油、天然气替代粮食、木材、煤炭、电石等原料。在 20 世纪 60 年代至 20 世纪 70 年代，石油化学工业飞速发展，产品产量大幅度增长，产品品种多如繁星。石油化工不仅使化学工业原料结构发生重大变化，也促进和带动了整个化学工业，特别是有机化工的发展，90%以上的有机化工产品来源于石油和天然气。石油化工包含的范围越来越广，通常涉及有机合成的基础原料和由这些原料合成一系列重要有机产品的基本有机合成工业，如合成树脂、合成纤维、合成橡胶等高分子合成工业都包含在石油化学工业中。此外石油化学工业还扩展到合成洗涤剂、合成纸、燃料、医药、炸药等方面。

我国的化学工业具有相当大的规模，化工产品多达两万多种，其中钢铁、水泥、煤炭、电解铝、烧碱、纯碱、合成氨、化肥、农药、电石、染料、轮胎、甲醇、硫酸等的产量居世界第一位，磷矿石、磷肥、涂料、醋酸等的产量也在较前位次。

中国化学工业的总产量在全球范围内占据了相当大的比例。2010 年我国的化学工业营业收入首次超过美国跃居世界第一，由此确立了我国最大的化工生产国的地位。2021 年，我国主要化学品生产总量比上年增长约 5.7%，增速较上年增加了 2.1 个百分点；化工行业产能利用率为 78.1%，比上年增加了 3.6 个百分点，可见化工生产在逐步加快。预计到 2030 年左右，中国单一国家的化工产值将会达到全球的 50%。

化学工业在国民经济中的地位日益重要，化学工业对促进工农业生产、巩固国防和改善人民生活等方面都有着重要作用，但是化学工业生产本身面临着诸如不安全因素、职业危害和环保等方面的重要问题，并且越来越引起人们的关注。

## 8.2 化工生产的特点与安全生产的意义

### 8.2.1 化工生产的特点

① 化工生产使用的原料、半成品和成品种类繁多，绝大部分是易燃、易爆，有毒害和

有腐蚀性的化学危险品。这给化工生产中产品的贮存、运输都提出了特殊的要求。

② 化工生产要求的条件苛刻，如高温、高压、低温、真空等。以柴油为原料裂解生产乙烯的过程中，最高操作温度为1000℃，最低为－170℃；最高操作压力为11.28MPa，最低只有0.07～0.08MPa。高压聚乙烯生产过程中最高压力达300MPa。这样的工艺条件，再加上许多介质具有强腐蚀性，在温度应力、交变应力等作用下，受压容器常因此而遭到破坏。有些反应过程要求的工艺条件很苛刻。例如用丙烯和空气直接氧化生产丙烯酸的反应，各种物料处于爆炸范围附近，且反应温度超过中间产物丙烯醛的自燃点，控制上稍有偏差就有发生爆炸的危险。

③ 化工生产的规模大型化。以化肥为例，20世纪50年代最大规模为每年6万吨，20世纪60年代初为每年12万吨，20世纪60年代末为每年30万吨，20世纪70年代为每年54万吨。1957年“一五”计划我国共完成合成氨生产15.3万吨，1983年，我国合成氨产量为1688万吨，2015年为5791万吨。乙烯装置的生产能力也从20世纪50年代的10万吨每年，发展到20世纪70年代的60万吨每年。化工装置大型化，在基建投资、经济效益和综合治理方面都有明显的优势。就基建而论，由于化工装置大部分由塔、槽、釜、罐等设备构成，投资与容器设备的表面积成正比，产量则与其容积成正比，产量越大，单位产能投资越小。从安全的角度上讲，大型化的生产线使得能量集中，具有重大的潜在危险性。

④ 从生产方式上讲，化工生产已经从过去落后的坛坛罐罐的手工操作、间断生产转变为高自动化、连续化生产；生产设备由敞开式转变为封闭式；生产装置从室内走向露天；生产操作由分散转变为集中控制，同时也由人工手动操作转变为仪表自动操作，进而又发展为计算机控制。这些都使得化工安全工作面临更新、更复杂的挑战。

## 8.2.2　化工安全生产的意义

化工生产过程复杂，部分原材料具有易燃、易爆、有毒等特点，因此原材料的储存存在安全隐患。化工生产间多数是高温高压的环境，实际作业过程中危险性很大，这多方的安全隐患给企业安全带来了很大的威胁。化工产业虽然促进了社会的经济发展，但化工生产的危险性也是不容忽视的。生产安全事故，不但会给社会经济造成极大的损失，还会给人民生命健康安全带来极大的威胁。因此，加强化工生产安全管理是企业管理的重中之重，建立安全生产、储存、运输和使用方面的规范管理体系，给企业生产罩上安全的保护膜，用安全生产来保障人们的生命财产安全，保障企业经济平稳发展，这对于化工企业未来的发展和运营都有着相当关键的作用。

安全生产是企业扩大发展的重要环节。由于化工企业的危险性，化工产品在加工、储存、使用和废物处理等环节都有可能产生大量的有毒物质，所以化工企业产品从生产到出厂全过程的每一环节都极其重要。安全生产管理是化工企业管理、发展的前提，化工安全生产不仅关系到个体的生命健康安全，对企业的发展也有着重大的影响。企业进行安全生产管理的最终目的是实现自身的持续发展。以发展的眼光来看，科学合理的安全生产管理不仅能有效降低企业的运营风险和成本，还能通过提高资源利用效率获取更大空间的经济利润，取得最大的投入产出效率，这不仅为企业带来显著的经济效益，也与社会发展的需求相契合。当前我国正处于全面建设社会主义现代化国家的进程中，要着力推动高质量发展，提高公共安全治理水平，坚持以人民为中心的发展思想。在这一背景下，包括化工行业在内的各个行业，都应贯彻落实科学发展观，都需对传统的生产管理模式进行相应的调整和完善，以更好地适应社会可持续发展的要求。具体来说，化工行业可以通过引入先进的技术和设备，加强员工的安全培训和环保意识，优化生产效益，确保企业的安全生产和环境保护。这样，化工行业不仅能满足现代化建设对企业的要求，还能立足于现代社会，与现代社会经济共同发展，为国家的可持续发展作出贡献。

## 8.3 典型化工污染与安全事故

### 8.3.1 典型化工污染事件

某些发达国家的统计资料表明，在工业企业发生的爆炸事故中，化工企业约占1/3，日本在1972年11月到1974年4月近一年半的时间内，就发生石油化工厂重大爆炸事故20次，造成重大人身伤亡和巨额经济损失，如一个液氯贮罐爆炸，曾造成521人受伤中毒。

随着生产技术的发展和生产规模的扩大，安全生产已经成为一个社会问题。因为一旦发生火灾和爆炸事故，不仅会造成生产停产、设备损坏、原料积压、社会生产链中断、社会生产力下降，而且会造成大量的人身伤亡，甚至波及社会，造成难以挽回的影响和无法估量的损失。如1975年美国联合碳化物公司比利时安特卫普厂，年产15万吨高压聚乙烯装置，因一个反应釜填料泄漏，受热爆炸，发生连锁反应，整个工厂被毁。1984年11月墨西哥城液化石油气站发生爆炸事故，造成约540人死亡，4000人受伤，大片居民区变成焦土，50万人无家可归。1984年12月印度博帕尔市一家农药厂发生甲基异氰酸酯毒气泄漏事件，造成约2500人死亡，5万人失明，15万人终身残疾。

松花江重大水污染事件。2005年11月13日，中国石油吉林石化公司双苯厂苯胺车间发生爆炸事故。爆炸事故产生的约100t苯、苯胺和硝基苯等有机污染物流入松花江，主要由苯和硝基苯组成，导致松花江江面上产生一条长达80km的污染带。由于苯类污染物是对人体健康有危害的有机物，因此导致松花江发生了重大水污染事件，沿岸居民生活受到影响（图8-1）。污染带通过哈尔滨市，哈尔滨市政府随即决定，于2005年11月23日0时起关闭松花江哈尔滨段取水口，停止向市区供水，该市经历了长达5天的停水。

图8-1 松花江水污染事件

这是一起较为严重的工业事故。2005年11月22日，哈尔滨市政府连续发布2个公告，证实上游化工厂爆炸导致了松花江水污染，动员居民储水。同年11月23日，国家环境保护总局（现生态环境部）向媒体通报，受中国石油吉林石化公司双苯厂爆炸事故影响，松花江发生重大水污染事件。

## 8.3.2 典型化工安全事故

### (1) 锅炉腐蚀事故

1）事故概况

1987年11月末，牡丹江某纺织厂，一台生产用的锅炉发生了一起严重腐蚀渗漏的重大事故。1987年相关人员对锅炉进行定期检验时，发现锅炉内有结垢现象，1987年7月2日至7月5日，清洗公司对锅炉进行了硝酸清洗，缓蚀剂采用了Lan-826新技术。清洗后检验时，该厂认为垢没有清净，不予验收。当时清洗公司提出再清洗一次，该厂也同意，但清洗工作没有及时进行。间隔了两个月，1987年9月5日至9月7日清洗公司对锅炉进行了第二次清洗。第二次清洗后，该厂做了验收，因第一次酸洗后发现有一根下降管有一小孔漏水，对该管进行了修理，对其他管子没有采取保养措施。第二次酸洗结束两个月后，相关人员于1987年11月30日对锅炉进行水压试验，加水时发现对流管束于下锅筒胀口处有四五处漏水，进一步检查后发现锅筒与管束内壁均有严重腐蚀，致使这台锅炉无法投入使用。初步估算，这次事故直接经济损失达20万元。

2）事故原因分析

造成这起事故的直接原因是酸洗过程中严重违反酸洗常规工艺，具体如下：

① 清洗前未对炉内状态进行检查。

② 没有制订酸洗方案。

③ 缓蚀剂已超过一年保管期，使用前未做试验盲目使用。

④ 酸洗过程中未对酸浓度及三价铁离子进行测定化验。

⑤ 酸洗后未做碱中和钝化处理，只是打开人孔，站在锅筒外用水龙头进行了短时冲洗。

⑥ 在两个月时间内进行了两次酸洗，时间长达96h之多，循环时间36h。

⑦ 酸洗后未进行保养处理，因而加剧了腐蚀程度。

锅炉酸洗应认真对待，由于酸洗不正确造成腐蚀的事故频繁发生，因此，对进行锅炉酸洗的单位，一定要考察其具备必要的条件，如人员素质、缓蚀剂的使用和配比以及酸洗工艺等，相关人员应具有充足的经验和水平。

### (2) 静电引起甲苯装卸槽车爆炸起火事故

1）事故概况

某年7月22日，某化工厂租用某运输公司的一辆槽罐车，到铁路专线上装卸外购的46.5t甲苯，并指派仓库副主任、厂安全员及2名装卸工执行卸车任务。当日约7时20分，槽罐车开始装卸第一车。由于火车与槽罐车约有4m高的位差，装卸直接采用自流方式，即用4根塑料管（两头橡胶管）分别插入火车和槽罐车罐体，依靠高度差，使甲苯从火车罐车经塑料管流入槽罐车。第一车约13.5t的甲苯被拉回仓库后，槽罐车开始装卸第二车。汽车司机将车停放在预定位置后与安全员到离装卸点20m的站台上休息，1名装卸工爬上汽车槽车，将4根自流式装卸管全部放入槽罐车后，因天气太热，便爬下车去喝水。人刚走出离槽罐车约2m远，槽罐车靠近尾部的装卸孔突然发生爆炸起火。爆炸冲击波将2根塑料管抛出车外，喷洒出来的甲苯使槽罐车周边燃起一片大火，2 名装卸工当场被炸死。约 10min 后，消防车赶到，经过 10 多分钟的扑救，大火全部被扑灭，阻止了事故进一步扩大，火车罐车基本没有受到损害，但槽罐车已全部被烧毁。

2）事故原因分析

据调查，事发时气温超过 35℃。当槽罐车完成第一车装卸任务并返回火车装卸站时，槽罐内残留的甲苯经途中 30 多分钟的太阳暴晒，已挥发到相当高的浓度。装卸工未采取必要的安全措施，没有检测罐内温度，直接灌装甲苯，没有严格执行易燃、易爆气体灌装操作规程；灌装前槽罐车通地导线没有接地，使装卸产生的静电火花无法及时导出，静电积聚过高产生静电火花，引发事故。

**(3) 硝化反应事故**

1）事故概况

2003 年 4 月 12 日，江苏省某厂三硝基甲苯（TNT）生产线硝化车间发生特大爆炸事故，事故中死亡 17 人、重伤 13 人、轻伤 94 人；报废的建筑物面积约 $5\times10^4m^2$，严重破坏的建筑物面积为 $5.8\times10^4m^2$，一般破坏的建筑物面积为 $17.6\times10^4m^2$；设备损坏 951 台(套)，直接经济损失 2266.6 万元。此外由于停产和重建，间接损失更加巨大。

TNT 是一种烈性炸药，由甲苯经硫硝混酸硝化而成。硝化过程中存在着燃烧、爆炸、腐蚀、中毒四种危险。硝化反应分为三个阶段：一段硝化由甲苯硝化为一硝基甲苯(MNT)，用 4 台硝化机并联完成；二段硝化由一硝基甲苯硝化为二硝基甲苯（DNT)，用 2 台硝化机并联完成；三段硝化由二硝基甲苯硝化为三硝基甲苯（TNT)，用 11 台硝化机串联起来完成。三段硝化比二段硝化困难得多，不仅反应时间长，需多台硝化机串联，而且硫硝混酸浓度高，要控制在较高温度下进行，反应危险性大。这次特大爆炸事故就是从三段 2 号机（代号为Ⅲ-2+）开始的。发生事故的硝化车间由 3 个相连的厂房组成，中间为钢筋混凝土 3 层建筑，屋顶为圆拱形；东西两侧分别为两个偏厦。硝化机多数布置在西偏厦内，理化分析室布置在东偏厦内。整个硝化车间位于高 3m、四周封闭的防爆土堤内，工人只能从涵洞出入。爆炸事故发生后，该车间及其内部 40 多台设备被全部摧毁，现场留下一个表面约 $40m^2$、深约 7m 的锅底形大坑，坑底积水 2.7m 深。

爆炸使精制、包装工房，空压站及分厂办公室都遭到了严重破坏，相邻分厂也受到严重影响。根据对生产设备内的炸药量的测算，并从建筑物破坏等级与冲击波超压的关系以及爆炸坑形状和大小进行估算，确定这次事故爆炸的药量约为 40tTNT 当量。

2）事故原因分析

经过分析认定，事故的直接原因是Ⅲ-6＋机、Ⅲ-7＋机硝酸阀泄漏造成硝化系统硝酸含量过高，最低凝固点前移，致使Ⅲ-2＋机反应激烈冒烟；高温高浓度硫硝混酸与不符合工艺规定的石棉绳（含大量可燃纤维和油脂）接触成为火种，引起Ⅲ-2＋机分离器内硝化物着火，局部过热；着火后因硝化机安全条件差、没有自动放料装置，工人也没有手动放料，所以最后由着火转为爆炸。

这次事故与工厂管理方面的漏洞也有很大关系，领导对安全生产重视不够；生产工艺设备问题多，解决不力；部分工人劳动纪律差，有擅自脱岗现象；使用了不符合工艺规定的石棉绳等。因而这起特大爆炸事故是一起在设备安全条件很差的情况下发生的责任事故。

### (4) 聚合反应事故

1) 事故概况

1990 年 1 月 28 日，湖南省某化工厂聚氯乙烯车间发生爆炸事故，造成死亡 2 人、轻伤 2 人；直接经济损失达 25 万元，车间停产 3 个月之久。

湖南省某化工厂聚氯乙烯车间 1 号聚合反应釜为 $13m^3$ 的搪瓷釜，设计压力为 $(8\pm0.2)\times10^2kPa$。1990 年 1 月 27 日，该釜加料完毕，于当日 18 时 40 分达到指示温度，开始聚合；聚合反应过程中，由于反应激烈，进行注加稀释水等操作以控制反应温度。1 月 28 日 6 时 50 分，釜内压力降到 $3.42\times10^2kPa$，温度为 51℃，此时反应已达 12h。取样分析釜内气体氯乙烯、乙炔含量后，根据当时工艺规定向氯乙烯柜排气到当日 8 时，釜内压力为 $1.7\times10^2kPa$。白班接班后，继续排气到当日 8 时 53 分，釜内压力降到 $1.5\times10^2kPa$，随即停止排气，开动空气压缩机压入空气向 3 号沉析槽出料。当日 9 时 10 分，3 号沉析槽泡沫太多，已近满量，沉析岗位人员怕跑料，随即通知聚合操作人员把出料阀门关闭，以便消除沉析槽泡沫。而后操作人员再启动空气压缩机压入空气出料，但由于出料管线被沉积树脂堵塞，此时虽釜内压力已达到 $4.22\times10^2kPa$，物料仍然无法压出，空气压缩机被迫停机。聚合操作人员林某赶到干燥工段找当班班长廖某（代理值班长）共同处理，当林某和廖某刚回到 1 号釜旁就发生了釜内爆炸，物料将人孔盖螺栓冲断，釜盖飞出，接着一团红光冲出，而后冒出有窒息性气味的黑烟、黄烟。

2) 事故原因分析

直接原因是采用压缩空气出料的工艺过程中，空气与来聚合的氯乙烯形成爆炸性混合物（氯乙烯在空气中爆炸范围 4%～22%），提供了爆炸的物质条件。事故调查发现，轴瓦的瓦面烧熔痕迹明显的有 13 处，其中两片瓦已熔为一体，说明是釜的中轴瓦与轴的干摩擦（料出自轴瓦以下，轴不十分垂直）产生的高温（380～400℃）引起了氯乙烯混合气爆炸（氯乙烯自燃点为 390℃）。

间接原因为该厂用空气压送聚合液料，在工艺原理上不能保证安全生产，应禁止。操作人员对聚合、沉析系统的运行操作不够熟悉，在处理事故时不能抓住要害。

### (5) 氧化反应事故

1) 事故概况

1995 年 5 月 18 日 15 时左右，江阴市某化工厂在生产对硝基苯甲酸过程中发生爆燃火灾事故，当场烧死 2 人、重伤 5 人，至 5 月 19 日上午又有 2 名伤员因抢救无效死亡，该厂 $320m^2$ 的生产车间厂房屋顶和 $280m^2$ 的玻璃钢棚以及部分设备、原料被烧毁，直接经济损失为 10.6 万元。

5 月 18 日 14 时，当班生产副厂长王某组织 8 名工人进行接班工作，接班后氧化釜继续通氧氧化，当时釜内工作压力 0.75MPa，温度为 160℃。不久工人发现氧化釜搅拌器传动轴密封填料处出现泄漏，班长钟某在观察泄漏情况时，泄漏出的物料溅到了眼睛，钟某就离开现场去冲洗眼睛。之后工人刘某、星某在副厂长王某的指派下，用扳手直接去紧搅拌轴密封填料的压盖螺栓来处理泄漏问题，当刘某、星某把螺母紧了几圈后，物料继续泄漏，且螺栓也跟着转动，无法旋紧，经王某同意，刘某将手中的两只扳手交给在现场的工人陈某，自己去修理间取管钳，当刘某离开操作平台 45s 左右，走到修理间前时，操作平台上发生爆燃，接着整个生产车间起火。当班工人除钟某、刘某离开生产车间之外，其余 7 人全部陷入火海中。

2）事故原因分析

经过调查取证、技术分析和专家论证，这起事故的发生是由于氧化釜搅拌器传动轴密封填料处发生泄漏，生产副厂长王某指挥工人处理不当，导致泄漏更加严重，釜内物料（其成分主要是乙酸）从泄漏处大量喷出，在釜体上部空间迅速与空气形成爆炸性混合气体，遇到金属撞击产生的火花即发生爆燃，并形成大火。因此事故的直接原因是氧化釜发生物料泄漏，泄漏后的处理方法不当，生产副厂长王某违章指挥，部分工人缺少安全作业的相关知识技能。

间接原因如下：

第一，管理混乱，生产无章可循。该厂自生产对硝基苯甲酸以来，没有制定与生产工艺相适应的任何安全生产管理制度、工艺操作规程、设备使用管理制度。北京某公司 1995 年 3 月 1 日租赁该厂后，对工艺设备做了改造，操作工人全部更换，但没有依法建立各项劳动安全卫生制度和工艺操作规程，整个企业生产无章可循，尤其是对生产过程中出现的异常情况，没有明确如何处理，也没有任何安全防范措施。

第二，工人未经培训，仓促上岗。该厂自被租赁以后，生产操作工人全部重新招用外来劳动力，工人最早于 1995 年 4 月进厂，最晚的一批人 1995 年 5 月 15 日下午从青海赶到工厂，仅当晚开会说明了注意事项，第三天就上岗操作。因此部分工人缺少起码的工业生产的常识，不懂得安全操作规程，也不知道本企业生产的操作要求，不了解化工生产危险的特点，尤其不懂如何处理生产中出现的异常情况。整个生产过程全由租赁方总经理和生产副厂长王某具体指挥每个工人如何操作，工人自己不知道如何操作。

第三，生产没有依法办理任何报批手续，企业不具备安全生产基本条件。该厂自 1994 年 5 月起生产对硝基苯甲酸，未按规定向有关职能部门申报办理手续，生产车间的搬迁改造也未经过消防等部门批准，更没有进行劳动安全卫生的“三同时”审查验收。工艺过程中最危险的设备氧化釜，是 1994 年 5 月非法订购的无证制造厂家生产的压力容器，该厂在没有设备资料的情况下违法使用压力容器。生产车间现场混乱，生产原材料与成品混放。因此，整个企业不具备从事化工安全生产的基本条件。

## 8.4 化工安全生产相关制度

### 8.4.1 安全生产方针

安全第一，预防为主、综合治理是安全生产的方针，安全生产要坚持从源头抓起，从每一个项目、每一个环节抓起，把安全生产理念贯穿到城乡规划布局、设计、建设、管理和企业生产经营活动的全过程，建立实施安全风险分级管控和隐患排查治理双重预防的工作机制，严防风险演变、隐患升级导致生产安全事故的发生。

安全工作不是一朝一夕的事情，也不是一己之力所能解决的，它受到多种因素的制约。只有加强生产过程监督，加大力度规范现场安全措施，加强对人员违章现场处理，不断规范现场作业行为，推行标准化作业，将安全工作真正从事后分析转移到过程监督中，实现安全管理关口前移，才能有效扭转化工生产的不安全局面。

## 8.4.2 安全生产法规与规章制度简介

### (1) 安全生产法规

安全生产法规主要指《中华人民共和国安全生产法》，由2002年6月29日第九届全国人民代表大会常务委员会第二十八次会议通过，自2002年11月1日起实施。为了加强安全生产工作，防止和减少生产安全事故，保障人民群众生命和财产安全，促进经济社会持续健康发展，制定本法。

安全生产工作应当以人为本，坚持人民至上、生命至上，把保护人民生命安全摆在首位，树牢安全发展理念，坚持安全第一、预防为主、综合治理的方针，从源头上防范化解重大安全风险。安全生产工作实行管行业必须管安全、管业务必须管安全、管生产经营必须管安全，强化和落实生产经营单位主体责任与政府监管责任，建立生产经营单位负责、职工参与、政府监管、行业自律和社会监督的机制。

生产经营单位必须遵守本法和其他有关安全生产的法律、法规，加强安全生产管理，建立健全全员安全生产责任制和安全生产规章制度，加大对安全生产资金、物资、技术、人员的投入保障力度，改善安全生产条件，加强安全生产标准化、信息化建设，构建安全风险分级管控和隐患排查治理双重预防机制，健全风险防范化解机制，提高安全生产水平，确保安全生产。平台经济等新兴行业、领域的生产经营单位应当根据本行业、领域的特点，建立健全并落实全员安全生产责任制，加强从业人员安全生产教育和培训，履行本法和其他法律、法规规定的有关安全生产义务。

生产经营单位的主要负责人是本单位安全生产第一责任人，对本单位的安全生产工作全面负责。其他负责人对职责范围内的安全生产工作负责。

### (2) 安全操作规程

安全操作规程是生产工人操作设备、处置物料、进行生产作业时所必须遵守的安全规则。安全操作规程应包括以下内容：

① 作业前安全检查的内容、方法和安全要求；

② 安全操作的步骤、要点和安全注意事项；

③ 作业过程中巡查设备运行的内容和安全要求；

④ 故障排除方法，事故应急处理措施；

⑤ 作业场所、作业位置、个人防护的安全要求；

⑥ 作业结束的现场清理；

⑦ 特殊作业场所作业时的安全防护要求。

安全操作规程对防止生产操作中出现不安全行为有重要作用，安全生产规章制度是以安全生产责任制为核心的，指引和约束人们在安全生产方面的行为，是安全生产的行为准则。其作用是明确各岗位安全职责、规范安全生产行为、建立和维护安全生产秩序，包括安全生产责任制、安全操作规程和基本的安全生产管理制度。

为保证国家安全生产方针和安全生产法规得到认真贯彻，在管理与安全生产有关的事项时有一个行为准则，即企业应建立基本的安全管理制度，主要有：

① 职工安全守则；

② 安全生产教育制度；

③ 安全生产检查制度；

④ 事故管理制度；
⑤ 危险作业审批制度；
⑥ 特种设备、危险性大的设备、危险化学品运输工具和动力管线的管理制度；
⑦ 安全生产值班制度；
⑧ 职业卫生管理、职业病危害因素监测及评价制度；
⑨ 劳动防护用品发放管理制度；
⑩ “三同时”评审与生产经营项目、场所、设备发包或出租合同安全评审制度；
⑪ 安全生产档案和职业健康监护档案管理制度；
⑫ 危险化学品包装物管理制度；
⑬ 危险化学品装卸、储存、运输和废弃处置安全规则；
⑭ 危险化学品销售管理制度；
⑮ 重大危险源安全监控制度；
⑯ 危险化学品托运安全管理制度；
⑰ 危险化学品生产、储存装置安全评价制度；
⑱ 本单位危险化学品事故应急救援预案和为危险化学品事故应急救援提供技术支援的制度。

### 8.4.3 安全生产的基本要求

安全生产管理就是针对人们生产过程中的安全问题，运用有效的资源，发挥人们的智慧，进行有关决策、计划、组织和控制的活动，实现人与机械设备、物料、环境和谐，达到安全生产的目标。

安全生产管理的内容包括：管理机构和人员、安全责任制、规章制度、安全生产策划、安全教育培训、安全技术档案六个方面。

四不伤害：不伤害自己、不伤害他人、不被他人伤害、保护他人不受伤害。

“三项岗位”人员：主要负责人、安全管理人员、特种作业人员。

生产经营单位主要负责人和安全管理人员必须具备与本单位从事的生产经营活动相对应的安全生产知识和安全管理能力。

**(1) 生产经营单位主要负责人职责：**

① 建立、健全本单位安全生产责任制；
② 组织制定本单位安全规章制度和操作规程；
③ 保证本单位安全投入有效实施；
④ 督促、检查本单位的安全生产工作，及时消除安全事故隐患；
⑤ 组织制定并实施本单位事故应急救援预案；
⑥ 及时、如实报告生产安全事故。

**(2) 安全生产副职职责：**

① 认真贯彻执行安全生产法律、法规和本企业各项安全管理制度；
② 检查现场安全生产情况，查处安全生产违规违纪行为，监督隐患整改措施落实；
③ 负责组织制定安全规章制度、安全计划；
④ 抓好职工安全教育培训工作；

⑤ 坚持现场带班值班；
⑥ 协助抓好生产安全事故调查处理。

**(3) 安全员岗位职责**

① 认真执行安全生产法律、法规和本企业各项安全管理制度；
② 负责上班前和上班过程中的现场安全生产检查，发现安全隐患，及时组织排除；
③ 负责协助制定安全制度、安全工作计划；
④ 检查劳保用品使用情况；
⑤ 协助抓好职工安全教育培训工作；
⑥ 做好当天安全记录。

### 8.4.4　安全生产禁令

生产厂区存在十四个不准，具体内容如下：
① 加强明火管理，厂区内不准吸烟；
② 生产区内，不准未成年人进入；
③ 上班时间不准睡觉、干私活、离岗和干与生产无关的事；
④ 上班前、上班时不准喝酒；
⑤ 不准使用汽油等易燃液体擦洗设备、用具和衣物；
⑥ 不按规定穿戴劳动保护用品，不准进入生产岗位；
⑦ 安全装置不齐全的设备不准使用；
⑧ 不是自己分管的设备、工具，不准动用；
⑨ 检修设备时安全设施不落实，不准开始检修；
⑩ 停机检修后的设备，未经彻底检查，不准启用；
⑪ 未办高处作业证，不带安全带，脚手架、跳板不牢，不准登高作业；
⑫ 石棉瓦上未固定好跳板，不准作业；
⑬ 未安装触电保安器的移动式电动工具，不准使用；
⑭ 未取得安全作业证的职工，不准独立作业；特殊工种职工，未经取证，不准作业。

### 8.4.5　安全生产责任制

安全生产责任制是最基本的安全制度，是按照安全生产方针和管生产必须管安全、谁主管谁负责的原则，将各级负责人、各职能部门及其工作人员、各生产部门和各岗位生产工人在安全生产方面应做的事情及应负的责任加以明确规定的一种制度。其实质是“安全生产，人人有责”，是安全制度的核心。

企业法定代表人是企业安全生产的第一责任人，对企业的安全生产负全面领导责任。分管安全生产的企业负责人，负主要领导责任；分管业务工作的负责人，对分管范围内的安全生产负直接领导责任。车间、班组的负责人对本车间、本班组的安全生产负全面责任；各职能部门在各自业务范围内，对实现安全生产负责。各岗位生产工人要自觉遵守安全制度、严格遵守操作规程，在本岗位上做好安全生产工作。

# 参考文献


［1］ 胡忆沩，陈庆，杨梅，等．危险化学品安全实用技术手册［M］．北京：化学工业出版社，2018.

［2］ 罗文平，李小林．高校实验室化学品安全管理［J］．化学管理，2019（2）：43-44.

［3］ 苑乃香，谢东坡．化学实验突发事故的预防及应对措施研究［J］．实验室科学，2009，2：170-172.

［4］ 王海文，王燕，张顺江等．本科生创新实践实验室安全管理对策［J］．实验技术与管理，2019（3）：212-215.

［5］ 杨雪，刘德明，丁若莹．高校实验室消防安全管理存在的问题与对策［J］．实验研究与探索，2018，37（11）：307-310.

［6］ 李恩敬，黄士堂．高等学校实验室用电安全管理［J］．实验室科学，2016（19）：254-256.

［7］ 陈雄．实验室常见安全事故及应急处理办法［J］．现代职业安全，2019（S1）：64-68.

［8］ 付净，刘虹，刘文博．高校实验室火灾爆炸事故原因分析及管理对策［J］．吉林化工学院学报，2018（5）：87-92.

［9］ 秦静．危险化学品和化学实验室安全教育读本［M］．北京：化学工业出版社，2018.

［10］ 王群．实验室信息管理系统（LIMS）：原理、技术与实施指南［M］．哈尔滨：哈尔滨工业大学出版社，2009.

［11］ 国家认证认可监督管理委员会．实验室资质认定工作指南．2版．北京：中国计量出版社，2007.

［12］《危险化学品安全便携手册》编写组．危险化学品安全便携手册［M］．北京：机械化学出版社，2006.

［13］ 张海峰．常用危险化学品应急速查手册［M］．北京：中国石化出版社，2009.

［14］ 朱兆华，徐丙根，沈振国．危险化学品从业人员安全生产培训读本［M］．北京：化学工业出版社，2009.

［15］ 苏华龙．危险化学品安全管理［M］．北京：化学工业出版社，2010.

［16］ 李荫中．危险化学品企业员工安全知识必读［M］．北京：中国石化出版社，2007.

［17］ 国家安全生产应急救援指挥中心．危险化学品应急救援［M］．北京：煤炭工业出版社，2008.

［18］ 姜忠良，齐龙浩，马丽云，等．实验室安全基础［M］．北京：清华大学出版社，2009.

［19］ 北京大学化学与分子工程学院实验室安全技术教学组．化学实验室安全知识教程［M］．北京：北京大学出版社，2012.

［20］ 段培．浅谈化验室危险化学药品管理方法［J］．中国石油和化工标准与质量，2012，32（8）：234.

［21］ 贾小娟，吴兵，高九德，等．规范高校实验室危险化学品管理［J］．实验室研究与探索，2011，30（11）：3.

［22］ 李广艳．浅析高校化学类科研实验室的危险化学品管理［J］．实验室研究与探索，2014，33（11）：11-13.

［23］ 李天鹏，孙婷婷．高等学校危险化学品安全管理模式研究［J］．实验技术与管理，2012，28（2）：191-193.

［24］ 刘伟明．常见化学物品的中毒与急救［J］．微量元素与健康研究，2013，30（1）：72-74.

［25］ 张建敏．马弗炉温度自控系统的开发与应用［J］．洁净煤技术，2008（5）：91-92，111.

［26］ 林建华，荆西平，王颖霞，等．无机材料化学［M］．2版．北京：北京大学出版社，2018.

［27］ 徐如人，庞文琴．无机合成与制备化学［M］．2版．北京：高等教育出版社，2009.

［28］ 施尔畏，夏长泰．水热法的应用与发展［J］．无机材料学报，1996，11（2）：193-206.

［29］ 文凡．反应釜安全操作规程［J］．吉林劳动保护，2014（9）：39.